计算机技术开发与应用丛书

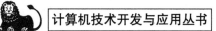

JavaScript
基础语法详解

张旭乾◎编著

清华大学出版社

北京

内 容 简 介

随着 JavaScript 逐渐成为通用的编程语言,它在软件开发中的地位越来越高,已经不再只是给 HTML 编写交互的客户端脚本语言了,而是可以胜任前端、后端、大数据和机器学习等应用的全面语言。 JavaScript 从 2015 年走向规范化以来,推出了很多新特性,而市面上少有书介绍它们,所以本书对 ES6~ ES2021 的新特性作了较为详尽和深入的介绍,并且全书的语法可以适应各端开发人员所需。

本书共 14 章,内容涵盖了 JavaScript 的发展历史、运行环境、基础语法、运算符、数组、函数式编程、面 向对象基础、原型链、异步编程、Event Loop、模块化、迭代器和生成器、Symbol、Reflect 和 Proxy 的概念和 使用方法,每个章节都有配套的示例,对于较难理解的部分还会提供视频讲解,旨在让读者真正掌握这些 语法和新特性,以便在以后的开发过程中不再有基础语法上的疑问。最后分别以面向对象编程风格和函 数式编程风格,给出两个 JavaScript 综合案例,以帮助读者掌握 JavaScript 的不同开发范式。

本书非常适合有其他编程语言基础或对 JavaScript 语言有初步了解的工程师阅读,如果是初学者,则 可以通过仔细阅读加练习达到完全掌握的目的。

图书在版编目(CIP)数据

JavaScript 基础语法详解/张旭乾编著. —北京:清华大学出版社,2022.1
(计算机技术开发与应用丛书)
ISBN 978-7-302-58986-0

Ⅰ.①J… Ⅱ.①张… Ⅲ.①JAVA 语言—程序设计 Ⅳ.①TP312.8

中国版本图书馆 CIP 数据核字(2021)第 174793 号

责任编辑:赵佳霓
封面设计:吴 刚
责任校对:时翠兰
责任印制:朱雨萌

出版发行:清华大学出版社
        网   址:http://www.tup.com.cn,http://www.wqbook.com
        地   址:北京清华大学学研大厦 A 座   邮   编:100084
        社 总 机:010-83470000   邮   购:010-83470235
        投稿与读者服务:010-62776969,c-service@tup.tsinghua.edu.cn
        质量反馈:010-62772015,zhiliang@tup.tsinghua.edu.cn
        课件下载:http://www.tup.com.cn,010-83470236
印 装 者:北京嘉实印刷有限公司
经   销:全国新华书店
开   本:186mm×240mm   印   张:20   字   数:448 千字
版   次:2022 年 3 月第 1 版   印   次:2022 年 3 月第 1 次印刷
印   数:1~2000
定   价:89.00 元

产品编号:089120-01

前言
PREFACE

感谢你从众多有关 JavaScript 的书中选择本书。自从分享前端教学视频之后,笔者发现 JavaScript 基础是阻碍开发者编写前端、后端应用的绊脚石,所以想通过一种比较系统的、全面的途径整合 JavaScript 基础知识和最新特性。后来机缘巧合,收到清华大学出版社编辑的邀请编写一本关于 JavaScript 的书,此前也曾想过出一本书,但是由于工作和时间的缘故都放弃了,而现在正好有空闲的时间,所以就想利用这次机会把笔者对 JavaScript 的理解和经验编纂整理成书,帮助读者学习 JavaScript。如果你有其他语言编程经验或有过JavaScript 的开发经验,则会对理解本书的内容更加有帮助,但是如果你是编程初学者,则可以把本书作为长期学习目标,边实践边总结同样可以完全掌握。

本书主要讲解 JavaScript 基础语法,并涵盖了从 ES6 到 ES2020 的新特性,也包括一些即将在 ES2021 发布的新特性,以较为全面和深入的方式介绍这些语法和新特性的概念、使用方法和注意事项。由于 JavaScript 发展到今天已经成为通用的编程语言,可以开发前端、后端、移动端、机器学习、数据可视化等行业的应用,而且每种开发环境下所提供的JavaScript 功能和特性均不相同,所以本书有意去掉了 HTML、CSS、DOM 操作及 Node. js API 的介绍,目的就是让全职业的 JavaScript 工程师都可以阅读,无论你是前端工程师、Node. js 工程师、用户体验设计师、算法工程师还是数据工程师,在无须关注特定领域 API 的基础上,能够尽可能全、尽可能快地掌握 JavaScript 语法本身,以便于在后期开发的过程中不再遇到语言、语法上的问题。至于特定领域的内容,每个领域都可以单独成书,而编写本书的初衷并不是大而全,不过本书的最后一章会根据各个职业的特点给出一个大体的学习方向,可以让读者参考它们并继续深入。

在内容排上,本书基本按照由易到难的顺序对知识点进行排列,不过即便如此,不同章节之间仍有很多交叉引用,因为学习编程并不是线性的,经常需要用到其他章节的知识点介绍某章的某个概念,如果有不理解的地方,则可以先暂时跳过,待看完一遍本书后再回过头来研究之前跳过的部分。本书共 14 章,内容如下:

第 1 章主要介绍为什么学习 JavaScript、JavaScript 的发展历史,以及如何编写并运行JavaScript 代码和语法概览。

第 2 章介绍 JavaScript 程序的基础结构、如何定义变量并保存不同数据类型的数据、每种数据类型的特点和取值范围,包括 ES6 新定义的 Symbol 和 ES2020 新定义的 BigInt 类型,以及不同数据类型之间的相互转换。

第 3 章介绍运算符的概念及分类、如何使用 JavaScript 进行数学运算、逻辑比较、逻辑运算、位运算,以及不同运算符之间的优先级,还介绍 ES2020 中定义的 Nullish Coalescing(空值合并)运算符。

第 4 章介绍语句和语句块的概念,以及在 JavaScript 中如何定义分支语句、循环语句和中断语句。

第 5 章介绍 JavaScript 的语法核心——函数的概念、定义和使用方法,函数参数,箭头函数,闭包及函数式编程中的一些基本概念,如递归、高阶函数、柯里化、Memoization 等。

第 6 章介绍数组的概念和用法、队列和栈模式、数组中常用的 API,如遍历、过滤、排序、裁切、搜索、reduce、扁平化等操作,以及针对数组的解构赋值和扩展运算符。

第 7 章介绍 JavaScript 最常用的数据类型——对象的定义方法、访问和修改对象的属性,属性描述符、getters 和 setters,原型及原型链的概念,构造函数及针对对象的解构赋值和扩展运算符的用法。

第 8 章在对象的基础上介绍 ES6 新出的 class 关键字的用法,并借此介绍面向对象的基本概念、如何实现继承和抽象类、成员和静态成员的区别,以及使用私有成员保护类的数据。

第 9 章介绍字符串和正则表达式的概念,因为字符串在编程中的用途最为广泛,所以在单独的章节介绍它提供的 API,以及如何使用正则表达式对字符串进行匹配。

第 10 章介绍 JavaScript 的内置对象,如与数学相关的 Math、与日期相关的 Date、与对象表示相关的 JSON、Set 和 Map 数据结构,以及迭代器和生成器、TypedArray、Symbol 类型的高级用法、Reflect 和 Proxy 的概念和用法等。

第 11 章介绍异常处理方式和 Error 对象的扩展方法,以及 try…catch…finally 语句的用法。

第 12 章介绍 JavaScript 异步编程的概念、setTimeout() 和 setInterval() 的用法和区别、Promise 的使用方法及与传统回调函数的区别、async/await 关键字的使用方法、异步迭代器和生成器,以及 Event Loop 的原理。

第 13 章介绍模块化实现的方式,本章把语法分为 ES6 和 Node.js 两种,因为它们的语法规范并不相同且都十分常用,所以分别介绍如何使用 ES6 语法和 Node.js 的 CommonJS 方式导出、导入模块。

第 14 章给出两个 JavaScript 编程综合案例,展示面向对象编程和函数式编程的两种风格,同时给出了学完本书后的一些发展方向,并针对前端、后端、机器学习和数据工程师分别总结了比较重要的概念和 JavaScript 库,以便于了解下一步该如何进行。

本书中对于较复杂的示例会提供源代码,命名遵循章节/概念+编号.js 的规则。例如 chapter2/string1.js,同一概念的示例后边按顺序对编号进行加 1,源代码目录会使用注释的方式标注在示例代码的第 1 行。

在本书的编写过程中,感谢赵佳霓编辑对内容和结构上的指导,以及细心的审阅,让本书更加完善和严谨,也感谢出版社的排版、设计、审校等所有参与本书修订过程的工作人员,有了你们的支持才会有本书的出版。另外感谢笔者的家人,在笔者专心写作的时候给了笔者无尽的关怀和耐心的陪伴,还感谢笔者的朋友、同学和同事,在笔者有问题和困难时及时地提供了帮助。

尽管本书经过多次检查,但难免会有疏漏和解释不到位的情况,敬请读者批评指正。

扫描下方二维码可获取本书源代码。

本书源代码

再次感谢选择本书!

张旭乾

2022 年 1 月

目 录
CONTENTS

第 1 章   简   介

JavaScript 是 Web 开发中使用最广泛的编程语言。根据 2020 年 Stack Overflow 开发者调查显示，JavaScript 已经连续 8 年保持为最常用的编程语言，如图 1-1 所示，而其中的原因有很多种。

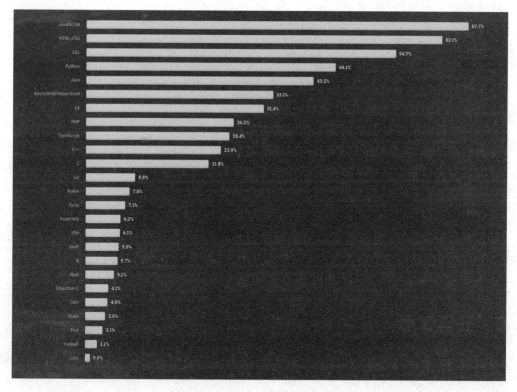

图 1-1　Stack Overflow 编程语言调查

JavaScript 一开始作为客户端脚本语言（在本地浏览器中执行的语言），用于给 HTML 页面添加事件交互，例如按钮的单击、键盘的输入、浏览器窗口的变化及动画等。由于 JavaScript 几乎是唯一能够实现这些功能的编程语言，所以只要是开发与网页相关的应用都避免不了使用 JavaScript。

后来随着 Node.js 的出现,JavaScript 可以脱离浏览器运行了,并且 Node.js 环境提供了系统级别的 API(Application Programming Interface,应用编程接口,指的是程序提供给开发者的、使用编程的方式来与程序进行交互的途径),可以访问文件、网络、系统事件等,因此 JavaScript 也可作为服务器端语言编写服务器应用或工具类的程序了。另外,移动设备也配置了 JavaScript 的运行环境,所以 JavaScript 也可以用来开发移动 App。正因为这些原因,JavaScript 几乎可以涵盖了各端的开发,再加上简单易学的语法,让它成为最为广泛使用的编程语言之一。

JavaScript 是一门动态类型、即时编译(Just-In-Time,JIT)、基于原型的通用型编程语言,它支持多种编程范式:面向对象、面向过程和函数式,因此它的使用方式十分灵活。JavaScript 名字中虽然带 Java,但是与 Java 编程语言除了语法上的相似之外,在实现方式和开发范式上截然不同,所以务必要理清它们之间的关系。在正式开始学习 JavaScript 之前,可以先了解一下 JavaScript 发展历史,以便更好地了解日常开发中一些问题出现的原因。

1.1 发展历史

JavaScript 的发展并不是一帆风顺的,有着相当复杂的历史,这里简单概括一下 JavaScript 是如何最终定型的,以及与它相关的 ECMAScript 组织和规范是如何演进的。

1994 年网景(Netscape)公司发布了 Netscape Navigator 浏览器,但是当时它只能用于访问静态的网站,而不能给网站添加交互,于是在 1995 年公司决定给浏览器加上处理用户交互的动态功能。当时网景公司并没有立即决定开发一门脚本语言,而是想在市面已有的编程语言中挑选出来一门嵌入浏览器,于是雇用了布兰登·艾奇(Brendan Eich)研究在 Netscape Navigator 浏览器中嵌入 Scheme 语言。

但是同年 Sun Microsystems,Inc.(太阳计算机系统)公司正在为即将发布的 Java 语言造势,网景公司与 Sun 公司便达成了协议,让 Java 可以运行在 Netscape Navigator 浏览器中(Java Applet 小程序)。后来网景公司认为 Java 语言的入门门槛比较高,不太适合作为浏览器的脚本语言,应当自己开发一门新的编程语言,因此安排布兰登·艾奇完成此项任务。

因为当时要赶着 Navigator 浏览器 2.0 Beta 版的上线计划,因此布兰登·艾奇仅花了 10 天时间就完成了新语言的开发,并命名为 Mocha,包含在 Navigator 2.0 中,后来又被重命名为 LiveScript,再后来(1995 年 12 月 4 日)LiveScript 正式更名为 JavaScript。

JavaScript 的名字之所以带 Java,也是想借助当时 Java 语言的热点进行推广,同时也想保留 Java 语言的易用性,不过 JavaScript 除了语法借鉴了 Java 外,其实现方式和编程模型与 Java 完全不同:Java 是基于类(Class)的,而 JavaScript 则是基于原型(Prototype)。

1995 同年,微软发布了 IE 浏览器,开始了与网景公司的竞争,但 IE 并没有采用网景公司的 JavaScript 语言,而是自己对网景公司浏览器的运行时进行反编译,开发了 JScript 语言,这样就导致了开发者无法使用一套代码在两个浏览器中保持一致的行为和效果,这也是浏览器兼容性问题的开端。

随着两家浏览器的竞争,JavaScript 和 JScript 的热度也越来越高,网景公司早在 1995 年就意识到每个浏览器都应该遵循同样的语言规范,当时计划交给 W3C 和 IETF 组织制订开放互联网脚本语言规范,但是由于这两个组织都不是专门为编程语言制订规范的,所以这个计划也没落实。担心微软发展壮大后会领导 JScript 规范的制订,在 1996 年末,网景公司把 JavaScript 语言交给了 ECMA 组织来制订规范,一个专门为信息和通信系统进行标准化的组织,并申请加入作为协会会员(Associate Member),同时微软也申请加入了 ECMA 普通会员(Ordinary Member),这时 ECMA 成立了专门为 JavaScript 制订规范的 TC39 技术委员会。

ECMA 在当时是 European Computer Manufacturers Association(欧洲计算机制造商协会)的首字母缩写,但现今 ECMA 已经成为一个专属名词作为该组织的正式名称,即 Ecma International(Ecma 国际),所以一般在提及该组织名称的时候,只把 E 进行大写,而 ECMAScript 则因为历史原因保留了 ECMA 这种缩写形式。

1997 年,ECMA 组织发布了第一版规范并把 JavaScript 正式命名为 ECMAScript,把规范命名为 ECMA-262,之后每一年都发布一版新的规范,直到 1999 年发布了 ECMAScript 第 3 版。

当 2000 年在制订第 4 版规范时,微软的 IE 浏览器已经占据了市场 95% 的份额,并且微软在发力自家的.NET 平台,在业界影响力越来越大,而在参与 ECMAScript 4 规范的制定时,微软想重点给 JavaScript 加上静态的类型信息(这也是为什么微软编写 TypeScript 的原因之一),其他的 TC39 成员又不想让 JavaScript 成为像 Java 或 C♯之类的语言,因此各方对于规范的制订产生了严重的分歧,最后该版本被弃置了。

2005 年杰西・詹姆斯・加勒特(Jesse James Garrett,一名用户体验设计师)发布了 Ajax 白皮书,使 JavaScript 异步操作成为现实,在不妨碍网站交互的前提下,能够在后台与服务器交换数据。Ajax 的出现也催生了一批 JavaScript 库,例如曾经非常火爆的 jQuery。后又随着谷歌在 2008 年推出了基于 V8 引擎的 Chrome 浏览器,这些浏览器厂商又开始商议推动 ECMAScript 规范的制订,于是在 2009 年,也就是大约 10 年的时间,ECMAScript 规范第 5 版发布,此时的 JavaScript 开始逐渐变得成熟。与此同时,ECMA 组织与浏览器厂商认为应重点推动 JavaScript 语言能够在不同的环境下运行,在 2015 年,ECMAScript 6 发布,大量的语法和功能特性使 JavaScript 成为通用的编程语言。

在 ES6 之后的版本中,ECMAScript 规范开始使用年份作为标记,因此 ECMAScript 6 也被称为 ECMAScript 2015 或简称为 ES2015,这时就有了两种规范名字,这两种名字经常互换使用,并且时常有人把 ES6 及以后的特性都统一叫作 ES6 新特性。

随后从 2016 年开始,ECMAScript 每年会发布一版新的规范,但是新特性不像由 5 到 6 那么多了,也标志着 JavaScript 进入了成熟期。截止到本书编写时,最新的 ECMAScript 规范为 2021。

现今的 JavaScript 由于各种框架的支持,例如 React、Vue、Angular、ReactNative、Electron 等,已经可以开发多端跨平台的应用了,另外也有 Express. js、Koa. js、Egg. js、Nest. js 等基于 Node. js 的框架开发基于服务器的应用程序。

1.2　ECMAScript 提案流程

ECMAScript 规范是由 TC39 组织进行维护的。TC39 全称是 Technical Committee Number 39,由 JavaScript 实现厂商、研究人员、开发者等参与,来修订 ECMAScript 规范。对于一个新的 JavaScript 特性从提案到正式加入 ECMAScript 规范需要经过 5 个流程,分别是:

(1) Stage0,strawperson(稻草人),此阶段接收任何针对当前规范的所有提案,但是必须由 TC39 成员或者已注册的 TC39 贡献者提出。

(2) Stage1,proposal(提案),此阶段将由代号为 champion 的人士推进该提案,也必须是 TC39 相关成员。Stage1 的提案需简要描述该提案所要解决的问题、解决方案,并提供示例、API、关键算法、实现难度分析,以及创建公开的代码仓库。进入此阶段的提案表示 TC39 组织将初步评估该提案的可行性。

(3) Stage2,draft(草稿),进入此阶段的提案将会编写第 1 版规范草稿,使用 ECMAScript 正式语法,且该提案有很大可能性会加入 ECMAScript 规范中,此时关于提案的修改将只限于增量更新,不会再有重大变化,并且针对提案中的新特性,开始进行试验性的实现。

(4) Stage3,candidate(候选),进入此阶段的提案基本属于完成状态,所有规范文档均已编写完成并完善,且相关的审核人员和编辑已经完成对规范文档的审核。提案中的特性将根据用户和实现者的反馈来做调整,除非是重大问题,一般不会再改动相关规范。

(5) Stage4,finished(完成),完成阶段的提案将最终加入 ECMAScript 规范中,其中的特性也通过了相关测试。

针对 ECMAScript 的提案都会经过这几个阶段,只有到了 Stage4 才能基本确定该提案会最终成为正式的规范,不过大部分 Stage2 阶段的提案会进入 Stage4,但是仍有部分提案会被舍弃,所以不可太过依赖 Stage4 阶段以前提案中的新特性。ECMAScript 规范的更新是实时的,但是每年会在统一时间里正式批准 Stage4 阶段的提案,并发布一个新的 ECMAScript 版本。

1.3　运行 JavaScript

JavaScript 的运行需要宿主环境(Host Environment),而不是像 Java 那样,使用虚拟机运行 Java 程序。JavaScript 本身只能使用变量、数组、函数、对象等进行基础编程,并没有基本的输入、输出模块,例如像 C++ 的 cin/cout,Java 的 System. in/System. out,而是依靠宿主环境提供的 API 来提供输入、输出和其他额外的功能。

最常见的宿主环境是浏览器和 Node.js,另外 Windows、macOS 操作系统本身也提供了 JavaScript 宿主环境,用于编写 JS 脚本与操作系统和已安装的软件进行交互,还有一些软件如 Adobe After Effects(动画制作软件)等也支持使用 JavaScript 代码实现一些功能,比手工操作更省时省力。本节将介绍如何在浏览器和 Node.js 环境下运行 JavaScript 代码。

1.4　浏览器环境

浏览器宿主环境提供了对 HTML 操纵的能力,通过暴露出来的 document 对象可以访问、修改和删除 HTML 元素,也可以给元素添加事件交互。同时,浏览器还提供了 window 对象,代表浏览器窗口,从中可以获取历史记录、屏幕信息、设备信息、地理位置等。

在浏览器中运行 JavaScript 代码最简单的方式是使用开发者工具,本书将使用版本号为 87 的 Chrome 浏览器,并且为了保证本书的代码能正常运行,需要安装同样或更高版本的浏览器,对于其他浏览器,例如新版 Edge、Firefox、Safari 都有类似的功能,这里就不再展示了。

要打开 Chrome 的开发者工具,可以使用 F12 键,或者在浏览器主菜单选择更多工具,在弹出的下级菜单中选择开发者工具,也可以在页面空白处右击并选择审查元素来打开。打开之后,选择 Console,如图 1-2 所示。

图 1-2　开发者工具

Console 是可交互的控制台,可以编写简单的 JavaScript 代码,如图 1-3 所示。

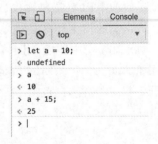

这里简单地定义了变量 a,并赋值为 10,输出它的值,然后输出 a+15 的和。这里运行的代码执行一次之后就会丢失,一般只用来编写测试代码,日常开发中会把代码写到以.js 结尾的文件中,再通过 HTML 引入进来,引入之后代码就会自动执行。这里如果没有 HTML 知识也不影响对本书的阅读,只需了解如何使用 HTML 把 JavaScript 文件引入。

图 1-3 运行 JavaScript 代码

首先找一个合适的空文件夹新建一个 index.js 文件,里边编写一些 JavaScript 代码,代码如下:

```
//chapter1/example1/index.js
let greeting = "你好!";
console.log(greeting);
```

然后在同级目录下新建一个 index.html 文件,代码如下:

```
//chapter1/example1/index.html
<!DOCTYPE html>
<html lang = "en">
  <head>
    <meta charset = "UTF-8" />
    <meta name = "viewport" content = "width = device-width, initial-scale = 1.0" />
    <title>Document</title>
  </head>
  <body>
    <script src = "index.js"></script>
  </body>
</html>
```

这里的 < script src = "index.js"></script>就是加载了同级目录下的 index.js 文件,双击 index.html 文件便可打开,然后使用 F12 键打开开发者工具就可以在 Console 面板中看到输出结果了,如图 1-4 所示。

图 1-4 示例运行结果

这里需要注意的是,如果把 JS 代码写在文件中,则需要使用 console. log()才能打印出运行结果,与直接在 Console 面板中编写代码不同,Console 中可以省略 console. log(),后边章节的代码示例默认以这种形式执行代码,所以在非必需的情况下会省略 console. log(),然后使用注释标注运行结果,代码如下:

```
let sum = 8 + 7;
sum; //15
```

1.5　Node.js 环境

Node.js 环境可以让 JavaScript 脱离浏览器运行,它基于 Chrome V8 引擎运行,相当于没有可视化界面和 HTML、CSS 渲染功能的浏览器,不过由于脱离了浏览器的限制,Node. js 可以访问操作系统提供的 API,进而封装了更高级的 API,例如输入/输出、文件、路径、HTTP、URL 等模块,可以在 JavaScript 中导入并使用,但是要注意 Node. js 和浏览器宿主环境提供的 API 大部分是不相同的,所以只能在对应的环境下执行代码。本书中的示例绝大多数可以在两种环境下执行,除非有特别说明。

要在 Node. js 环境下运行 JavaScript 代码,需要安装 Node. js 程序,可以通过官网 https://nodejs. org/下载对应操作系统的版本,它有两种,一种是 LTS(Long Term Support)长期支持版本,另一种是 Current 最新版,本书使用了长期支持的版本,版本号为 14. 15. x,在安装的时候需确认是否与此版本一致或更高,否则一些新特性可能会不支持。

下载之后双击安装包,按提示安装完成即可,然后打开命令行工具,例如在 macOS 下的 Terminal(控制台)或 Windows 下的 CMD,运行如下命令。

```
node - v
v14.15.0
```

如果返回了类似的版本号信息,则表示安装成功。

同样地,Node. js 也提供了交互式的代码运行环境,方便编写测试代码,直接在命令行中输入 node 命令就可以进入,代码如下:

```
→ ~ node
Welcome to Node. js v14.15.0.
Type ".help" for more information.
> let arr = [1, 2, 3];
undefined
> arr[0]
1
>
```

退出此界面可以连续按两次 Ctrl＋C 或 Ctrl＋D 或输入.exit(点号也需要输入)。如果要运行 JavaScript 文件,则可以同样使用 node 命令,后边需加上.js 文件的路径,例如运行 chapter1/example1/index.js,可以进入 example1 目录后使用以下命令。

```
→ example1 > node index.js
你好!
```

这时 index.html 文件就没有用了,因为 node.js 运行时不需要也不支持 html 文件。

1.6　开发工具

对于编写 JavaScript 文件,这里推荐使用 Visual Studio Code,下载网址：https://code.visualstudio.com/,它提供基础的代码语法高亮、智能提示和项目管理功能,还可以通过插件扩展它的功能,例如安装第三方库的辅助开发插件、主题插件、代码格式化插件等。针对本书中的示例,可以安装 Prettier(用于格式化代码)和 Live Server(用于运行 HTML 页面到服务器中)。

在浏览器运行 JavaScript 的示例中使用了双击的方式打开 index.html,但是在实际开发中不推荐这么做,浏览器会有 CORS(跨域资源共享)保护,且浏览器网址会显示 file://,而非 http://,这样可能会引发问题。这时如果使用 Live Server 插件,只需要在 index.html 文件中右击,选择 Open with Live Server 就可以把 index.html 运行在服务器中,以 http:// 的形式访问,如图 1-5 所示。

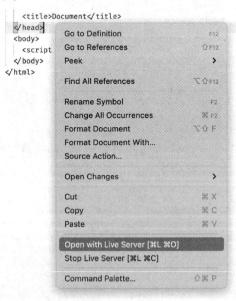

图 1-5　使用 Live Server 运行 html 文件

在 Node.js 环境下,同样可以使用 Visual Studio Code 编写代码,但无须使用 Live Server 插件和编写 html 文件了。

1.7　基础语法概览

在学习完如何运行 JavaScript 程序之后,来看一下对 JavaScript 基础语法的简单介绍。这里无须理解它们的语法和含义,只需了解 JavaScript 的大体组成部分,通过这些可以了解后边学习的大概框架,这对于每种编程语言都是类似的,因为大部分高级编程语言都有相似的基础语法结构。如果是没有任何编程经验的开发者,则可以通过这个框架了解将学习的内容;如果是有经验的开发者,则可以了解 JavaScript 与自己所掌握的编程语言有何不同之处并快速上手。

1.7.1　变量与数据类型

变量是存储程序数据的基础,JavaScript 因为是动态类型语言,所以变量可以存储任何类型的数据并且可以动态地改变。变量用法的代码如下:

```
let num = 3;                          //Number 类型的变量
let x = 10.23;                        //浮点数也是 Number 类型
x = "JavaScript";                     //把变量 x 改为 String 类型
let bool = true;                      //Boolean 类型
let empty = null;                     //Null 类型
let nonExist = undefined;             //Undefined 类型
let arr = [1, 2, 3];                  //Array 类型
let obj = {a: 1, b: 2, c: 3};         //Object 类型
const unchangeable = 8;               //Number 类型常量
//unchangeable = 6;                   //常量不可重新赋值
```

注意“//”后边为注释,它们不会被当作代码执行,只是开发者编写的注释,用于描述该行代码的作用。

1.7.2　运算符

运算符可以对表达式和变量进行数学和逻辑操作,以及访问和修改对象中的属性或数组中的元素,代码如下:

```
//chapter1/operator1.js
let a = 3;
let b = 4;

//数学运算符
a + b;                               //加法,结果为 7
```

```
a - b;                                       //减法,结果为 -1
a * b;                                       //乘法,结果为 12
a / b;                                       //除法,结果为 0.75
a % b;                                       //取模,结果为 3

//比较运算符
a > b;                                       //大于,结果为 false
a <= b;                                      //小于或等于,结果为 true
a === b;                                     //相等,结果为 false
a !== b;                                     //不相等,结果为 true

//逻辑运算符
true && false;                               //逻辑与,结果为 false
true || false;                               //逻辑或,结果为 true
! true;                                      //逻辑非,结果为 false

//组合运算符
a * = 3;                                     //乘等于,结果为 9
a -= b;                                      //减等于,结果为 5

//对象相关
let post = { id: 1, title: "标题" };
post.id;                                     //访问属性值,结果为 1
delete post.id;                              //删除属性,结果为 true
post;                                        //删除 id 属性后的对象值,{ title: '标题' }

//数组相关
let arr = [1, 2, 3];
arr[0];                                      //访问数组中的第 1 个元素,结果为 1
arr[1] = 5;                                  //将第 2 个元素修改为 5
arr;                                         //修改后的数组为[ 1, 5, 3 ]
```

1.7.3　流程控制

流程控制决定了代码的执行顺序和重复次数,默认情况下代码是按从上到下的顺序执行的,使用流程控制语句可以选择相应分支运行代码,或者使用循环重复执行一段代码,代码如下:

```
//chapter1/conditions.js
let score = 75;
//if...else if...else
if (score > 90) {
  console.log("优秀");
} else if (score >= 60) {
```

```
    console.log("及格");
} else {
    console.log("不及格");
}

//while 循环,打印 0 ~ 9 的数字
let count = 0;
while (count < 10) {
    console.log(count++); //打印出 count,然后自身加 1
}

//同样功能的 for 循环
for (let i = 0; i < 10; i++) {
    console.log(i);
}
```

1.7.4　函数

函数是 JavaScript 的核心语法,是编写可复用代码的基础结构,每个函数中可以编写任何合法的 JavaScript 代码,这些代码在每次调用函数时都会执行一次,无须再次定义,代码如下:

```
//普通函数
function sum(a, b) {
    return a + b;
}
sum(1, 2); //3
sum(100, 78); //178

//箭头函数
const sumArrow = (a, b) => a + b;
sumArrow(3, 7); //10
sumArrow(8, 10); //18
```

这些是 JavaScript 最基本的语法结构和功能特性,后边的章节会详细介绍它们的概念和用法。

1.8　严格模式

JavaScript 提供了以严格模式(Strict Mode)运行代码的机制,相比于普通模式,严格模式是为了让代码的运行更符合规范,一些容易引发问题的语法在严格模式下并不被支持,有些异常可能在普通模式下并不会被抛出,但是会在严格模式下抛出。一些需要注意的地方

会在后边相关章节中再进行介绍。使用严格模式可以在文件的开头写上 'use strict' 语句,代码如下:

```
'use strict';
//在严格模式下编写的代码
```

如果只想让函数中的代码开启严格模式,则可以在函数内部的开头写上 'use strict',代码如下:

```
function strictFunc() {
    'use strict';
}
```

1.9　小结

本章从宏观角度介绍了 JavaScript 语言,演示了运行 JavaScript 的方法,概括了 JavaScript 的核心语法,为以后编写 JavaScript 示例代码做好准备。本章的主要内容有以下几点:

(1) JavaScript 的发展历史和 ECMAScript 的提案流程。

(2) JavaScript 宿主环境和运行方法。

(3) JavaScript 基础语法概览:变量与数据类型、运算符、流程控制及函数。

(4) 什么是 JavaScript 严格模式,以及开启严格模式的方法。

第 2 章　基 础 知 识

学习一门编程语言，首先需要了解它的组成部分、各部分含义及规范，这样才能编写出结构良好且语法正确的代码，为以后学习复杂的语法结构打下基础。JavaScript 与 Java、C♯等通用的高级编程语言有着类似的语法结构，如果有这些语言的基础，则可以很快掌握 JavaScript 的语法基础。由于 JavaScript 语言是动态类型语言，所以对于语法的要求相当松散，虽然使入门变得容易，但是会使代码风格变得多样，可以说每个人的代码风格都不同。如果是在团队中合作开发项目，这样会导致不同的开发成员之间难以理解对方的代码，甚至过段时间自己对自己所编写的代码都难以理清逻辑，所以在掌握语法的基础上，还需要保持良好和一致的编码风格。

在本章中，将介绍 JavaScript 语言的基础结构，包括关键字、标识符、运算符、字面值、表达式、分号及注释，一行完整的 JavaScript 代码包括除了注释之外所有的部分。后面通过对代码进行拆解后，逐一介绍每部分的含义、用法和注意事项，并对可能产生的问题做出提示，另外对于编程的风格也会做出建议。由于本章是对 JavaScript 程序结构的宏观介绍，其中有些示例可能用到了后面章节中才会介绍的高级语法，这里不必完全理解代码的含义，只需知道这些代码在 JavaScript 语法结构中属于哪部分。随着后续章节的逐渐深入，慢慢地就会讲到它们的使用方法，到时可以回过头来再看一遍本章的示例。

2.1　程序结构

在第 1 章里，已经见过 JavaScript 代码了，示例代码如下：

```
let a = 5;
```

在这一行代码里包括了 6 项基本结构，下面分别介绍一下。

1. 关键字

最开始的 let 是一种关键字(Keyword)，用来对变量 a 进行声明。关键字是 JavaScript 内置的一些特殊的单词，用来规定语法(Syntax)，告诉 JavaScript 编译器要执行的操作。关键字和变量 a 中间的空格是必需的。

2. 标识符

代码中给变量起的名字 a 叫作标识符(Identifier),是开发者给变量、函数、类等起的名字。标识符不能跟 JavaScript 中的保留字(Reserved Words)同名,因为保留字是 JavaScript 内部需要使用的,用于规定语法、程序结构或特殊用途。关键字中的大部分都属于保留字。目前 ECMAScript 中常见的保留字有 await、break、case、catch、class、const、continue、debugger、default、delete、do、else、enum、export、extends、false、finally、for、function、if、import、in、instanceof、new、null、return、super、switch、this、throw、true、try、typeof、var、void、while、with、yield。

在 ECMAScript 规范中,还规定了一系列目前没有用到,但是未来有可能会用到的保留字,它们现在没有特殊的意义,但是随着 ECMAScript 规范的更新,会逐渐给它们附加功能。这些保留字仍然不能作为标识符,它们为 abstract、boolean、byte、char、double、final、float、goto、int、long、native、short、synchronized、throws、transient、volatile。

3. 运算符

a 后边的等号是运算符(Operator),与常见的数学运算符类似,这里用它把数值 5 赋给变量 a。等号前后的空格是 JavaScript 编码风格所建议的,是可选的,如果去掉并不影响程序的执行,不过这样的留白会在视觉上引起放松的效果,如果对于满篇的代码都省略了不必要的空格,则看起来密密麻麻很不舒服。

4. 字面值

在 JavaScript 中,有数字、字符串、对象等不同的数据类型,不同的数据类型有不同的定义语法和可以对其进行的操作,数据类型对应的具体的值叫作字面值(Literal),例如示例中的 5 是数字类型的字面值,"hello"是字符串类型的字面值,true 是布尔类型的字面值。由于 JavaScript 是动态类型语言,所以在定义变量时无须指定关键字,可以完全根据字面值的定义来确定值的类型。例如单纯地写上 1 则为数字类型,但是加上双引号"1"之后就会变为字符串类型了。

5. 表达式

表达式(Expression)跟数学意义上的表达式类似,是指能计算并返回结果的代码。字面值一般是表达式,在浏览器控制台或代码中如果只写一个字面值,则它的返回结果就是它本身,如图 2-1 所示。

图 2-1　在浏览器控制台编写表达式

可以看到控制台自动打印出了字面值的返回结果 10,因为字面值有返回结果,所以它是表达式。同理示例"let a=5;"中的 5 是一个表达式,它的返回结果被保存到了变量 a 中。另外常见的数学计算,例如 5+6 也是表达式,它计算出的结果为 11。

6. 分号

在示例的最后是一个分号,代表一行代码的结束。分号是可选的,不过一般推荐在每行代码结束时写上分号,因为如果没有写分号,则 JavaScript 会根据情况把下一行代码也当作本行代码的延续,即视为同一行代码。这种情况很容易造成一些问题,这些问题会在后边的章节中遇到。

7. 注释

除了一般的代码结构外,还有一种叫作注释(Comment),用来给代码添加说明,注释中可以是任何内容,不过要注意不能跟注释定义语法起冲突。注释会被编译器自动忽略,不会影响其他代码的执行。注释的存在是为了帮助不同的开发者理解各自所写的代码,也可以帮助自己在回顾代码时,回忆此段代码的作用,有的工具还会利用注释生成 API 文档。

JavaScript 定义注释有 3 种方式。第 1 种是单行注释,使用两个斜杠//,这种只能把注释写在一行,目的是对某行或某段代码进行简单说明,它可以写在每行代码的后边,也可以写在上边。一般建议是,如果代码比较长,或者当对整段代码进行注释时,把注释写在上方;如果是对一行比较简短的代码进行说明,或者标注执行结果时,则可以写在该行代码的后边。代码如下:

```
//chapter2/comment1.js
let num = 10; //定义底数
//当条件成立时,进行 XXX 计算
if(someCondition && otherCondition) {
  //XXX 计算
}
```

示例中在代码"let num=10;"后边编写了一行注释,说明该行代码用于定义幂运算的底数,而 if 上边的注释则表示这段分支语句在某个条件下会执行什么计算。当然//XXX 计算这一行注释是说示例中省略了相关的业务代码,单纯地展示注释的用法。

第 2 种是多行注释,用于注释内容比较长,一行占不下的情况,使用/* */定义。代码如下:

```
//chapter2/comment2.js
/*
 * 下边这段代码主要做了如下操作
 *  1. XXX 操作
 *  2. YYY 操作
 */
//代码
```

第 3 种是文档注释,用于生成 API 接口文档,API 文档是代码的说明书,用于给其他开发者查阅。文档注释描述了此应用程序暴露出来的,包括但不限于函数、对象、常量等的意义和用法。一般地,对于变量、常量等会直接编写它们的意义和用法,而对于函数则会编写较多的说明,例如函数的作用,接收的参数名字、数量、类型,返回值,在什么情况下会异常等。文档注释使用/ *** /定义,代码如下:

```
//chapter2/comment3.js
/**
 * 用于对两个数字进行相加计算
 * @param {number} a
 * @param {number} b
 * @returns a 与 b 的和
 */
function sum(a, b) {
  return a + b;
}
```

示例中第 1 行描述了该函数的作用,并使用@param 语法描述参数,{number}用于指定要接收的参数类型,后边的 a 和 b 则是参数的名字,@returns 用于描述函数的返回值。

这样编写文档注释之后,还可以让代码编辑器(例如 VS Code)生成代码提示。定义好上方的注释之后,在 VS Code 中用鼠标指向函数时,或者调用函数时,可以看到函数的说明,这样就很方便地知道这个函数的用法了,如图 2-2 所示。

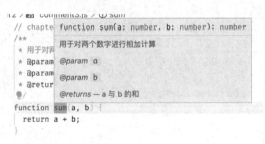

图 2-2　文档注释

对于文档注释更多的使用方法,可以参考网上的教程,本书就不再赘述了。

多行注释和文档注释由于有开始和结束符号,例如/ ** 和 * /,所以要注意在注释内容中不能再出现 * /字符,它会直接结束当前注释的定义,从而把后边的内容直接当作代码处理,这种处理方式会引发问题。例如在正则表达式中可以有 * /符号,如果把它写在文档注释或多行注释中就会有问题,代码如下:

```
/* 正则表达式:/abc.*/ */
```

这里 * /在注释的正则表达式示例中提前结束了,后边的 * /则不会被 JavaScript 识别,而会认为是不合法的符号从而抛出异常。

这些就是编写 JavaScript 程序的基本结构,随着章节的深入,还会遇到更多的语法、关键字和符号。现在明白这些结构后,就能够编写简单的代码了,接下来看一下编写程序最基本的单元：变量。

2.2　变量

变量(Variable)是用来存储字面值或表达式的运算结果的,需要给它指定一个有意义的名字,方便后续再次使用。如果没有变量,则像表达式1+2的结果,就只能使用一次便会丢弃,如果想在此结果的基础之上进行其他操作,就需要把它放到变量中,然后使用变量的名字来引用上一步的结果。这里可以把变量想象成一个地址,通过它可以找到具体的值。变量是编程的核心,在编写复杂的计算过程或者业务流程时,把参数或中间结果保存到变量中,就可以减少很多不必要的重复定义和计算。

2.2.1　定义变量

在JavaScript中,可以使用let关键字定义变量,代码如下:

```
let lang = "JavaScript";
```

这里的let lang做了两步操作:

(1) 声明(Declare)了一个名为lang的变量。let lang这部分执行的操作为声明,声明之后变量便有了名字,可以在后边使用了,但是并没有值(默认值为undefined)。

(2) 使用等号把一个字符串的字面值"JavaScript"赋给了变量lang,或者也可以说把lang变量绑定(Bind)给了"JavaScript"这个值。这时访问lang变量就可以得到值"JavaScript"。这步操作叫作初始化(Initialize)。

这两步操作加起来称为变量的定义,不过有时候声明和定义会交替使用,因为它们两个的区别只体现在某些特定的场景下。

这里也可以先声明变量,稍后再给它赋值,代码如下:

```
let lang; //undefined
lang = "JavaScript";
```

这样第1行在声明变量时,它的值默认为undefined,后续第2行再给它赋值为"JavaScript"。不过非必要情况下并不建议这么做,因为后续如果忘记赋值,则程序就会出现错误,推荐在声明变量的同时进行赋值。

也可以同时定义多个变量,每个变量名之间使用逗号分隔,代码如下:

```
let name = "John", age = 25;           //同时赋值
let title, tag = "JavaScript";         //title只作声明,tag声明并赋值
```

这里需要说明一下,在ES6以前,JavaScript定义变量的方式是使用var关键字,但是

它带来的副作用比较多,例如作用域、变量提升的问题,使代码容易出错、难以调试。后边讲作用域的时候再详细介绍它与 let 的区别,目前推荐使用 let 关键字定义变量。

掌握变量的定义之后,变量的命名也有一定的规则,需要了解一下变量的命名规范。

2.2.2　变量的命名规范

变量的命名其实是属于编码习惯问题,但是如果想让代码可读性更强,结构更清晰,则应该遵循一些普遍的规范。变量名就是 2.1 节中介绍的标识符,标识符的命名规则对于变量名和函数名等是一样的,这里放到变量中统一进行介绍。

变量名应统一使用英文单词定义,说明变量代表的意义。当只有一个单词时,全部使用小写,代码如下:

```
let name = "John";
```

当有多个单词时,有两种比较流行的命名方式,分别是驼峰命名法和蛇形命名法。

驼峰命名法(CamelCase):首个单词小写,后续每个单词的首字母大写,例如 let dayOfWeek=5。

蛇形命名法(snake_case):单词全部小写,多个单词之间使用下画线分隔,例如 let day_of_week=5。

这两种命名方法可以选择一种进行使用,不推荐混用。

对于变量的名字有以下几点需要注意:

(1) 使用 let 关键字定义的变量名不能重复,否则会提示语法错误:标识符(变量名)已经被定义过了,代码如下:

```
let age = 10;
let age = 20;                    //语法错误,重复定义 age 变量
```

(2) 变量名区分大小写,例中的 age 和 Age 是两个不同的变量,代码如下:

```
let age = 10;
let Age = 20;
```

(3) 变量名开头只能是字母、下画线或 $ 符号,中间可以是任意字符(Unicode 字符),例中分别展示了正确和错误的变量命名,代码如下:

```
let name = "John";              //正确
let $ inner = "Secret";         //正确
let _unused = "";               //正确
let laNina = "Jose";            //正确
let 1suit = 50;                 //错误
let #all = "all";               //错误
```

（4）由于变量名是标识符，所以不能跟 JavaScript 保留字同名，代码如下：

```
let await = true;                //错误
let awaitForResult = true;       //正确
```

2.3 常量

在 ES6 及以后，JavaScript 支持使用 const 关键字定义常量。常量是只读的（Read-Only），且和值之间的绑定关系是不可变的（Immutable Binding），即只能在定义的时候给常量赋值一次，后边再重新赋值就会出错。变量与值之间的绑定关系则是可变的（Mutable Binding），即变量可以被重新赋值。另外，常量也不能重复进行定义。需要注意的是，赋给常量的值，本身是可变的，例如把一个对象赋值给常量，那么对象里的内容仍然可以被修改。

常量可以给没有实际意义的数值起一个别名，让它更有意义，这样在使用该常量获取数值时，就能够清楚地知道它的作用。常量也可以防止被篡改，因为常量只能在定义的时候赋值一次，后续就不能再重新赋值了，常见的场景是：在引入其他第三方库的时候，可以使用 const 关键字接收它导出的模块变量，如果在代码中不小心对它进行了重新赋值操作，则程序就会抛出异常，阻止该操作，如果使用 let 关键字，则重新赋值的操作就会生效，后边想要再使用第三方库中的操作时，就会引发多种问题，轻则找不到该操作，重则执行了其他操作而导致隐晦的 Bug。

2.3.1 定义常量

要定义常量可以使用 const 关键字，其他的语法跟变量一样，例如把 1 小时包含的分钟数定义为常量并命名为 MINUTES_IN_AN_HOUR，代码如下：

```
const MINUTES_IN_AN_HOUR = 60;
```

也可以同时定义多个常量，代码如下：

```
const DAYS_OF_WEEK = 7, DAYS_OF_MONTH = 30;
```

2.3.2 常量的命名规范

如果使用常量表示一些固定的值、常数或者在应用程序中表示特定含义的值时，可以像上边的例子一样，把常量名中的单词全部大写，多个单词之间使用下画线连接。如果是为了防止值被覆盖，则常量名可以继续使用变量的命名风格，如驼峰或蛇形，代码如下：

```
const title = "标题";
```

由于常量不能重新被赋值，所以必须在定义的同时进行赋值，否则程序会报错。

2.4　数据类型

为了方便数据的计算和表示、尽可能地模拟客观世界的数据和物体，JavaScript 提供了 8 种数据类型，其中除了 Object 属于对象类型（Object Type）之外，其余的 7 种属于基本类型（Primitive Type），全部的数据类型如下。

（1）Number：数字类型。

（2）Boolean：布尔类型。

（3）String：字符串类型。

（4）Null：空类型。

（5）Undefined：未定义类型。

（6）Symbol：符号类型。

（7）BigInt：超大整数类型。

（8）Object：对象类型。

对象是一种结构化的类型，利用它能够创建出多种多样的数据类型，例如 JavaScript 内置的 Array、Map、WeakMap、Set、WeakSet 等都属于对象类型。本节除了介绍普通对象类型外，还会简单介绍一下基于对象类型创建出来的数组（Array）类型。

在介绍数据类型之前，先看一下获取数据类型的方式。

2.4.1　typeof

由于 JavaScript 不提供定义类型的方式，而是动态地判断类型，所以就需要一些方法来判断当前的变量是哪种数据类型。JavaScript 中提供了 typeof 关键字获取数据类型，在它后边写上要获取数据类型的字面值或变量，那么它就会返回实际数据类型的字符串表示形式，代码如下：

```
typeof 5;                  //"number"
typeof true;               //"boolean"
let str = "hello";
typeof str;                //"string"
typeof { prop: "value" };  //"object"
typeof function() {};      //"function"
```

从示例中可以看到字面值 5 返回的是"number"数字类型，str 返回的是"string"字符串类型，true 为"boolean"类型，{prop："value"}为"object"类型。不过最后一个 function(){} 返回了"function"类型，这段代码用于定义一个函数，函数按 ECMAScript 规范也属于对象类型，但是在使用 typeof 判断时给了它一个更具体的名字"function"。

使用 typeof 可以准确地获取基本数据类型，但是对于对象类型，则一般会返回"object"，

并没有具体实际的意义,例如下方代码中的 typeof 都会返回"object",代码如下:

```
typeof [1, 2, 3];
typeof new Date();
typeof Math;
typeof /\w+/;
```

针对这种情况,JavaScript 提供了 instanceof 关键字来判断一个值是否由某个对象创建出来的实例,这将在第 7 章对象部分再作介绍。不过,一般在判断特定对象类型时,该对象类型都提供了自己的逻辑进行判断,例如 Array 中的 isArray()方法可以判断某个值是否为数组类型。对于自定义的对象类型,也可以自己编写一套判断逻辑。

还有一点,如果使用 typeof 获取 null 的类型,例如 typeof null,它也会返回"object",这是因为 ECMAScript 规范中是这样定义的,属于历史遗留问题,现在 TC39 组织也在着手研究修改相关规范。

最后要注意的是,typeof 返回的值是类型的字符串表示,并不是真实的类型对象,所以不能访问 2.4.2 节中介绍的类型对象中的属性和方法,但是可以访问字符串类型中的属性和方法。

接下来分别看一下各数据类型的特点和用法。

2.4.2 Number 类型

Number 类型主要用于数学计算。常见的数字,例如 1、2、3、2.45、-13.25 等都属于 Number 类型,它们是 Number 类型的字面值。如果有其他编程语言基础,例如 Java,则可能知道数字分为整型(Integer)、双精度浮点型(Double)和单精度浮点型(Float)等,而 JavaScript 则不一样,它只有一个 Number 数字类型,既可以用来表示整数,又可以用来表示小数,即实数。

之前已经见到过如何定义数字类型的变量了,代码如下:

```
let num = 10;
typeof num;              //"number"
```

JavaScript Number 类型是使用 64 位双精度(IEEE 754)浮点数表示的,类似于 Java 中的 double 数据类型。它可以表示的最大值和最小值可以通过 Number 对象提供的 MAX_VALUE 和 MIN_VALUE 属性获取,代码如下:

```
Number.MAX_VALUE        //1.7976931348623157e+308 (e是科学记数法,代表10的n次幂
                        //这里即是10^308,^代表次幂,下同)
Number.MIN_VALUE        //5e-324 (即5 * 10^-324)
```

而它可以表示的整数范围可以通过内置的 MAX_SAFE_INTEGER 和 MIN_SAFE_

INTEGER 属性获得,代码如下:

```
Number.MAX_SAFE_INTEGER                   //9007199254740991
Number.MIN_SAFE_INTEGER                   // - 9007199254740991
```

如果超过这些范围,则会丢失精度,导致表示的数字不准确,从而引发计算错误,代码如下:

```
console.log(9007199254740993);            //9007199254740992
console.log( - 9007199254740993);         // - 9007199254740992
```

下例中的数字都是有效的数字类型,代码如下:

```
10
4.32
 - 2.44
19999
```

1. 不同进制表示法

日常进行数学计算通常使用的是十进制表示法,而在 JavaScript 中,可以使用二进制、八进制、十进制和十六进制表示数字,它们底层都是用二进制表示的。这些不同进制的表示法在某些应用程序中会非常有帮助,尤其是涉及底层数据的操作,例如 JavaScript 中的 TypedArray 是一组操作内存数据的数组,它里边的元素都是以十六进制进行存储的。

在 JavaScript 中,不同进制的数字都属于 Number 类型,只是用特殊的标记来区分进制,常见的有:

(1) 0b 开头表示二进制。

(2) 0o 开头表示八进制,注意后边的为小写字母 o。

(3) 0x 开头表示十六进制。

下例展示了各种进制的表示方法,代码如下:

```
0b011                    //二进制使用 0b 或 0B 开头
0o107                    //八进制使用 0o 或 0O 开头
0xF1A3                   //十六进制使用 0x 或 0X 开头
```

2. 数字分隔线

如果要表示的数字位数过长,或者需要按特定位数进行分组,则可以使用下画线对数字进行分隔(所有进制均可),以便于阅读,代码如下:

```
1000_0000_0000           //整数
22.4211_3677_7478        //小数
0b1100_0010_1101         //二进制
```

3. 特殊数字

JavaScript 中内置了表示特殊数字的方式,用于一些无法用具体数字表示的概念,例如无限大、非数字等,它们在用于进行数学计算和错误处理的时候会让某些特殊条件更易于表现。

表示无限大或者无限小可以分别使用 Infinity 和－Infinity。例如在数据结构和算法应用中,计算图(Graph)的最短路径时,如果最初默认所有节点到其他节点的距离都是无限远,则可以使用 Infinity 来表示。又例如在寻找一系列数字中的最小值时,可以先把最终结果初始化为－Infinity,当找到第 1 个最小的数字时再把－Infinity 替换为该数字。

Number 中还有表示非数字的 NaN(Not a Number),这种情况一般是由于使用了数字和非数字类型进行数学计算,它们的返回结果就是 NaN,代码如下:

```
10 * "str";                  //NaN
let maybeANumber = undefined;    //不小心没赋值
maybeANumber / 10;           //NaN
```

判断计算结果是不是 NaN,可以使用 JavaScript 全局对象中的 isNaN()或者 Number 对象中的 isNaN()方法,它会返回一个布尔类型的值,true 代表非数字,false 代表数字,代码如下:

```
isNaN(10 * "str")            //true
Number.isNaN(5 - 3)          //false
```

关于 JavaScript 中的数字有一点需要注意:在使用 Number 类型计算小数时,由于 JavaScript 使用了 IEEE 754 规范表示数字,在此规范中,小数并不使用十进制表示,而是使用二进制,这就导致了一个常见的现象:0.1＋0.2＝0.30000000000000004。这是因为像 0.1 和 0.2 这种数字,并不能用二进制精确地表示。在十进制中,0.1 可以写成是 1/10,很容易表示,但是当用二进制表示时,分母 10 并不是 2 的倍数,所以最后表现出来的二进制数字是无限循环的,这个就好比是在十进制中表示 1/3,它的结果是 0.3333333……。那么 0.1＋0.2 在这里取近似值之后,就得到了 0.30000000000000004 这样的数字。

在 JavaScript 中进行精确数学计算时,最好不要使用小数,可以尝试把小数统一乘上 10 的倍数转换成整数之后,再除以相同的倍数,得到小数;或者使用开源的数学计算库进行计算。

2.4.3 Boolean 类型

Boolean 类型用来表示逻辑关系,它只有两个值,true 和 false,代表真和假。例如在比较两个数字是否相同时,相同则为 true,不同则为 false。后边在学到比较运算符时,会看到运算结果均为布尔值,这里只需先了解一下它的概念。下例分别定义了两个布尔类型的变量,代码如下:

```
let result = true;
let isError = false;
typeof result                    //"boolean"
```

2.4.4　String 类型

String 类型是用途最广的数据类型,可以用于调试信息、日志信息、用户界面等所有需要使用文字的地方。之前的示例已经多次使用到字符串类型的值了,足以证明它的重要性。

定义字符串有 3 种方式,双引号、单引号和反引号,字符串必须在成对的引号之间,代码如下:

```
let doubleQuote = "这是用双引号定义的字符串";
let singleQuote = '这是用单引号定义的字符串';
let backtick = `这是用反引号定义的字符串`;
```

这 3 种方式定义的字符串本质上没有什么区别,但是在不同的场景下有不同的选择,尤其是第 3 种模板字符串,它是一种全新的定义字符串的形式,与前两种的区别比较大。

双引号字符串是最常见的定义方式,但是它里边不能有其他双引号,这样会导致字符串提前结束,而后边的字符会被 JavaScript 认为是非法字符。如果一段字符本身有双引号,则这时可以使用单引号的方式定义字符串。单引号可以用于字符串本身含有较多双引号的情况,例如定义一段 HTML 模板代码,代码如下:

```
'< div class = "box"/>'
```

使用双引号或单引号定义的字符串需要放在一行代码中,如果需要换行,则需要在换行的地方使用\来接续,代码如下:

```
let multiLine = "这是一个\
    长字符串";
```

或者也可以使用＋拼接多行字符串,代码如下:

```
let multiLine = "这是一个"
    + "长字符串";
```

它们的区别是,使用\换行时,所有的这些字符属于同一个字符串,只能使用一组引号,而使用＋号则是拼接了多个独立的字符串,最后形成一个字符串。另外需要注意的是,这里只是在代码中对字符串进行换行,而在实际输出结果中,这些字符还是在同一行。如果想让结果字符串进行换行,可以使用转义字符(Escape Character)。例如换行可以使用\n,代码如下:

```
console.log("这是多行\n 字符串");
```

输出结果如下：

```
这是多行
字符串
```

转义字符使用\加上对应的转义字符表示，从输出结果中可以看到\n 并没有显示在结果字符串中，而是起到了换行作用。转义字符既可以用来表示不可见的符号，例如换行符、制表符，也可以表示可见但是有冲突的符号，例如在双引号定义的字符串中，字符串本身包含双引号，代码如下：

```
console.log("这是一个带\"双引号\"的字符串");
```

输出结果如下：

```
这是一个带"双引号"的字符串
```

这里的双引号在结果字符串中就原样输出了。其他的转义字符和它们所代表的意义如表 2-1 所示。

表 2-1　转义字符

转义字符	含　　义
\'	输出单引号
\"	输出双引号
\\	输出斜杠本身\
\n	换行符
\r	回车符
\t	制表符(Tab 键)
\v	垂直制表符
\f	分页符
\b	退格符(Backspace)

如果需要完整地保留一段字符串的格式，则使用转义字符就会非常烦琐、难以阅读。这个时候，反引号定义的模板字符串(Template Literals/Strings)就派上用场了。

模板字符串有两个作用：

(1) 保留字符串的原始格式。

(2) 可以使用 JavaScript 中的变量和表达式。

先看第 1 个作用，例如有下边这样一个字符串：第 1 行是正常的字符串，第 2 行在换行之后，行首没有空白，第 3 行有 2 字符的缩进，第 4 行包含双引号和单引号，第 5 行包含转义

字符,使用模板字符串定义的代码如下:

```
//chapter2/string1.js
const str = `这是一个多行文本.这一行顶格写,输出的结果也是顶格的.
这一行有缩进,结果也会缩进.
    这一行有"双引号"、'单引号'符号,它们也会原样输出.
转义字符\n仍然会生效.如果想再输出\`反引号\`,还需要转义.
`;
console.log(str);
```

输出结果如下:

```
这是一个多行文本.
这一行顶格写,输出的结果也是顶格的.
    这一行有缩进,结果也会缩进.
这一行有"双引号"、'单引号'符号,它们也会原样输出.
转义字符
仍然会生效.如果想再输出`反引号`,还需要转义.
```

可以看到在输出的结果中,字符串的空白、缩进、换行、引号等都被保留下来了,转义字符也仍然会生效,如需要在字符串里边继续使用反引号,则仍然需要使用\`转义。

再看第 2 个作用,访问变量或表达式的值,在模板字符串中使用 ${} 符号可以把其中的变量值或表达式的结果转换成字符串,然后和剩余部分一起拼接成完整的字符串,代码如下:

```
let a = 5;
`a + 5 = ${a + 5}`;                    //"a + 5 = 10"
```

本节简单地介绍了字符串的定义方式,在第 9 章会介绍更详细的用法。

2.4.5 Null 与 Undefined 类型

Null 和 Undefined 是很容易混淆的两种类型,它们都用来表示空值,但是在意义和用法上还是有一定的区别的。Null 类型的值有且只有一个：null。根据现行的 ECMAScript 规范,使用 typeof 获取 null 的类型会返回 object。

如果想让一个变量代表的是空值,例如当收集用户输入的信息时,如果用户没有输入信息,就应该使用 null,这表示变量是已定义的,只不过它的值是空白,代码如下:

```
const inputValue = null;
```

Undefined 类型的值也只有一个：undefined,意思是未定义的,代表没有任何值的含义,也就是说这个值不存在。当定义一个变量但没有赋值时,这个变量的值就是 undefined,

代码如下:

```
let num;
console.log(num)                    //undefined (实际的 undefined 值)
typeof num;                         //"undefined"(undefined 类型的字符串表示)
```

未赋值的变量、没有返回值的函数、访问对象中没有的属性和访问数组中没有的元素时,都返回 undefined,一般并不需要手动设置。不过,显式地写出 undefined 可以更清楚地知道,这里是有意不给这个变量赋值的。

2.4.6 Object 类型

Object 类型是 JavaScript 中最复杂、最灵活的一种数据类型,或者称为数据结构,因为它可以包含其他的数据类型,也可以再包含其他对象类型,还可以利用它创建自定义的类型。对象所涵盖的内容可以使用一整章来介绍,将在第 7 章进行讲解,本节先简单地看一下对象的结构、定义和基本使用方法。

对象(Object)是由一对大括号定义的,里边使用键值对(Key Value Pair)作为它的内容。键值对由 3 部分构成:字符串类型的键、冒号和任意类型的值,key: value。在对象里,多个键值对使用逗号隔开(最后一个键值对后边的逗号可以省略),代码如下:

```
//chapter2/object1.js
let person = {
    name: "张三",
    age: 20,
    student: true
}
typeof person;                  //"object"
```

键值对在对象中也叫作属性(Property),键是属性名,值为属性值,定义属性名时可以省略双引号,但是如果属性名中包括中画线、空格等无效字符,就需要使用双引号,代码如下:

```
let someObj = {
  "some prop": "value"
}
```

访问对象属性的值可以使用.号加上属性名,而对于含有无效字符的属性,则可以使用方括号语法访问它,在里边使用字符串形式写出要访问的属性的名字,代码如下:

```
person.name;                    //张三
someObj["some prop"];           //"value"
```

修改对象属性的值,可以在访问对象属性的基础上,使用=来赋予它新值,代码如下:

```
person.name = "李四";
someObj["some prop"] = "other value";
```

另外使用方括号形式,也可以把属性的名字放到变量中,这样可以动态地使用变量的值作为对象的属性名,代码如下:

```
let prop = "some prop";
someObj[prop] = "other value";
```

上边修改属性的操作,如果指定了对象中不存在的属性,则会自动将一个新的属性添加到对象中,代码如下:

```
let person = {
  name: "张三"
}
person.age = 20;                    //person: { name: '张三', age: 20 }
```

这些示例都是自己定义的对象,除此之外 JavaScript 还有一些内置的对象,例如 Math、Date、RegExp,将在后边的章节中逐一介绍。另外,JavaScript 还有特殊的全局对象(Global Object),根据 JavaScript 宿主环境的不同,全局对象也不同。例如,在浏览器运行环境下为 window 对象,而在 Node.js 环境下,则是当前模块。不过,在 ECMAScript 2020 规范中定义了 globalThis 对象,用于在不同宿主环境下统一访问全局对象。

2.4.7 Symbol 类型

Symbol 类型是在 ES6 规范中才出现的数据类型,是一种值不会重复的数据类型。它可以作为对象的属性名,防止后续被覆盖。定义符号类型的值,可以使用 Symbol()函数,然后在括号里边传递一个字符串类型的值,用于描述这个符号: let sym=Symbol("a symbol")。后边可以使用===运算符来验证它每次返回的值是不是相等,代码如下:

```
Symbol("a symbol") === Symbol("a symbol");              //false
```

当把它用作对象中的属性时,可以防止已有的属性被修改,代码如下:

```
//chapter2/symbol1.js
let obj = {};
let prop = Symbol("prop");
let prop2 = Symbol("prop");
obj[prop] = "value1";
obj[prop2] = "value2";
```

```
obj[prop];                              //value1
obj[prop2];                             //value2
```

可以看到,虽然给 Symbol() 传递的值都是一样的,但由于它返回的值是不同的,所以对象中会有两个使用 Symbol 表示的属性,分别对应了不同的值。

Symbol 类型有一个全局符号注册表(Global Symbol Registry)的概念,它用来管理所有已创建的 Symbol 符号的值。使用注册表的方式定义符号时,如果符号已存在,就会返回已有的符号,如果不存在就会创建新的。在注册表中创建符号使用 Symbol.for(),同样地,可以在小括号中给它传递一个描述字符串:Symbol.for("a symbol")。使用注册表创建符号的好处是,如果没有把符号保存到变量中,则还可以通过注册表找到这个符号。还用之前的对象例子,这次使用注册表形式,代码如下:

```
//chapter2/symbol2.js
let obj = {};
obj[Symbol.for("prop")] = "value1";
obj[Symbol.for("prop")];                //value1

obj[Symbol.for("prop")] = "value2";
obj[Symbol.for("prop")];                //value2
```

在第 1 次使用 Symbol.for("prop") 给 obj 添加属性时,会创建 Symbol("prop") 这个符号,然后次使用 Symbol.for("prop") 访问对象中的属性时,它返回了注册表中已定义的符号,从而可以获取 value1 这个值。后面 value2 覆盖了 value1 也是同样的道理。

2.4.8　BigInt 类型

BigInt 类型是在 ES2020 规范中定义的,可以用于超大整数的计算,这些数字可能大于 Number.MAX_SAFE_INTEGER 或小于 Number.MIN_SAFE_INTEGER 规定的范围。要定义 BigInt 类型的字面值,可以在整数后面加上字母 n:133245668733399999222n。

超大数字之间可以使用数学运算符进行操作,代码如下:

```
console.log(133245668733399999222n + 5888888888n);        //133245668739288888110n
```

但是,BigInt 类型不可以和 Number 类型进行数学计算,否则会抛出错误,代码如下:

```
//TypeError: Cannot mix BigInt and other types, use explicit conversions
//不可以混合使用 BigInt 和其他类型,请使用显式类型转换
console.log(133245668733399999222n + 5888888888);          //
```

不过可以把 Number 和 BigInt 转换成同样类型之后再计算,建议把 Number 类型转换为 BigInt 类型,因为反过来可能会降低精度。

2.4.9　Array 类型

数组是用来保存一系列连续的数值的集合。确切地说,它并不是一个单独的类型,而是基于 Object 对象类型创建出来的特殊类型。数组类型可以方便地对一组数据进行循环访问、计算、变换和存储。现今流行的数据科学中的数据操作大部分以数组的形式进行。由于数组中的操作比较多,后边会用单独的章节来全面地介绍它,这里先简单看一下它的用法。

定义数组使用方括号[],里边多个数值使用逗号分隔,这里建议数组里存放统一的类型,便于应用通用的处理逻辑,例如全部存储为数字、全部存储为字符串等,代码如下:

```
let nums = [1, 2, 3];
let names = ["张三", "李四", "王五"];
```

因为数组是一个特殊的对象,所以它也有一些内置的属性,方便获取数组的信息。例如获取数组的长度,可以使用 length 属性,代码如下:

```
nums.length;            //3
```

数组中的每个元素都有索引(Index),或称为下标,用于存取指定位置的元素,索引从 0 开始,一直到数组的长度减 1。访问元素可以使用[]并在里边写上元素对应的索引,代码如下:

```
nums[0];                //1
```

如果访问不存在的索引,则会返回 undefined。

要修改某个位置的元素的值,可以在访问元素的基础上,直接使用=赋值,代码如下:

```
nums[1] = 5;
nums[1];                //5, 数组变成了[1, 5, 3]
```

2.4.10　基本类型的特点

基本类型的值本身是不可变的,这个比较容易理解,例如一个数字类型的 3,它没办法变成 4 或其他的数字。这里要把值本身和变量区别开来,给变量赋值之后,可以把变量的值改为其他值,代码如下:

```
let num = 3;
num = 4;
```

2.5　数据类型转换

因为 JavaScript 是动态类型的语言,所以在定义变量时,无须给它指定具体的类型,并且还可以在后边给它赋予不同类型的值。例如下方代码定义了数字类型的变量 a,后边又把它改为字符串类型的"hello",这样的代码是可以正常运行的,代码如下:

```
let a = 1;
typeof a;               //"number"
a = "hello";
typeof a;               //"string"
```

如果有其他静态类型的编程语言基础,则应该了解在定义变量的同时应指定它的类型,例如在 Java 语言中,定义变量的代码如下:

```
int num = 1;
String str = "hello";
```

这样就方便了一些要求有确定的数据类型才能够正确执行的操作,例如只有数字类型才能进行数学计算,或者某些函数接收的特定类型的参数,那么在 JavaScript 中是如何确保数据类型是合适的呢?这里 JavaScript 提供了数据类型转换机制,能够在执行代码时,把当前的数据类型转换为目标数据类型。它有两种方式,一种是 JavaScript 自动执行的类型转换,称为隐式类型转换(Implicit Type Conversation),另一种是开发者手动进行的类型转换,称为显式类型转换(Explicit Type Conversion)。

2.5.1　隐式类型转换

当 JavaScript 编译器能够自动转换类型时,就会发生隐式类型转换。类型转换多数情况是把任意类型的值转换为 Number、String、Boolean 类型。例如当数字类型与字符串类型做加法操作时,会把数字转换成字符串,代码如下:

```
1 + "2";                //"12"
```

数字与字符串相减时,则会把字符串转换为数字,前提是字符串的内容本身就是数字,代码如下:

```
"2" - 1;                //1
```

数字类型与布尔类型做数学计算时,会将布尔值转换为数字,将 true 转换为 1,将 false 转换为 0,代码如下:

```
3 + true;              //4
5 + false;             //5
```

当用在逻辑运算和if条件判断中时,里边的数据类型会转换成布尔类型,代码如下:

```
//true
if(1) {}
//false
if(null) {}
```

常见的隐式数据类型转换如表2-2所示。

表2-2　隐式数据类型转换

数据类型	Number	Boolean	String
Number	→本身	0 1,NaN →false 2,其他 →true	一般返回数字的字符形式,但是超长数字会进行特殊处理,这不在本书的讨论范围之内
Boolean	true→1 false→0	→本身	true→"true" false→"false"
String	内容为数字→数字 非数字→NaN	空字符串"" →false 其他→true	→本身
Undefined	NaN	false	"undefined"
Null	0	false	"null"
Object	视valueOf方法而定	true	视toString()方法而定
Symbol	不可转换,抛出类型错误异常(Type Error)	true	不可转换,抛出类型错误异常(Type Error)
BigInt	不可转换,抛出类型错误异常(Type Error)	on→false 其他→true	返回数字的字符串形式,不包括结尾"n"
Array	只有一个元素且是数字→数字 空数组→0 其他→NaN	true	相当于调用join()方法返回的结果,对每个元素进行拼接

注:→代表转换后的值。

2.5.2　显式类型转换

每个基本数据类型(除了null和undefined之外),都有对应的包装对象,提供了更多的方法和属性,用于提供额外的信息和额外的操作。显式类型转换就是调用了包装对象中的方法(Method)实现的。

基本类型的包装对象有以下几个:

（1）数字类型的 Number 对象。

（2）布尔类型的 Boolean 对象。

（3）字符串类型的 String 对象。

（4）符号类型的 Symbol 对象。

（5）超大整数类型的 BigInt 对象。

如果要把其他类型的值转换为目标类型，则只需调用它们的构造函数，构造函数将会在第 7 章对象中介绍，这里只需知道它跟对象的名字保持一致，然后可以像普通函数一样调用就可以了。例如把一个布尔类型的值转换为数字类型：Number(true)会返回 1，把数字转换为字符串：String(10)会返回 10。另外，这些包装对象还提供了 toString()方法来直接把字面值转换为字符串（字面值可以自动转换为包装对象类型），代码如下：

```
true.toString();                //"true"
```

true 是 Boolean 类型的值，在调用.toString()时会先把 true 转换为使用 Boolean 对象表示，然后调用它里边的 toString()方法。

这里需要注意的是，数字类型的字面值不可以直接使用.运算符访问包装对象中的方法，这是因为.在数字中的意义是表示小数，JavaScript 会尽可能地把类似数字的值转换为数字，例如 1.和 5.这样值会被认为是 1.0 和 5.0，那么要想访问 Number 对象中的方法，可以再多加一个点号，或者使用小括号，代码如下：

```
1..toString();                //"1"
(5).toString();               //"5"
```

2.6　小结

这一章介绍了 JavaScript 程序的基础部分，包括程序结构、变量、常量、数据类型和数据类型转换。它们为后边更复杂的内容提供了基础，可以说任何编程语言的基础都是类似的，它们是编写应用程序的地基，需要牢固掌握。本章应重点掌握的内容有以下几点。

（1）程序结构包括：关键字、标识符、运算符、字面值、表达式、分号和注释。

（2）变量是用来存储数据的，变量名的命名方式有一定的规则。

（3）在常量中，标识符和值的绑定关系是不可变的，不能重新给常量赋值。

（4）JavaScript 的基本数据类型有 Number、Boolean、String、Null、Undefined、Symbol 和 BigInt 7 种，另外还有 Object 对象类型和基于对象类型产生的 Array 数组类型。

（5）数据类型之间可以进行转换，有隐式和显式两种方式。

第3章

运　算　符

编程语言的发明有一个重要原因是为了代替人工进行复杂的数据计算,而为了进行这些计算,需要使用各种各样的运算符(Operator)进行操作。在 JavaScript 中,除了有熟知的数学、赋值、比较和逻辑等运算符外,还有其他许多专门为编程提供便利的运算符,例如位运算符,利用多种运算符可以编写更复杂的表达式。在运算符中参与运算的表达式一般称为操作数(Operand),按照操作数数量的不同,运算符又分为一元运算符、二元运算符等。操作数在 JavaScript 中也是表达式,所以在本章中,这两种名词会交替使用。

当同时使用多个运算符时,不同的运算符还有不同的计算顺序,有的是从左到右进行计算,有的则是从右到左进行计算。另外,运算符的优先级也不相同,例如乘法和除法的优先级比加法和减法的优先级高,逻辑与和逻辑或运算符优先级比数学运算符低,这些都是在实际开发中要注意的,本章在结束的时候也会列出优先级表供查阅,接下来先介绍不同运算符的作用和用法。

3.1　赋值运算符

赋值运算符使用=表示,在之前的章节已经多次使用过它了,给变量、数组元素、对象的属性等赋值时都使用了赋值运算符,它所做的操作是把右边操作数的值赋给左边的操作数,代码如下:

```
let a = 10;              //把 10 赋值给 a,a 是左侧表达式
let obj = {};
obj.prop = "value";      //把"value"值赋给 obj 对象的 prop 属性, obj 是左侧表达式
```

赋值运算符的计算顺序是从右向左的,如果使用了多个赋值运算符,则会从最右边开始,把值依次赋给左侧表达式。这里需要注意的是,因为只有左侧表达式才能被赋值,所以在使用多个赋值运算符时,只有最右边的可以是任意表达式,中间及最左边的所有表达式必须为能够被赋值的左侧表达式,代码如下:

```
let b = 10;
let a = b = 5;             //b = 5,a = b,先把 b 的值改成 5,再把 b 的值赋给 a
//Uncaught SyntaxError: Invalid left-hand side in assignment
let c = 6 = 7;             //6 不是左侧表达式,不能被赋值
```

3.2 数学运算符

数学运算符,顾名思义,就是用于进行数学计算的,跟数学课中所学的用法基本保持一致,不过有一些数学运算符有特殊的用法。JavaScript 中的数学运算符有＋、－、＊、/、％、＋＋、－－这几种,按照操作数数量的不同,有些运算符既可以是一元运算符,又可以是二元运算符,这里按操作数的数量分别看一下数学运算符的用法。

3.2.1 一元数学运算符

这类运算符包括＋、－、＋＋和－－ 4 种,可用于单一操作数。

＋既可以是一元运算符,也可以是二元的,这里看一下它作为一元运算符时的作用。一元＋表示返回一个数字的正数表示,从数学课中可以知道,一个数字的正数还是它本身,所以＋一般可以省略,代码如下:

```
+5;              //5
+-5;             //-5
+1.23;           //1.23
0;               //0
```

一元＋有一个使用技巧,可以把非数字类型的值转换为数字,作为快速显式类型转换的方式之一,代码如下:

```
+"7";            //7
+true;           //1
```

－表示的含义是取一个数字的相反数,即正变负,负变正,用法跟一元＋一样,代码如下:

```
-6;              //-6
-(-7);           //7,因为 -- 是自减运算符,所以 -7 需要用括号
-25.6;           //-25.6
-0;              //-0
```

＋＋自增,表示对数值自身进行加 1,它的操作数不能是字面值,而应为变量、对象的属性、数组中的元素等,并且操作数必须能够转换成数字类型。另外,＋＋既可以放在操作数

的前方,也可以放在后方,前者称为前缀++,后者称为后缀++,它们的区别是,前缀++会先把数值加1,再返回加1后的结果,后缀则是先返回当前的数值,再对数值加1,代码如下:

```
let i = 0;
i++;                    //先返回 0,i 再变成 1
++i;                    //直接返回 i + 1 后的值,此处为 2
```

——自减,表示对数值减1,规则和使用方法与++一致,代码如下:

```
let i = 10;
i--;                    //10
--i;                    //8
```

++和——经常在循环中使用,对计数变量进行加1或减1操作,当满足一定条件的时候循环就会停止,这个在后边讲到循环的时候再详细介绍。

3.2.2　二元数学运算符

二元数学运算符有+、-、*、/、%、**(ES2020),分别代表加、减、乘、除、取模(求余数)和幂运算。

1. 加法

加法首先可以用来对数字操作数求和,代码如下:

```
1 + 2;                  //3
0.2 + 0.5;              //0.7
```

加法除了用于数字相加,还能用于字符串拼接,它会把进行加法操作的字符串合并成一个,例如"hello"+"world"会返回"hello world"。如果将数字和字符串相加,则会先把数字转换为字符串,然后进行拼接,例如1+"2"会返回"12"。

对于其他类型遵循以下规则:

(1) 如果数字与布尔类型相加,则会把 true 转换为1,把 false 转换为0。

(2) 如果与 null 相加,则会把 null 转换成0。

(3) 如果与 undefined 相加,则会把 undefined 转换为 NaN,任何数字与 NaN 进行计算都会返回 NaN。

(4) 如果与对象相加,对象实现了 valueOf() 方法,并且返回数字,则会使用它进行相加,否则会把对象转换为字符串然后进行拼接。

(5) 如果与数组相加,则会把数字转换为字符串,然后进行拼接。

来看一些例子,代码如下:

```
//chapter3/addition1.js
5 + true;                        //6
5 + null;                        //5
5 + undefined;                   //NaN
5 + {};                          //"5[object Object]"
5 + {valueOf() {return 10}};     //15
5 + [];                          //"5"
```

2. 减法

减法使用－符号。减法及后面要介绍的数学运算符不会把操作数转换为字符串（字符串只能使用＋进行拼接），而是都转换为数字类型，不能转换的则直接返回 NaN。下边的例子展示了减法运算符的用法，代码如下：

```
//chapter3/substraction1.js
10 - 1;              //9
10 - true;           //9
10 - null;           //10
10 - "5";            //5
10 - - 5;            //15,含义为 10 减去 - 5,两个减号中间需要有空格,否则会被认为是自减
10 - "str";          //NaN
```

3. 乘法

乘法使用 * 符号，对两个操作数进行乘法运算，代码如下：

```
3 * 2;              //6
5 * "6";            //30
5 * "a";            //NaN
```

4. 除法

除法使用/符号，与 Java 等编程语言不同的是，JavaScript 的除法得到的商并不是取整数部分，而是包含完整的浮点数部分，代码如下：

```
6 / 3;              //2 整除
3 / 2;              //1.5 包括小数
```

如果除数为 0，则任何数与 0 相除会得到 Infinity，代码如下：

```
1 / 0;              //Infinity
3.5 / 0;            //Infinity
```

需要注意的是，Number 类型因为都有正数和负数表示法，0 也不例外，虽然＋0 和－0 是相同的，但是在作为除数时，任何数与－0 相除都会得到－Infinity，代码如下：

```
-10 / 0;                    //-Infinity
-2.33 / 0;                  //-Infinity
```

5. 取模

取模与除法类似,只是它的结果是余数,使用%符号,代码如下:

```
10 % 3;                     //1,商为 3,余数为 1
10 % 2;                     //0
-9 % 2;                     //-1
```

取模也可以用在浮点数上,商是整数部分,余数则包括剩余的部分,代码如下:

```
10.25 % 3;                  //1.25
```

利用取模运算可以把取值限定在一个范围内,例如访问数组中的元素,可以对数组的长度进行取模运算,这样就不会超过数组的最大索引了,代码如下:

```
let arr = [1, 2, 3];
let i = 0;
arr[(i++) % arr.length];    //1,其中 i = 0
arr[(i++) % arr.length];    //2,其中 i = 1
arr[(i++) % arr.length];    //3,其中 i = 2
arr[(i++) % arr.length];    //1,其中 i = 0
```

取模运算的用途非常广泛,例如在 Diffie-Hellman 密钥交换中就使用了取模运算,关于算法的内容已经超出本书所讨论的范畴,读者可自行研究。

6. 幂运算

幂运算是在 ES2020 推出的新语法,使用 ** 符号表示,左边为底数,右边为指数(幂),然后对底数进行幂运算,代码如下:

```
3 ** 2;                     //9
6 ** 3;                     //216
(-3) ** 3;                  //-27
(-4) ** 2;                  //16
10 ** -2;                   //0.01
5 ** 0;                     //1
4 ** 0.5;                   //2
```

可以看到幂运算与所学到的数学中的幂运算的规则是一样的。

(1)如果底数为负数,并且幂为奇数,则结果仍然是负数。

(2)如果底数为负数,并且幂为偶数,则结果为正数。

（3）如果幂为负数，则把幂当作正数，然后对底数进行幂运算，最后取结果的倒数。

（4）如果幂为小数，则进行开方运算。

这里需要注意的是，如果底数为负数，需要使用小括号，否则会引起歧义，不知究竟应把底数作为负数还是应把结果转换为负数，同时 JavaScript 也会给出错误提示。

3.2.3　计算顺序与优先级

数学运算符的计算顺序一般是从左到右的，即在有多个操作数的情况下，会先从左到右两两进行计算，最后得出结果，但是幂运算除外，它是自右向左进行计算的，代码如下：

```
2 ** 3 ** 2;                    //结果是 512,而不是 64
```

如果一个表达式中有多种数学计算，则不同的运算符有不同的优先级，优先级高的先进行计算，优先级低的后进行计算，相同优先级的，则按运算符的计算顺序依次进行计算，数学运算符的优先级从高到低分别为：

（1）＋＋（自增）和－－（自减）。

（2）**（幂运算）。

（3）*（乘）、/（除）、%（取模）。

（4）＋（加）、－（减）。

例如在下方代码中，首先 a 进行自增，得到 3,3 乘以 5 得到 15。接着，计算 4 ** 2 得到 16,18 对 16 取模，得到 2。最后,15 加上 2 得到 17,代码如下：

```
let a = 2;
++a * 5 + 18 % 4 ** 2;          //17
```

不过这样的代码看起来非常难以理解，这时可以使用小括号()来对表达式进行分组，括号内部的表达式的优先级最高，如果有嵌套的括号，则从里向外进行计算，如果是同级的括号，则按计算顺序进行计算。这样上边的表达式可以写成使用小括号的形式，并且运算结果也是相同的，代码如下：

```
let a = 2;
((++a) * 5) + (18 % (4 ** 2));          //17
```

3.3　比较运算符

比较运算符用来判断两个操作数之间的关系，所以又称为关系运算符。根据操作数关系的成立与否，比较运算符会返回布尔类型的结果：true 代表关系成立,false 代表关系不成立。比较运算符既可以用于变量之间也可以用于字面值之间的比较，常用的比较运算符有

>、<、>=、<=、==、===、!=、!==，下边分别看一下它们的用法和注意事项。

>、<、>=、<=最常见的用法是对数字进行比较，即左边的操作数是否大于、小于、大于或等于、小于或等于右边的操作数，如果成立，则返回 true，如果不成立，则返回 false，代码如下：

```
//chapter3/comparison1.js
5 > 6;                  //false
let a = 10;
a >= 10;                //true
a < 4;                  //false
a < true;               //false,这里 true 被转换成了数字 1,10 不大于 1,所以返回 false
99999999n < 100000      //false, BigInt 和 Number 类型可以进行混合比较
```

如果操作数为 boolean、null、undefined 或字符串类型，则会先把它们转换为数字再进行比较：boolean 类型的 true 和 false 分别会被转换为 1 和 0，null 会被转换为 0，undefined 会被转换为 NaN，任何数字与 NaN 比较都会返回 false。至于字符串类型，如果字符串中的内容是数字则会转换为数字，非数字则会转换为 NaN，代码如下：

```
5 > "3";                //true
5 > "a";                //false
5 < "a";                //false
```

如果操作数两边同时为字符串类型，则会按字符串比较规则进行比较。由于字符串底层是使用 UTF-16 编码进行表示的，实际上是对 UTF-16 代码点逐位进行比较，且每个代码点在 Unicode 字符中都有不同的顺序，所以可以用于比较大小。字符串比较的方式如下：

（1）如果第 1 个字符串的第 1 个字符和第 2 个字符串的第 1 个字符不同，则直接把这两个字符比较的结果作为整体结果返回。

（2）如果相同，则比较第二位，以此类推，直到有不同的字符。

（3）若每位都相同，且两个字符串长度也相同，则它们是相等的。

（4）若每位都相同，但是字符串长度不同，则长度大的比长度小的大。

来看一些例子，代码如下：

```
"a" < "b";              //true, a 为 97, b 为 98
"abcd" < "abbb";        //false,长度相同,c 比 b 大,所以"abcd" 应大于 "abbb"
"abcd" < "ab";          //false, ab 字符都相同,长者为大,所以"abcd"应大于 "ab"
```

==、===是用来比较两个操作数的值是否相等的，如果两个操作数都是基本类型，且内容相同，则这两个运算符都会返回 true，否则会返回 false，代码如下：

```
//chapter3/comparison2.js
10 == 10;                    //true
12 === 12;                   //true
let a = 5, b = 5;
a == b;                      //true
a === b;                     //true
```

它们两个虽然用法是一样的,但是对于比较的方式有一定的区别。==是松散的比较方式,在比较的过程中,如果两边的操作数类型不同,会先把类型转换为相同的之后再进行比较。使用==比较两个值时,发生的类型转换可能与预想的不一样,遇到这种情况需要注意,代码如下:

```
null == undefined;           //true
1 == true;                   //true
0 == false;                  //true
1 == "1";                    //true
```

这里可以看到,null 和 undefined 被认为是相等的,当布尔类型和字符串类型分别与数字类型进行比较时,会先把布尔类型或字符串类型转换为数字类型再进行比较。对于数字类型的比较还要注意一点:比较 NaN,无论是使用==还是使用===都会返回 false。

===是严格的比较方式,因此也称为严格相等(Strict Equality),它不会发生类型转换,只有类型和值完全相同时才返回 true,其他情况无论是值还是类型不同,都会返回 false。为了减少 Bug,建议全部使用===,除非有特别的业务需要再使用==,代码如下:

```
//chapter3/comparison3.js
null === undefined;          //false
1 === true;                  //false
0 === false;                 //false
1 === "1";                   //false
let a = 10, b = 10;
a === b;                     //true
```

上边的例子是对基本数据类型进行比较。如果比较的是对象类型,例如数组、对象、函数等,则比较的是它们的引用。对象类型在创建的时候,会返回它们在内存地址中的引用,例如比较两个对象时,是比较保存了对象引用的变量是否指向了同一块内存地址。如果两个对象的内容相同,但是指向的内存地址不同,则它们是不同的对象。例如使用==和===判断两个对象是否相同,代码如下:

```
//chapter3/comparison4.js
let a = {x : 1}, b = {x : 1};
a === b;                     //false
```

```
a == b;                           //false
let c = a;
a === c;                          //true
a == c;                           //true
```

!=和!==的结果与==和===的相反,其余的用法一样。

3.4 逻辑运算符

逻辑运算符可以对表达式进行与(&&)、或(||)、非(!)运算。一般地,进行与运算时,只有所有表达式结果都为 true 时才成立。进行或运算时,只要有一个表达式结果为 true 就会成立。非运算则是对自身进行取反,为真时返回假,为假时返回真。一般逻辑运算符会跟比较运算符结合使用,来形成更复杂的逻辑判断表达式,代码如下:

```
//chapter3/logical1.js
let min = 10;
let max = 100;
let value = 25;
valuc >= min && value <= max;         //true
value = 125;
value >= min || value <= max;         //true
!(value >= min);                      //false
```

不过在 JavaScript 中,逻辑运算符不严格要求两边的表达式返回布尔类型的 true 和 false,而是任何表达式均可以进行逻辑运算,在运算过程中,是对表达式逻辑意义上的真值(Truthy Value)和假值(Falsy Value)进行计算。转换规则见表 2-2。简单来讲,0、NaN、null、undefined、""、false 都是逻辑意义上的假值,其他都是真值,例如!6 会返回 false,!null 会返回 true。

JavaScript 的逻辑与、逻辑或与其他编程语言(如 Java)中的不同,它的结果并非总是布尔类型的值,代码如下:

```
let value = null;
value && 3;                            //null
```

这段代码涉及了几个问题。代码中 value 的值为 null,在逻辑意义上,也就是当转换为布尔类型时,它是 false,而 3 在逻辑意义上是 true,false 和 true 进行与的计算结果应该是 false,但是这里结果是 null,为什么呢?

这是因为,逻辑运算符返回的并不是布尔类型的值,而是返回最后一个参与计算的表达式的值。另外,逻辑与、逻辑或有短路(Short-Circuit)特性,当进行逻辑与计算时,如果遇到一个逻辑意义上的假值,则这时整个逻辑表达式的结果就确定为不成立了,所以就会直接返回假值表达式的执行结果。

代码中 value && 3 这个运算在计算 value 的值时得到了 null,因为是假值,所以逻辑与的结果已经能确定为假了,之后它会返回 value 的计算结果:null,所以 value && 3 直接就返回了 null。同时,使用逻辑或把上述表达式改为 value||3,则会返回 3,这是因为在计算 value 的值时,得到的是假值,但程序仍然需要判断第 2 个表达式是否为真值才能得出最终结果,所以会返回最后一个表达式的值。

利用这些特性,可以使用逻辑与来避免因为使用未定义的值而报错,代码如下:

```
let obj;
obj.a;                    //类型错误:不能访问 undefined 中的 a 属性
obj && obj.a;             //无报错,返回 undefined
```

还可以使用或运算来给一些空值设置默认值,代码如下:

```
let data = null;
data || "无数据";          //"无数据"
```

非运算会把结果转换为布尔类型,如果是真值则返回 false,如果是假值则返回 true,代码如下:

```
!false;                   //true
!"";                      //true
!3;                       //false
```

如果使用两个非运算符,则可以把任何值转换为 boolean 类型,即将真值转换为 true,将假值转换为 false,代码如下:

```
!!10;                     //true
!!"";                     //false
```

3.5 Nullish Coalescing 运算符

Nullish Coalescing(空值合并)运算符是在 ES2020 规范中定义的,使用??表示。它的含义与使用逻辑或设置默认值类似,只是在进行运算时,只有当左侧操作数为 null 或 undefined 的时候,才会使用右侧操作数的值,否则返回左侧操作数的值,代码如下:

```
"" ?? 10;                 //""
false ?? "no";            //false
null ?? 100;              //100
undefined ?? "empty";     //"empty"
```

Nullish Coalescing 运算符的应用场景可以是：把""、false、0 等值当作正常的值，只有遇到 null 和 undefined 时，才设置默认值。

3.6 三目运算符

三目运算符(Tenary Operator)是一个需要 3 个操作数的运算符，它可以根据条件的成立与否执行不同的表达式。

三目运算符使用？：表示，问号前边是要判断的条件，问号与冒号中间是条件成立时要执行的表达式，冒号后边是条件不成立时，要执行的表达式。这里的条件判断与逻辑运算符一样，会使用逻辑意义上的真、假值进行判断，代码如下：

```
let show = false;
show ? "visible" : "hidden";          //hidden，show 为 false，所以执行冒号后边的表达式
let a = 10;
a ? a + 5 : 0;                        //15，a 为 10，是真值，所以会执行冒号前边的表达式
```

三目运算符也可以进行嵌套，也就是说冒号前后的表达式也可以是另一个三目运算符，不过不建议这样编写代码，因为这样会影响代码的阅读，代码如下：

```
let a = 10;
a > 5 ? a > 8 ? a + 2 : a + 4 : a + 6;           //12
```

这里可以看到，要找出对应的条件表达式很难。这个表达式所进行的计算是：

如果 a 大于 5，会执行 a>8? a+2:a+4 这个表达式，否则执行 a+6，这里的 a 是大于 5 的，所以会执行第 1 个表达式，第 1 个表达式又是一个三目运算，判断如果 a 大于 8，则 a 就加 2，否则 a 加 4。这里的 a 是大于 8 的，所以最后的结果是 a 加 2，即 12。

在 JavaScript 开发中，尤其是前端开发，很容易在代码里使用嵌套的三目运算符，但是这样非常难以阅读，所以推荐使用 if...else 判断条件并返回相应的结果。三目运算符可以看作简化版的 if...else 语句，第 4 章将会讲到它。

3.7 位运算符

位运算符是用来操作数字的二进制位的，在一般的编程需求里很少用到，但是在数据结构和算法中，还是经常会遇到，所以这里简单地介绍一下它们的用法。

位运算的操作数是 32 位的整数，而不是 64 位的浮点数，如果使用浮点数，则它会把小数部分截掉，然后把它转换成 32 位之后再进行计算。位运算符有与(&)、或(|)、异或(^)、取反(~)、左移(<<)、右移(>>)、补 0 右移(>>>)这几种。与、或、异或、取反这几种操作跟逻辑运算符类似，只是它们比较的是 1 和 0，然后返回逐位运算的结果。

3.7.1　与运算

与运算的计算方法是：当两个操作数位都是 1 时，返回 1，其他情况返回 0。例如计算 3&5，会分别先把 3 和 5 转换成二进制形式，二进制位数不同的，在长度短的一方的前边用 0 补齐，例如下方展示了 3&5 的计算过程，代码如下：

```
011                    //3
101                    //5
---------
001                    //1
```

这样，进行与运算后的结果为 001，即十进制的 1。另外，在进行与运算时，任何数字跟它本身做与运算，返回的都是它自己，跟 0 进行与运算则都返回 0，代码如下：

```
10 & 10;               //10
999 & 999;             //999
10 & 0;                //0
```

3.7.2　或运算

或运算的计算方法是，只有当两个操作数位都是 0 时才返回 0，其余情况返回 1。例如计算 3|5 的过程，代码如下：

```
011                    //3
101                    //5
---------
111                    //7
```

在进行或运算时，任何数字跟它本身和 0 进行运算时，都会返回数字本身，代码如下：

```
10 | 10;               //10
10 | 0;                //10
-5 | -5;               //-5
-5 | 0;                //-5
```

3.7.3　异或运算

异或运算的计算方法是，当两个操作数位不相同时，返回 1，相同则返回 0。例如计算 3^5 的过程如下：

```
011              //3
101              //5
---------
110              //6
```

3.7.4　取反运算

取反运算会把一个操作数的所有二进制位进行取反操作，1变为0，0变为1。这样得出来的结果是数字本身加一之后再取相反数，代码如下：

```
~3;              //-4, 即 -(3+1)
~-9;             //8, 即 -(-9+1)
```

3.7.5　左移运算

左移会把二进制位向左移动若干位，右边用0补足空白位置。例如2<<3结果为16，计算过程如下：

```
00010;           //2
//把 1 左移 3 位
10000;           //16
```

如果左移后，有二进制位超过了32位，则超出部分将直接被舍弃，例如计算25<<30的结果为1073741824，计算过程如下：

```
0000 0000 0000 0000 0000 0000 0001 1001     //25
0100 0000 0000 0000 0000 0000 0000 0000     //1073741824
```

25的二进制位表示为00011001，在左移30位之后，只剩下最后一个1还在有效范围内，所以结果会变成上方计算过程所示。需要注意的是，左移的位数只能取0~31的数字，如果大于31，则会取对32进行取模之后得到的余数，例如左移35位会变为左移3位。

3.7.6　右移运算

右移会进行与左移相反的运算，并且超过32位的部分也会被舍弃。在移动时，左侧空位会复制最左侧符号位的数值，如果是负数则为1，如果是正数则为0。例如计算-5>>1的结果为-3，计算过程如下：

```
1111 1111 1111 1111 1111 1111 1111 1011     //-5,最左侧为符号位,-5的二进制表示其实
//是对 4 的二进制表示进行取反运算
1111 1111 1111 1111 1111 1111 1111 1101     //-3
```

3.7.7 补零右移运算

补零右移(Zero-Fill Right Shift)又称为无符号右移,与右移不同的地方在于,右移后左侧的空位会用 0 补齐,这样只要移动的位数大于或等于 1,那么它的符号位就始终是 0,例如计算－5 >>> 1 的结果是 2147483645,计算过程如下:

```
1111 1111 1111 1111 1111 1111 1111 1011        //－5
0111 1111 1111 1111 1111 1111 1111 1101        //2147483645
```

3.8 组合运算符

组合运算符指的是把赋值运算符和其他运算符组合起来进行使用,是先计算后赋值的一种简写形式,代码如下:

```
let speed = 10, delta = 0.5;
speed += delta;          //10.5
```

代码中的 speed＋＝delta 可以写作 speed＝speed＋delta,即把 speed＋delta 的结果赋值给 speed 变量,这样可以少写一次 speed。

其他组合运算符还有－＝、*＝、/＝、%＝、**＝、&＝、^＝、~＝、<<＝、>>＝、>>>＝、&&＝、||＝、??＝。

3.9 其他运算符

有一些运算符在之前的章节里已经介绍过了,例如访问数组元素的[]、访问对象属性的.和获取数据类型的 typeof。JavaScript 中还有其他比较常用的运算符,因为需要涉及更复杂的结构类型,所以将在后面各章中进行介绍。这些运算符有可选链(Optional Chaining)、解构赋值(Destructuring Assignment)、rest 运算符、instanceof、delete 和 await。

3.10 优先级表

表 3-1 列出了运算的优先级和计算顺序,由高到低,方便进行参考,同一个单元格的运算符优先级相同。

表 3-1 运算符优先级和计算顺序

运算符	含义	计算顺序
()	分组	—
.,[],	访问对象属性,访问数组元素	从左到右
new,	创建对象	—

运算符	含义	计算顺序
( ),.?	调用函数,可选链	从左到右
++,−−	后缀自增,后缀自减	—
!,~ +,−,++,−− typeof,delete,await	逻辑非,取反 一元加,一元减,前缀自增,前缀自减 获取类型,删除对象属性,异步等待	从右到左
**	幂运算	从右到左
*,/,%	乘法,除法,取模	从左到右
+,−	加法,减法	从左到右
<<,>>,>>>	左移,右移,补零右移	从左到右
<,<=,>,>= instanceof	小于,小于或等于,大于,大于或等于 类型检测	从左到右
==,===,!=,!==	相等,严格相等,不相等,严格不相等	从左到右
&	按位与	从左到右
^	按位异或	从左到右
|	按位或	从左到右
&&	逻辑与	从左到右
||	逻辑或	从左到右
??	空值合并	从左到右
?:	三目运算符	从右到左
=,+=,−=,**=,*=,/=,%= <<=,>>=,>>>= &=,^=,|= &&=,||=,??=	赋值,加等于,减等于,幂等于,乘等于,除等于,取模等于 左移等于,右移等于,补零右移等于 按位与等于,按位异或等于,按位或等于 逻辑与等于,逻辑或等于,空值合并等于	从右到左

3.11 小结

使用运算符可以编写更复杂的 JavaScript 表达式,以满足不同的业务需求。虽然运算符的种类众多,但是有一些是常用的,而另一些则并不常用,可以随时通过查阅本书来复习运算符的用法。本章的重点内容有以下几点。

(1) JavaScript 的运算符包括赋值、数学、比较、逻辑、三目、位和组合等。

(2) 运算符有不同的优先级和计算顺序。

(3) 小括号可以改变优先级。

(4) +和−既可以是一元也可以是二元运算符。

(5) +可以做加法,也可以做字符串拼接操作,还能够将非数字类型转换为数字类型。

(6) 逻辑与、逻辑或、空值合并运算符返回的是表达式计算的结果,并且有短路特性。

第 4 章

流 程 控 制

JavaScript 的代码是按从上到下的顺序执行的,但是多数情况下并不想按这样的方式直线运行所有的代码,例如有时候需要根据一些计算结果,有条件地执行某段代码,或者重复执行一段代码,这就需要改变代码执行的方向和顺序。

如果想要改变代码执行的顺序和方式,则可以使用流程控制语句(Control Flow Statements),流程控制语句分为 3 种,条件分支语句、循环语句和中断语句。条件语句会根据一定的条件,在条件成立时执行某段代码,在条件不成立时执行另一段代码,当为其他条件时分别执行不同条件下的代码,这样就模拟了人的决策思维,根据不同的情况做出不同的选择。

循环语句也需要一个条件,当条件满足时,循环中的代码会反复执行,一般循环中的代码会有改变条件的代码,当条件不再成立时,循环就会退出。循环适用于对数组等数据结构进行操作,用于统一对一组数据进行访问、修改或做自定义的业务逻辑运算。

中断语句则是在特定条件下中断循环或跳过当次循环,因为有时并不想让循环一直持续下去,在遇到特殊情况或错误时,需要退出循环或者立即执行下一次循环,这时可以使用中断语句。

本章将先解释语句和语句块的概念,然后介绍条件语句:if…else、if…else if…else、switch…case,循环语句:while、do…while、for,以及跳转相关语句:break 和 continue,其他高级的循环语法,将分别在第 6 和第 7 章介绍。

4.1 语句

之前的章节介绍了表达式的概念。能够返回计算结果的代码都称为表达式,例如变量的赋值、数学运算、逻辑运算、字符串拼接、函数的定义、数组和对象的访问等都属于表达式,而语句(Statement)则指的是一行或一段有具体行为的代码,用于告知 JavaScript 要执行什么操作,通常由多个表达式构成,且以分号结尾,例如下方代码都是合法的 JavaScript 语句,代码如下:

```
let a = 10;                      //变量定义语句
a = 6;                           //变量赋值语句
```

上例中的 a=6 本身也是一个表达式,称作赋值表达式,因为执行它会返回结果 6,但它同时构成了变量赋值语句,用于把 a 的值改为 6,那么这种可以作为语句的表达式称为表达式语句(Expression Statement)。表达式语句是说,在任何需要语句的地方都可以使用表达式代替,反之则不行。例如下方代码中的第 2 行是合法的表达式语句,代码如下:

```
let b = 2;
let a = (b = 3);                 // a = 3,正确
```

上述代码中的 a 最终结果为 3,因为 b=3 为赋值表达式语句,它会返回 3,并保存到了变量 a 中。不过反过来,在需要表达式的地方则不可以使用语句,代码如下:

```
//语法错误:未知的标识符
let b = let a = 1;
```

通常情况下单纯地使用表达式并没有意义,例如像 a+5 这样的数学运算表达式,它的结果为 11,但是它并没有改变任何变量的值,也没有保存运算结果,所以在执行完毕之后结果就被丢弃了。

下面几节要讲的条件语句(Conditional Statement)和循环语句(Loop Statement)属于更为复杂的语句,它们需要使用语句块来编写要执行的代码。语句块(Statement Block)是多行语句的集合,使用大括号包裹,大括号结束时不需要使用分号,下方代码展示了一个语句块的定义,代码如下:

```
{
  let a = 10, b = 5;
  a += b;
}
```

了解了基础语句块语法之后,就可以开始学习条件和循环语句了。

4.2 if...else 语句

if...else 属于最基本的条件语句,用于根据条件执行不同的代码,执行过程如图 4-1 所示。

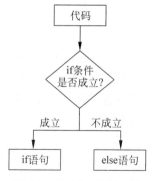

图 4-1　if...else 执行过程

它的语法如下：

```
if(条件) {
  语句1;
} else {
  语句2;
}
```

if...else 条件语句由 if 关键字开头，后边紧跟一个小括号，小括号里边编写判断条件的表达式，如果表达式的结果为 true，则会执行 if 后面的语句块，如果表达式的结果为 false，则执行 else 后面的语句块。

其中用于判断条件的表达式的结果不必是布尔类型的 true 和 false，可以是逻辑意义上的真值或假值，例如 null、undefined、""等假值，或除这些假值以外的真值。下方示例展示了 if...else 条件语句的使用方法，代码如下：

```
//chapter4/ifelse1.js
let a = 5;
if (a > 5) {
  console.log("a 大于 5");
} else {
  console.log("a 小于或等于 5");
}
```

代码的输出结果为"a 小于或等于 5"。这段代码中首先定义了变量 a，其值为 5，使用 if 条件判断如果 a 大于 5，则输出 a 大于 5，否则输出 a 小于或等于 5，这里明显 a 是不大于 5 的，所以输出了 a 小于或等于 5。

if 条件中也可以使用运算符来组合成复杂的表达式，例如使用 if(a > 5&&a <=8)。另外，由于上方代码中的 if 和 else 代码块中的语句都只有一行，所以在这种情况可以省略大括号，改成下方代码所示的结构，代码如下：

```
let a = 5;
if (a > 5) console.log("a 大于 5");
else console.log("a 小于或等于 5");
```

一般不建议省略大括号,因为这样的代码明显不如有大括号的代码容易阅读。另外,如果只想在条件为 true 时执行某段代码,而不管条件为 false 的情况,则 else 语句块也可以省略,这样当条件为假时,则不会执行任何代码,代码如下:

```
let a = 5;
if (a > 5) {
  console.log("a 大于 5");
}
//if 条件判断为 false,无任何输出
```

当条件表达式的结果为非布尔类型时,会根据逻辑意义的真假值进行判断,代码如下:

```
//chapter4/ifelse2.js
let a = "";
if (a) {
  console.log("a 有值");
} else {
  console.log("a 无值");
}
```

输出结果为"a 无值"。因为这里 a 的值为空白字符串,是假值,所以程序会执行 else 代码块里的语句。

if...else 语句块中也可以嵌套其他流程控制语句,可以在其中再次使用 if...else 语句,代码如下:

```
//chapter4/ifelse3.js
let a = 10;
if (a > 5) {
  if (a > 8) {
    console.log("a 大于 8");
  }
} else {
  console.log("a 小于或等于 5");
}
```

输出结果为"a 大于 8",因为 if 条件 a>5 成立,程序进入 if 语句块,继续判断 a>8,此条件也是成立的,所以会打印出 a 大于 8,剩下的代码就不会再执行了。要注意的是 else 语句块对应的是最外层的 if,在判断 a>5 的时候,就知道它不会被执行了。

if 中的条件也可以是由多种运算符组合成的复杂表达式,代码如下:

```
if(condition1 && condition2 || condition3) {
   //结果为 true 时要执行的代码
}
```

4.3　if…else if…else 语句

if…else 适合用于判断非真即假的情况,如果还有第 3 种甚至更多种情况,则可以使用 if…else if…else 语句,它比 if…else 多了一个 else if 关键字,用于执行其他成立的条件下的代码块,它的执行过程如图 4-2 所示。

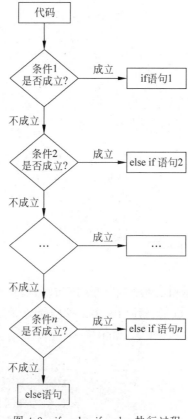

图 4-2　if…else if…else 执行过程

它的语法结构如下:

```
if(条件 1) {
   语句 1;
```

```
} else if(条件 2) {
  语句 2;
} else if(条件 3) {
  语句 3;
} else {
  语句 4;
}
```

大括号和 else 省略规则与 if...else 保持一致，else if 的数量没有限制，但是应尽量保持在 3 个以内，超过 3 个的可以使用 4.4 节介绍的 switch...case 语句。现在来看一个 if...else if...else 语句的例子，代码如下：

```
//chapter4/ifelseifelse1.js
let a = 10;
if (a > 15) {
  console.log("a 大于 15");
} else if (a === 10) {
  console.log("a 等于 10");
} else {
  console.log("a 小于或等于 15");
}
```

输出结果为"a 等于 10"。这个例子中，变量 a 的值为 10，if 中的条件 a > 15 不成立，那么接着判断 else if 中的条件 a===10，结果是成立的，则执行它里边的代码并打印出 a 等于 10，而 else 语句则不会被执行了。

4.4   switch...case 语句

在条件语句中，像 4.3 节的 if...else if...else 语句，如果有多个 else if 条件，则代码写起来就会十分烦琐，JavaScript 提供了一种用于多条件判断的语法结构：switch...case，它的执行过程与 if...else if...else 类似，如图 4-3 所示。

它的语法结构如下：

```
switch (表达式) {
  case 值 1:
    语句 1
    break;
    case 值 2:
    语句 2
    break;
    ...
```

```
    default:
        语句 3
        break;
}
```

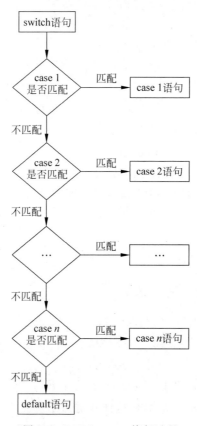

图 4-3 switch...case 执行过程

在 switch 后边的括号里编写表达式，然后紧跟一个大括号，大括号里面有多个 case 语句块和一个 default 语句块。case 语句块是当 switch 表达式的值满足 case 指定的值时，则会执行这个 case 代码块中的代码。如果所有的 case 都不满足，则会执行 default 中的代码块。下边的例子展示了 switch...case 的使用方法，代码如下：

```
//chapter4/switch_case1.js
let a = 10;
switch (a) {
    case 5:
        console.log("5");
        break;
```

```
    case 10:
      console.log("10");
      break;
    case 12:
      console.log("12");
      break;
    default:
      console.log("0");
      break;
}
```

输出结果为"10"。这里变量 a 的值为 10，那么在匹配 case 时，会从第 1 个 case 开始，使用＝＝＝判断 case 的值是否和表达式的值相等。这里第 2 个 case 的值是 10，与 a 的值相等，所以执行了它里边的代码，打印出了"10"。

需要注意的是，在每个 case 后边建议都写上一个 break 语句用于中断代码的执行，如果不写，则会从匹配到的 case 开始，顺序执行后边所有 case 及 default 中的代码。例如删掉上边例子中所有的 break，则它的输出结果如下：

```
10
12
0
```

这样，除了第 1 个 case 中的 5 没有匹配到，不会执行之外，从 case10 开始后面所有的代码都被执行了，所以如果没有特殊要求，一定要在每个 case 结束时写上 break 语句，default 语句因为总是写在最后，所以可以省略 break 语句。

条件语句到这里就介绍完了，接下来看一下循环语句。循环语句提供了一种机制，可以在一定条件下反复执行相同的一段代码，这样就避免了重复编写相同的代码。

4.5 while 语句

首先看 while 循环语句。while 是最简单的一种循环语句，只需满足一定条件就会重复执行一段代码，而当条件不再满足的时候，循环就会停止。使用循环语句可以避免重复编写多次同样的代码，进而提高开发效率。

while 循环的执行过程如图 4-4 所示。

while 循环的语法结构如下：

```
while (条件) {
    语句块;
}
```

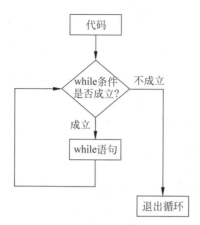

图 4-4 while 循环执行过程

while 循环的条件里需要传递表达式,跟 if 语句一样,计算结果可以是布尔类型,也可以是逻辑意义上的真假值,还可以使用运算符组成复杂的表达式。大括号中的语句则是要重复执行的代码,每执行一次,while 中的条件就会重新判断一次。例如,如果要打印 5~10 的数字,代码如下:

```
//chapter4/while1.js
let n = 5;
while(n <= 10) {
  console.log(n);
  n++;
}
```

示例中 n 的初始值为 5,然后在 while 条件中判断,如果 n 小于或等于 10,则就打印出 n 的值,打印完之后对 n 进行加 1 操作,之后继续计算 while 中的条件表达式的值,如果 n 仍然小于或等于 10,则继续打印 n 的值,直到 n 等于 11 时,条件为假,循环就中止了。

另外,语句块中的两行代码也可以简写成一行:console.log(n++)。

4.6 do...while 语句

do...while 循环语句可以让条件无论是否为真时,都先执行一次 do 语句块中的代码,后续运行过程则与 while 循环一致,这种循环比 while 循环相对不常用,所以熟悉它的语法即可。do...while 的语法结构如下:

```
do {
  语句块;
} while (条件)
```

可以看到 while 条件放到了最后面,这样可以清楚地知道 do 语句块的代码先被执行,然后判断 while 中的条件,这样每次执行完代码之后,再判断 while 条件是否成立,过程与普通 while 循环是一样的。

来看一个例子,假设 n 的值为 5,但是这次无论 while 条件是否成立,都要先打印一次 n 的值,代码如下:

```
let n = 5;
do {
  console.log(n);
} while (n > 10);
```

4.7 for 语句

for 循环语句与 while 循环语句的区别在于条件,for 循环的条件支持三项内容:初始化语句、条件判断语句和循环后操作语句,并且每个语句之间使用分号隔开。

它的执行过程如图 4-5 所示。

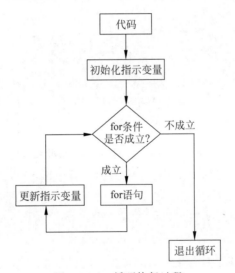

图 4-5 for 循环执行过程

它的语法结构如下:

```
for (初始化语句; 条件判断语句; 循环后操作语句) {
   语句块;
}
```

它的执行顺序是:首先执行初始化语句,只执行一次,然后判断第二项条件是否成立,如果成立则执行 for 语句块中的代码,如果不成立则退出循环,每当语句块中的代码执行完成之后,会执行第三项循环后操作语句,然后继续判断条件是否成立,以此类推,直到条件不成立而退出循环。

for 循环的这种结构适合计数循环,即需要一个指示变量来提示当前进行的是第几次循环,或者使用指示变量的值(例如循环访问数组中的元素),这样可以在初始化语句中,初始化一个指示变量,然后设立退出条件,最后设置每次循环后对指示变量进行的操作。例如打印出 1～10 的值,代码如下:

```
for (let i = 1; i <= 10; i++) {
  console.log(i);
}
```

一般地,对于指示变量的命名,推荐使用 i、j、k 等小写字母依次进行命名。

上述代码也可以转换为 while 形式,代码如下:

```
let i = 1;
while (i <= 10) {
  console.log(i++);
}
```

可以看出,while 循环对于计数类的操作不如 for 循环简洁。

循环语句也可以进行嵌套,从而形成双层或多层循环,不过非必要情况下不建议这样做,因为多层循环在严重情况下会使代码的效率呈指数级下降,例如计算 1～10,与 5～10 每个数的乘积,它会执行 60 次,代码如下:

```
//chapter4/for1.js
for (let i = 1; i <= 10; i++) {
  for (let j = 5; j <= 10; j++) {
    console.log("i * j = ", i * j);
  }
}
```

其他与 for 有关的循环语句还有 for...in 和 for...of,分别可以用于遍历(Iterate,访问所有内容)对象的属性和数组的元素,在后边的章节再详细介绍它们。

4.8 break 和 continue 语句

之前在 4.4 节已经见到过 break 语句了,它和 continue、return、try...catch...finally 统称为中断语句或跳转语句。本节先介绍 break 和 continue 在循环语句中的用法,其他语句在后面的章节再逐一介绍。

在循环语句中,如果想在某个条件下强行中断循环,可以使用 break 语句,通常和 if 语句相结合,满足条件时,只需要在语句块中写上 break 关键字即可退出循环。例如计算从 1 加到 5 的和,如果结果大于 6 则退出循环,代码如下:

```
//chapter4/for2.js
let sum = 0;
for (let i = 1; i <= 5; i++) {
  if (sum > 6) {
    break;
  }
  sum += i;
}
console.log(sum);
```

输出结果为 6。在循环到 i 等于 3 时,sum 为 3,再加上 3 之后 sum 等于 6,大于 5,所以在下一次循环时就进入了 if 语句,执行 break 中断了循环。

break 还常用于退出死循环(Dead Loop)。死循环是说循环中的条件永远为 true,语句块的代码会持续执行下去。例如如果是 while 循环,通常写为 while(true){},如果是 for 循环,则它的死循环形式通常写为 for(;;){}(for 循环的 3 个条件都是可选的,不写则为死循环,但是需要保留分号)。死循环会持续运行下去,造成大量的资源占用,如果要打破死循环,则需要便用 break 语句。

死循环一般用于事件、通信等程序中,例如在命令行监听用户输入,除非用户输入了 exit,否则程序会持续处理用户输入,代码如下:

```
while (true) {
  if (input === "exit") {
    break;
  }
  //处理代码
}
```

上述循环在用户输入 exit 的时候就会终止运行。

如果想中断本次循环,但是还想继续执行后续的循环,则可以使用 continue 语句。它的意义是直接跳过本次循环中 continue 后边的代码,并开始下一次循环,在下一次循环开始前,还需要先判断条件是否成立。对于 for 循环,循环后操作语句会先执行,然后判断条件。例如计算 1~5 累加的和,但是把 3 排除在外,代码如下:

```
//chapter4/continue1.js
let sum = 0;
for (let i = 1; i <= 5; i++) {
  if (i === 3) {
    continue;
```

```
    }
    sum += i;
  }
console.log(sum);
```

输出结果为 12。当 i 等于 3 时,进入 if 语句,执行 continue 语句,然后 i 对本身自增 1 变为 4,仍然小于或等于 5,继续计算 sum+i,直到 i 最后等于 6 时退出循环。

4.9　label 语句

JavaScript 支持一种不太常用的语法:label 语句。此语句用于给循环或代码块添加一个标签,后边可以使用 break 直接退出指定标签处的循环或代码块,或者使用 continue 继续下一次指定标签的循环。label 语句适合用于多层嵌套的循环或代码块中。label 语句的语法如下:

```
label: for() {};
//或
label: {
//代码块
}
```

下方示例展示了如何使用 label 中断最外层循环,代码如下:

```
//chapter4/label1.js
outer: for(let i = 0; i < 10; i++) {
  for(let j = 0; j < 8; j++) {
    if(j === 3) {
      break outer;
    }
    console.log(i + j);
  }
}
```

代码中给最外层的循环设置了标签 outer,在内层循环过程中进行判断,如果 j 等于 3,则退出外层循环,直接在 if 语句块中使用 break 关键字加上外层循环的标签就可以了。同样地,如果要跳过外层循环的本次循环,并继续下一次循环,只需把 break 改成 continue。

对于语句块,也可以使用 label 对其打上标签,然后在内部的语句块中,根据情况中断外部语句块的执行。对于语句块,只能使用 break 中断执行,而无法使用 continue。例如使用 label 和 break 中断语句块,代码如下:

```
//chapter4/label2.js
assignment: {
  let a = 1;
  {
    break assignment;
  }
  console.log(a);
}


console.log("done");
```

上述代码中的 console.log(a)这一行不会被执行,在 assignment 语句块的内部,直接使用 break 中断了此语句块,这样后边的代码便会停止执行。

对于普通的语句,也可以使用 label 语句打标签,有一些 Web 前端框架利用这个特性实现了一些特殊的功能,例如下方示例在 JavaScript 中是合法的,代码如下:

```
declare: let a = 10;
```

4.10　小结

本章介绍了 JavaScript 中的语句和语句块的概念,由此引出更复杂的语法结构:流程控制语句。流程控制语句包括 if...else、switch...case 一类的条件语句,还有 while 和 for 一类的循环语句,分别用于根据条件选择程序执行的走向和重复执行某段代码。这些逻辑和流程方面的控制,让程序可以更好地模拟人的决策过程,避免重复劳动。本章应重点掌握的内容有以下几点。

(1) 流程控制语句的语法结构。

(2) switch...case 与 if...else if...else 的作用与区别。

(3) while 循环和 for 循环的区别。

(4) while 和 for 循环之间的互相转换,如使用 for 循环实现 while 循环。

(5) 死循环的概念。

(6) break 和 continue 的区别和用法。

第 5 章

函　数

之前章节所编写的代码在执行一次之后就结束了,如果想在其他地方再次使用同样的代码,则需要再复制粘贴一次,若要重复使用多次,则代码量会越来越大。为了复用一段代码,可以使用函数。

函数接收可选的输入参数,并可以返回执行结果,相当于数学中的函数,它所执行的操作是固定的,但是根据不同的参数值会产生不同的结果。函数中的代码只需定义一次,之后在任何需要使用的地方调用它,利用函数可以把大段代码分解成相对独立的单元,一个函数专注于做一件事情,然后通过组合不同的函数实现复杂的功能逻辑,这样就能让代码更清晰易读了。

除了代码复用之外,使用函数还可以创建独立的作用域,防止因变量名重复而被覆盖,从而引发作用域污染的问题。

函数在 JavaScript 中是"头等公民",有着举足轻重的地位,在任何需要表达式的地方都可以使用函数,例如把函数作为表达式赋值给变量、传递给另一个函数中的参数、作为函数返回值等。因为这个原因,编写 JavaScript 的灵活性大幅提高,既可以使用过程式,也可以使用函数式的编程范式。

本章将介绍函数的声明、调用、箭头函数、作用域及函数式编程的一些基本概念,如闭包、高阶函数、柯里化等,另外借由作用域,也会介绍一下 var/let 的区别,以及函数和变量的提升问题。

5.1　声明函数

现在先来看一下如何声明(也可以叫作定义,后边会互换使用这两个概念)和使用函数。在使用函数前需要先进行声明,代码如下:

```javascript
function sayHello() {
  console.log("hello");
}
```

首先函数的声明使用 function 关键字开头,后边是函数的名字,采用与变量相同的标识符命名规则,即只能以 $ 、_、字母开头,单词之间推荐使用驼峰命名法,即第 1 个单词首字母小写,后续每个单词首字母大写,例如示例中的 sayHello。

函数名的后面是参数列表,使用小括号包裹起来,示例中声明的函数没有参数,所以直接使用了空的小括号。

参数列表后边是函数要执行的语句块(也叫作函数体),使用大括号包裹,示例中只有一行代码:使用 console.log()打印了 hello 字符串。

下边再来看一个声明带参数的函数的例子,代码如下:

```javascript
function sayHello(name) {
  console.log("hello " + name);
}
```

示例函数的参数列表里定义了一个 name 参数,用于接收名字信息,因为 JavaScript 是动态类型语言,所以参数不用也不能指定类型。在函数体中,可以像使用变量一样使用参数,这里把 name 拼接到了 hello 的后边,至于 name 具体所表示的值,只有在调用的时候才可以确定。

在上边的例子中,函数在执行完 console.log 之后就结束了,不过函数还可以返回一些值,作为执行结果供其他代码使用。例如下方代码展示了一个加法函数,用于计算两个数的和,并把和返回,代码如下:

```javascript
function sum(a, b) {
  return a + b;
}
```

在函数中使用 return 关键字来返回相应的值,也就是 a+b 的结果。

如果函数没有返回语句,程序也会自动在代码的最后写上 return;语句,这样 return 的后边没有值,而是直接使用了分号,它最后返回的结果就是 undefined。

如果要打印一下函数名,例如 console.log(sum),则会直接返回函数代码本身,这是因为函数的定义也是表达式,表达式的值就是函数本身。同时函数也有 name 和 length 属性,使用 sum.name 和 sum.length 分别会返回函数的名字和函数参数的数量,代码如下:

```javascript
sum.name;                    //"sum"
sum.length;                  //2
```

5.2　调用函数

在声明函数之后,函数里的代码并不会自动执行,而是需要在代码中去调用它们,然后才会实际运行函数中的代码。

调用一个函数需要使用函数名加上小括号,如果小括号里没有参数,则把小括号留空（不能省略）;如果有参数,则可以给参数按顺序赋上实际的值。例如 5.1 节的示例 sayHello(name)函数可以使用下方的代码进行调用,代码如下:

```
sayHello("John");                    //"hello John"
```

这里把 name 参数赋值为"John",相当于让 name="John",这样在 console.log("hello"+name)语句中,name 就被替换成了"John",结果打印出"hello John"。

如果函数有返回值,则可以直接打印出调用结果,或者把结果保存到变量中,例如 5.1 节中的 sum(a,b)函数有返回值,使用返回值的代码如下:

```
console.log(sum(1, 2));              //3;
let result = sum(3, 4);
console.log(result + 10);            //17;
```

第一行直接使用了 console.log()打印出了 sum 函数的返回值,即 1+2 的结果,第二行则把 3+4 的结果保存到 result 变量中,后面继续使用 result 这个变量,把它加上 10 之后打印出了结果。

5.3 函数表达式

本节介绍一下函数作为表达式的用法。在 JavaScript 中,函数是"头等公民"(First-Class Citizens),即函数可以作为表达式赋值给变量,或可以作为参数传递给其他函数,另外函数本身也是对象,它几乎可以用于各种语法结构中,所以使 JavaScript 的语法变得十分灵活。

之前介绍过表达式是能够返回计算结果的代码,那么函数作为表达式,它返回的值是函数代码本身,代码如下:

```
function square(x) {
  return x * x;
}
console.log(square);
```

这里使用了 console.log 直接打印函数本身,注意不要写小括号,否则就变成了函数调用,上方代码的输出结果如下:

```
f square(x) {
  return x * x;
}
```

可以看到输出的结果就是声明函数时的代码。这样就可以把函数赋值给一个变量或常量,代码如下:

```
const square = function square(x) { return x * x }
```

在把函数保存到变量中时,推荐使用 const 将此值定义为常量,防止后面变量被其他值覆盖,在后边小节中提到变量时,若无特殊说明,均代表变量或常量。

在上方代码中还可以注意到 const 定义的变量名与函数名是一样的,为了使代码更简洁,可以省略函数的名字,代码如下:

```
const square = function (x) { return x * x }
```

这种使用变量的形式定义的函数,它的调用方法跟函数一样,只需使用变量名,例如 square(5)。

省略了名字的函数又叫作匿名函数(Anonymous Function)。单纯的匿名函数在出错的时候,会难以发觉错误究竟出在哪个函数中,所以不推荐使用,而像上述那样使用变量保存函数表达式之后,主流浏览器与 Node 环境会自动推断出函数的名字,所以不会有此问题。

5.4   箭头函数

在 ES6 出现以后,函数的定义又有了新的形式:箭头函数(Arrow Function),它是普通函数的简化形式,由参数列表、=>符号和{}包裹的函数体构成,可以参考下方语法示例:

```
(参数列表) => {
    语句块;
}
```

来看一个具体的例子,例如定义一个箭头函数并返回两个参数的和,代码如下:

```
const sum = (x, y) => { return x + y; }
```

这里小括号中的 x 和 y 为箭头函数的参数,然后使用=>箭头符号引出函数体,在里边返回 x+y 的值,箭头函数本身也是表达式,且为匿名函数,所以把它的返回值保存到名为 sum 的变量中,方便后续调用。调用箭头函数的方式与普通函数一样,例如 sum(1,2),返回的结果为 3。

对于只有一个参数的函数,参数的小括号可以省略,代码如下:

```
const increment = a => { return a + 1; }
```

上方箭头函数中,因为函数体中也只有一条语句,这时可以把大括号和 return 同时省略,代码如下:

```
const increment = a => a + 1;
```

这样的形式看起来就简洁多了。需要注意的是,如果箭头函数没有参数,则必须保留小括号,代码如下:

```
const getDefaultSize = () => 10;
```

另外,如果箭头函数返回的是对象,则代表对象的大括号会与函数体的大括号冲突,这种情况下可以使用小括号包裹对象,来作为返回值,或者使用 return 语句,代码如下:

```
const createPerson = () => ({name: "Wang"});
const createPerson = () => { return {name: "Wang"} }
```

5.5　可选与默认参数

在 JavaScript 中,函数的参数都是可选的,可以不传或者只传一部分。这样如果函数不要求传递全部参数,则需要在函数体中对参数进行判断;如果传递了某些参数则进行一些操作;如果传递了其他参数或没有传递参数则进行另一些操作。由于函数的参数是从左向右传递的,右边没传递的参数就会自动成为可选参数。

常见的场景是,一些 JavaScript 库会把配置项作为最后一个参数,这样在调用的时候,如果需要自定义配置则传递配置项参数,如果不需要就不传递,代码如下:

```
//chapter5/optional_params1.js
//options 为可选参数
function init(arg1, arg2, options) {
  //初始化操作
  if(options) {
    //使用自定义配置
  }
}
init("value1", "value2");
init("value1", "value2", { prop: "value" });
```

示例 init() 函数中的 options 配置项为可选参数,里边使用了 if 语句来判断它是否传递了,如果传递了会把里边的配置项拿出来覆盖默认的配置,如果没有传递则使用默认值。后续在调用时,第 1 种调用方法没有传值,它不会执行到函数中的 if 语句,第 2 种调用方式传递了值,那么它就会进入 if 语句。

如果想让可选参数在没有传值的时候使用默认值,则可以在参数列表中直接给它赋值,例如,假设有一个绘制矩形图案的函数,将默认宽度设置为10,将高度设置为5,这样在调用函数的时候,如果没有传递参数,就会使用默认的宽和高进行绘制,代码如下:

```javascript
function drawRect(width = 10, height = 5) { ... }
drawRect();                      //全部使用默认值
drawRect(20);                    //高度使用默认值
drawRect(undefined, 15);         //宽度使用默认值
```

这里需要注意的是,JavaScript 是根据参数值是否为 undefined 来判断默认参数是否传递了值的。

示例中第 1 种调用方式 drawRect()没有给 width 和 height 传值,所以会全部使用默认值。第 2 种调用方式 drawRect(20)则只传递了 width,这时 width 的默认值会被用户传递的值覆盖,即变为 20,而 height 则仍然使用默认值 5。

第 3 种调用方式 drawRect(undefined,15)使用了 width 的默认值,而 height 会使用自定义的 15。由于参数是由左向右传递的,如果想让 width 使用默认值,而 height 使用自定义的值,则需要给 width 传递 undefined 来让默认值生效,这里不能设置为 null,null 会被视为传递了值。

给参数赋默认值时,还可以使用前边参数的值,或者使用外部变量的值,代码如下:

```javascript
//chapter5/optional_params2.js
let defaultColor = "#02cf13";
function drawRect(width = 10, height = width / 2, color = defaultColor) {
  console.log(width, height, color);
}
drawRect();                      //10 5 #02cf13
```

drawRect()函数的 height 参数使用 width 值的一半作为自身的默认值,color 使用了外部定义的 defaultColor 的值。

5.6　可变长度参数

可变长度参数与可选参数的操作正好相反,给函数传递的参数数量可以多于参数列表中所规定的。常见的 console.log()就是接收可变长度参数的例子,它接收多个以逗号分隔的参数,然后在命令行中打印出它们的值,并以空格分开。

要访问传递给参数列表以外的参数值,有两种方式,一种是使用 arguments,另一种是使用 rest 运算符,把可变长度参数放到参数列表的最后,把多余的参数收集起来。

5.6.1　arguments

首先来看一下 arguments 的使用方法。在除了箭头函数以外的普通函数中,都会有一

个隐式的 arguments 变量,它是一个类似于数组的数据结构,说它类似,是因为它与数组的结构类似,有 length 长度属性,并且使用下标访问元素,但是并不具有数组内置的方法,例如 map()、push() 等。

来看一个例子,假设一个函数可接收两个参数:function func(a, b){},如果在调用的时候给它传递了 3 个参数:func(1, 2, 3),则 arguments 保存的值就相当于是[1,2,3],要访问第 3 个元素,可以直接使用 arguments[2]。

再来看一个例子,定义一个函数,该函数可以根据指定的分隔符把所传递的字符串连接起来,代码如下:

```javascript
//chapter5/varargs1.js
function joinStrings(seperator) {
  let result = "";
  for (let i = 1; i < arguments.length; i++) {
    if (i > 1) {
      result += seperator;
    }
    result += arguments[i];
  }
  return result;
}
console.log(joinStrings(", ", "react", "node"));
```

这里 joinStrings() 只显式地接收了一个参数:分隔符,但是它仍然需要在分隔符后边接收多个字符串参数,这些参数会保存到 arguments 中。接着在函数体里循环每个参数,这里把下标为 0 的排除,因为它是 seperator 参数的值,然后把字符串拼接成按 seperator 指定的值分隔的一串字符并返回。

上述代码的输出结果为"react, node"。不过这样的代码难以阅读,在调用的时候,并不知道函数还可以接收多个参数,除非查看函数代码或文档才可清楚它的用法。要解决这个问题,可以使用 rest 运算符。

5.6.2　rest 运算符

rest 运算符使用...表示,后面加上标识符,用于引用它的值。使用 rest 运算符定义的参数是一个真正的数组,可以调用数组中的方法,对于数组的具体用法,将在第 6 章数组中介绍,这里只是演示使用 rest 运算符定义可变长度参数。

5.6.1 节使用 arguments 访问参数的代码,可以使用 rest 运算符进行简化,代码如下:

```javascript
//chapter5/varargs2.js
function joinStrings(seperator, ...strs) {
  return strs.join(seperator);
}
console.log(joinStrings(", ", "react", "node"));
```

strs 是一个数组,保存了除 seperator 以外所有参数的值,因为数组里有 join 方法用于连接字符串,这里只需把 seperator 传递给它,这样 strs 中的所有字符串就会拼接成一个长字符串。

有一点需要注意,rest 语法确切地说并不是一个运算符,而是一个语法标记,在不同的使用环境中有不同的作用,为了方便引用该语法的名字,本书将统一使用 rest 运算符来表示...语法。

5.7 回调函数

之前提到函数是 JavaScript 的"头等公民",那么函数也可以作为另一个函数的参数传递进去,一般像 HTML 元素触发事件、请求远程数据或者在 Node 中操作数据库时,这些操作相对比较耗时,为了提高程序的响应速度,它们都会接收一个回调函数,在这些事件完成之后,再调用回调函数来通知该事件已完成。

回调函数是把函数作为另一个函数的参数的形式,这样可以提前在回调函数中写好要执行的代码,并传递给需要回调函数的其他函数,其他函数会在适当的时机调用回调函数,并传递相应的参数。至于回调函数接收什么样的参数,完全依靠接收回调函数的其他函数,所以一般在程序的文档中会写明该函数会给回调函数传递什么参数。

例如有 个将用户保存到数据库的函数,代码如下:

```
/**
 * //chapter5/callback1.js
 * @param {object} user 用户数据
 * @param {(success: boolean) => void} callback
 */
function addUser(user, callback) {
  console.log(`保存 ${user.username} 成功!`);
  callback(true);
}
addUser({ username: "user" }, function (success) {
  if (success) {
    //成功后的操作
    console.log(`添加成功!`);
  }
});
```

addUser()函数的第 1 个参数是要保存的用户数据,第 2 个参数是回调函数,函数体里简化了与保存有关的业务代码,只关注回调函数。在成功地保存了用户数据之后,就调用了 callback 参数所代表的函数,并给它的参数传递了 true 表示成功。后面在调用 addUser()函数时,第 1 个参数传递了示例的 user 对象数据,第 2 个参数则直接传递了一个匿名函数,函数体中是保存用户成功之后要做的操作,也可以使用箭头函数的形式,代码如下:

```
addUser({ username: "user" }, (success) => {
  //省略函数体
});
```

这样把函数传递给 addUser( )函数之后,里边的 callback 就相当于 let callback = function(success){ },可以直接使用 callback 变量调用回调函数。代码的输出结果如下:

```
保存 user 成功!
添加成功!
```

使用回调函数时,有下面几点需要注意:

(1)回调函数可接收哪些参数,需要开发者规定清楚,通过 API 文档的形式告知调用者回调函数的形式是什么样的,接收哪些参数,都代表什么意义等。例如示例中使用文档注释规定:callback 接收一个 boolean 类型的参数,并且没有返回值。

(2)回调函数的参数名可以使用任意合法的标识符,但是应该尽量使用有意义的名字。一般会在文档注释中指定一个有意义的名字,但是在实际调用的时候可以自定义,例如上例中的参数名也可以改成 result,即 function(result){}。

(3)不要嵌套太多层的回调函数,例如在回调函数中继续接收其他回调函数作为参数,这样的代码难以阅读和维护,再加上编辑器对代码的缩进,整个代码看起来就像个金字塔形,并且在结束的时候会有好多)和},这样就形成了俗称的回调地狱(Callback Hell)。要避免这种情况,可以把回调函数放到外边来定义,而不是在参数中定义,或者使用 Promise、Async/await(见第 12 章异步编程)。

5.8　作用域

在继续深入研究函数之前,有必要先了解作用域(Scope)的概念,作用域是当前执行环境的上下文(Current Context of Execution),它限制了变量、函数等的可见性,在当前作用域下定义的变量、函数等只能在当前及内部嵌套的子作用域中访问,而不能在外层或父作用域中访问,这样可以避免变量和函数的命名冲突,还可以形成私有数据,从而保护数据不被外部作用域中的代码篡改。作用域分为全局作用域(Global Scope)和局部作用域(Local Scope)两种。

5.8.1　全局作用域

在全局作用域中定义的变量、函数等可以在任何地方访问。在 JS 源代码最外层定义的变量、函数等都是在全局作用域中的,例如下方代码中的变量 a 和 func( )函数都定义在全局作用域中,并且在函数中可以访问全局作用域中的 a,代码如下:

```
let a = 10;
function func() { console.log(a) }
a;                            //10
func();                       //10
```

之前提到过最好不要使用 var 关键字定义变量,这是因为在浏览器环境中,使用 var 定义的全局变量,同时也会注册到全局对象 window 中(Node 环境下不会),并且在浏览器开发环境中有经常需要使用到第三方库的情况,稍有不慎就会有同名的变量同时被注册到全局变量中,导致互相覆盖而引发问题,代码如下:

```
//chapter5/scope1.js
var x = 10;
globalThis.x;                 //10;
var x = "Hello";
globalThis.x;                 //"Hello"
```

上方代码使用 var 定义了一个全局作用域的变量,并且使用 globalThis 访问全局变量(globalThis 是 ES2020 中的新特性,用于统一访问全局对象,即在浏览器中是 window,而在 node 中则是 global),后面又使用同名变量覆盖了它的值,当再次访问时会发现变量值改变了,后续如果想再做与数字相关的操作,就会有问题。关于覆盖的问题,JavaScript 中使用 var 关键字定义的变量可以重复定义,后定义的变量会覆盖前边的,代码如下:

```
var a = 5;
var a = 6;
console.log(a);               //6
```

要避免这个问题,可以使用 let 关键字,代码如下:

```
let b = 10;
let b = 12;
console.log(b);               //SyntaxError:标识符 b 重复定义
```

需要注意的是,如果是在 Chrome 开发者工具中的 Console 面板编写代码,则允许使用 let 重复定义变量,这是为了方便在同一个 Console 环境下,使用相同的变量名编写不同的测试代码,省去思考新变量名的困扰。

5.8.2　局部作用域

在函数中定义变量时,会创建一个局部作用域,在函数外边无法访问函数内部的变量,无论是使用 var、let 还是 const 定义的,代码如下:

```
function func() { var x = 5 };
x;                       //引用错误:x 未定义
```

局部作用域可以访问全局作用域中的变量和函数,也可以访问父级及以上作用域中的变量和函数,如果有同名的变量或函数,则子作用域会覆盖父作用域中的变量或函数,代码如下:

```
//chapter5/scope2.js
let x = 5;
function outerFunc() {
  let x = 4;
  function innerFunc() {
    let x = 7;
    console.log(x);
  }
  console.log(x);
  return innerFunc;
}
let innerFunc = outerFunc();
innerFunc();
console.log(x);
```

上方代码输出结果是:

```
4
7
5
```

首先,代码一开始定义了全局作用域的 x,其值为 5,而在 outerFunc() 函数中,定义了同名变量 x,它的值为 4,这时 x 的值在 outerFunc() 中是 4,覆盖了全局中的 5。后面又在 outerFunc() 中定义了 innerFunc() 函数,并且在里边再次覆盖了 x 的值,变成了 7,而 7 这个值只会在 innerFunc() 中有效,在 innerFunc() 大括号结束的时候就会失效,因此在 innerFunc() 定义的下方打印 x 的值仍然是 4。当 outerFunc() 结束时,它里边的 x 也失效了,所以最外边使用 console.log(x) 时打印出的是全局作用域中的 x,其值为 5。

在局部作用域中,还有一个块级作用域(Block Scope)的概念。像{}语句块、if 语句、循环语句等会形成块级作用域,使用 let 或 const 定义的变量具有块级作用域,它们只在定义的大括号语句块中生效,离开大括号之后就不能访问了,代码如下:

```
//chapter5/scope3.js
{
  let i = 10;
}
```

```
console.log(i);                    //引用错误,i 未定义

for(let j = 0; j < 10; j++) {}
console.log(j);                    //引用错误,j 未定义
```

不过对于 var 定义的变量,则没有块级作用域的概念,在上述语句块中使用 var 定义变量之后,在语句块之外还是可以访问的,它的作用域跟语句块所在的作用域是同级的。例如,使用 var 定义循环的变量,如果循环被定义在全局作用域中,则 var 定义的变量也属于全局作用域,在 for 循环结束后仍然可以访问它的值,代码如下:

```
for(var j = 0; j < 10; j++) {}
console.log(j);                    //10
```

这里的 j 最后运行 j++ 之后会变成 10,在循环结束之后仍然可以访问它的值。

JavaScript 的作用域属于静态作用域,称为词法作用域(Lexical Scope),它的意思是,作用域在编写代码的时候就已经确定了,而动态作用域是程序在运行的时候,才去动态地判断作用域。词法作用域可以让理解作用域变得更简单,只需看代码就能够知道某个变量的作用域了,例如在函数中定义的作用域只需看该函数的大括号在哪里结束,那么变量的作用域就会在哪里结束。

5.8.3 提升机制

4min

这一小节需要区分一下声明和定义,声明指的是只指定变量名但不赋值,例如 var a,定义这里指的是指定变量名并赋值,例如 var a=1。

在 JavaScript 中,函数和使用 var 声明的变量有提升(Hoisting)机制,可以先使用后声明。JavaScript 编译器会提前检查代码中的函数及 var 变量,把它们提升到当前作用域的顶部,这样就能保证代码的正常运行了。例如,测试使用 var 声明的变量的提升机制,代码如下:

```
x = 5;
console.log(x);                    //5
var x;
```

上边代码中的 var x 声明被提升到了 x=5 的上方,作为第一行代码,然后才给 x 赋值为 5,这样打印出来的值就是 5。需要注意的是,变量在提升的时候,因为只有声明部分被提升,所以如果在声明变量的同时进行了定义,再在上方访问该变量就会返回 undefined,代码如下:

```
console.log(x);                    //undefined
var x = 5;
console.log(x);                    //5
```

它相当于如下代码：

```
var x;
console.log(x);                        //undefined
x = 5;
console.log(x);                        //5
```

代码中的 var x 被提升到最顶部，剩下的赋值语句则保持在原位。

而如果使用 let 或者 const 关键字定义变量，则不能提前使用它们定义的变量，而是会直接抛出异常，代码如下：

```
a = 5;
console.log(a); //引用错误,不能在初始化之前访问 a
let a;
```

对于函数，使用 function 关键字定义的普通函数全部都会被提升到作用域的顶部。例如下方代码中，函数的定义会移动到 printValue()上方，代码如下：

```
printValue();                          //10
function printValue() { console.log(10) }
```

但是，对于保存在变量中的函数表达式则不会有提升机制，因为只有声明部分被提升了，而使用函数表达式进行赋值的部分并未被提升，代码如下：

```
printValue();
var printValue = function() { console.log(10) }      //类型错误:printValue 不是函数
```

利用函数的提升，可以把函数定义的细节放到代码后边，把函数的调用放到前边，以便关注代码所执行的操作，屏蔽具体的实现细节，这样可以增强代码的可读性。对于变量的提升机制，并不推荐使用，因为这样很难看出来变量是在哪定义的，从而容易引发问题，尤其是当有同名变量和函数名覆盖的时候，最难理解，代码如下：

```
//chapter5/hoisting1.js
function func() {
  return x;
  x = 5;
  function x() {}
  var x;
}
console.log(func());
```

代码输出的结果如下：

```
function x() {}
```

可以看到 func() 函数最后返回的 x 值为函数 x()，而不是 5。这是因为 function x(){} 的定义首先被提升到了 func() 函数的第 1 行，var x 则按顺序提升到了第 2 行，由于声明变量 x 的时候并没有赋值，它不会覆盖掉函数 x() 的定义，之后就直接运行到 return x 语句了，返回了函数 x()，而 x=5 并没有机会被执行，代码如下：

```
function func() {
  function x() {}
  var x;
  return x;
  x = 5;
}
```

5.8.4   临时隔离区

2min

使用 let 关键字定义的变量，不能在初始化之前访问的原因是，它的声明被放到了临时隔离区（Temporal Dead Zone，TDZ）。临时隔离区会在执行块级作用域的第 1 行代码前生效，在变量初始化完成之后才会把变量从隔离区里释放出来。来看一个例子，代码如下：

```
let a = 5;
function test() {
  console.log(a);        //引用错误,不能在初始化之前访问 'a'
  let a = 6;
}
test();
```

在代码中，函数 test() 的外部和内部定义了同名的变量 a，但是在函数中打印 a 的值时却抛出了错误。这就是临时隔离区的作用，虽然 test() 函数的外部作用域中有 a 变量，但是在函数内部这个块级的作用域中，它会在一开始把最后边 a 变量的声明放到临时隔离区中，只有在执行完 $a=6$ 时才会从隔离区释放出来，在此期间，是不能访问隔离区中的变量的，所以打印 a 的值抛出了引用错误。

之所以称它为临时隔离区，是因为它只短暂地存在于变量初始化的过程中，而不是按代码的位置来判断是否放入隔离区，例如下方示例是可以正常执行的，代码如下：

```
let a = 5;
function test() {
  const inner = () => console.log(a);
  let a = 6;
  inner();
}
test();                  //6
```

这是因为在 inner()函数调用前,临时隔离区在 let a=6 这行代码之后就已经结束了,a 在 test()函数这个作用域中已经成功被初始化为 6,再在 inner()中就可以访问它的值了。

5.9　闭包

▶ 10min

从这一小节开始,将介绍与 JavaScript 有关的函数式编程(Functional Programming)的基本概念。函数式编程以函数为中心,每个操作都是一个函数,通过对函数的组合和复用来形成复杂的业务逻辑。

函数式编程的最终目的是只需调用一次函数,就可以完成所有业务逻辑,它属于声明式编程范式(Declarative Programming Paradigm),而之前章节的代码则大部分属于命令式编程范式(Imperative Programming Paradigm),即完成一个业务所关注的重点在于有哪些步骤。由此可见 JavaScript 支持多种编程范式。本节先介绍函数式编程中闭包的概念。

闭包(Closure)指的是一种语法形式和变量查找机制,在一系列嵌套的函数中,所有内部的函数都可以访问外部函数及全局作用域中定义的变量、对象和函数(以下简称内容)等。按这样的说法,JavaScript 中的函数全部都是闭包。因为在全局作用域中定义的函数,可以访问全局作用域的内容,在函数中定义的子函数则可以访问外层函数直到全局作用域中的所有内容。

例如定义一个 sayHello()函数,可接收一个人名 name 作为参数,打印出"你好!",并带上人名,但是打印的代码放到 sayHello()的子函数 message()中,在 sayHello()内部调用message(),代码如下:

```
//chapter5/closure1.js
function sayHello(name) {
  function message() {
    console.log("你好!" + name);
  }
  message();
}
sayHello("李明");                    //你好!李明
```

上方示例会输出:"你好! 李明"。从输出结果看,message()函数成功地访问了 sayHello()函数中的 name 参数的值,这样的结构就形成了一个闭包。

在闭包中,内部的函数可以捕获(Capture)外部函数作用域中的内容,如变量、其他函数等,这样即便把内部函数作为返回值从外部函数中返回再进行调用,它还是可以继续使用外部函数作用域中的变量和函数。通过捕获机制可以避免在多次调用函数时,需要重复向函数传递参数的问题。

假设有一个需求,可以对一个初始数值进行自定义步长的自增操作,如果使用普通函数定义,则需要多次传递初始值,代码如下:

```
//chapter5/closure_inc1.js
function increment(initialValue, step) {
  return initialValue + step;
}
let result = increment(10, 1);              //11
result = increment(result, 1);              //12
result = increment(result, 2);              //14
```

示例中对 10 进行一次步长为 1 的自增，然后把结果 11 保存到 result 变量中，接着又对 result 进行步长为 1 的自增操作，此时仍然需要传递一次自增参数，得到结果 12 后，又把它保存到变量 result 中，再进行一次步长为 2 的自增，这一次仍然需要把 result 作为参数传递给 increment() 函数，这些调用反复使用 result 参数和步长值，有很多重复代码，但是如果把代码改成使用闭包的形式，则可以避免这种情况，例如把 increment() 函数的定义改成闭包的形式，代码如下：

```
//chapter5/closure_inc2.js
function increment(initialValue) {
  let result = initialValue;
  return function by(step) {
    result += step;
    return result;
  };
}
```

这里的 increment() 函数接收一个 initialValue 参数，用于指定初始值，之后对它进行自增操作，然后在 increment() 函数内部定义一个 result 变量用于保存自增结果，并返回一个子函数 by()。by() 函数接收一个 step 参数，用于指定自增步长，它会把外部函数中 result 的值加上 step 的值之后返回。这时调用 increment() 函数并返回 by() 函数后，by() 函数会捕获 result 变量的值，使每次调用都能够记住 result 而不用再次传递了，所以只需传递步长参数，代码如下：

```
//chapter5/closure_inc2.js
const incFiveBy = increment(5);
console.log(incFiveBy(2));              //7
console.log(incFiveBy(4));              //11
```

这里，代码首先使用 increment() 函数设置了初始值 5，然后使用 incFiveBy() 保存返回值，即内部的 by() 函数，这时 by() 函数就已经捕获了 result 的值 5，并形成了一个闭包，之后调用 incFiveBy(2)，会对 5 进行加 2 操作，并把结果再次赋值给 result 并返回，此时 result 的值为 7，再次调用 incFiveBy(4) 进行加 4 操作就会基于 7 进行操作，结果返回 11。

从结果可以看到，incFiveBy() 中的 result 值是共享的，可以把它称为状态（State），每次调用 incFiveBy() 的时候都会修改状态,这个是闭包的用途之一,在多次函数调用之间共享状态。不过,状态值只在同一个闭包内部共享,对于每次创建的新的闭包,它们之间的状态不会互相影响,是各自独立的。例如再对一个数字 10 进行自定义步长的自增操作,那么它不会影响之前对 5 的操作,代码如下:

```
//chapter5/closure_inc2.js
const incTenBy = increment(10);
console.log(incTenBy(3));              //13
console.log(incTenBy(5));              //18
console.log(incFiveBy(1));            //12
```

为了达到调用一次函数就可以完成所有操作的目的,并且消除重复传递 step 步长参数,还可以对上方示例代码进行精简,把特定步长的自增再单独定义成函数,这时函数将不再接收参数,而是在函数内部直接把步长参数写死。例如,把对 5 进行自增 2 和自增 4 的操作定义成没有参数的函数,代码如下:

```
//chapter5/closure_inc3.js
const incFiveBy = increment(5);
const incFiveByTwo = () => incFiveBy(2);
const incFiveByFour = () => incFiveBy(4);
```

这样每次在调用 incFiveByTwo() 和 incFiveByFour() 时,都会对结果进行自增 2 和自增 4 的操作,代码如下:

```
//chapter5/closure_inc3.js
console.log(incFiveByTwo());           //7
console.log(incFiveByFour());          //11
console.log(incFiveByFour());          //15
```

闭包还有一个用处:定义私有的状态。由于在闭包的外部,无法访问内部作用域,因此可以对内部状态起到保护作用,调用者只能使用闭包暴露出来的函数或对象等对状态进行修改,除此之外就没有其他办法修改内部的状态了。

例如,对于一组数据,允许访问当前元素,并且有向前和向后移动索引的操作,但不允许修改数据的值(可以想象为轮播图或音乐播放器),那么可以通过闭包的形式定义数据和操作数据的函数,然后通过一个对象把这些函数暴露给外界,用以移动索引,代码如下:

```
//chapter5/closure2.js
function data() {
  let arr = [1, 3, 5, 7, 9];
  let index = 0;
  return {
    value() {
```

```
            return arr[index];
        },
        next() {
            index = ++index % arr.length;
        },
        pre() {
            index = (-- index + arr.length) % arr.length;
        },
    };
}
```

这里使用对象形式返回了 3 个函数,如果无法理解此段代码也没关系,可以在看完第 7 章之后回过头来重新研究本示例,现在可重点关注对 arr 数组的保护。value()函数用于获取当前索引的元素,next()用于向前移动一位索引,超出数组长度后索引会回到 0 重新开始,pre()则是向前移动一位,超出后会回到最后一位继续向前,代码如下:

```
//chapter5/closure2.js
const myData = data();
console.log(myData.value());          //1
myData.next();                        //index: 1
myData.next();                        //index: 2
console.log(myData.value());          //5

myData.pre();                         //index: 1
myData.pre();                         //index: 0
myData.pre();                         //index: 4
console.log(myData.value());          //9
```

可以看到,除了使用 data()函数暴露出来的 3 个函数访问数组之外,就再也无法在 data()外部使用任何方式篡改 arr 数组和 index 索引的值了,另外在 data()的外部作用域中,如果定义同名的 arr 或 index,也不会把 data()内部的数组和值给覆盖掉。

从上述例子可以看出,data()函数的名字并不重要,可以使用匿名函数,但是 JavaScript 不能直接使用 function(){}这样的语句定义匿名函数,而需要把它保存到变量中,并且仍然需要给变量起名字。

要解决这个问题,可以在定义匿名函数的时候就立即调用它,然后使用一个变量保存它的返回结果,这种在定义的同时直接进行调用的函数称为立即执行函数表达式(Immediately Invoked Function Expression,IIFE),它的形式是使用()把匿名函数包裹起来,然后在后边使用另一对()调用它,代码如下:

```
const myData = (function () {
    let arr = [1, 3, 5, 7, 9];
    //... 省略内部逻辑
})();
```

这样定义的函数会被立即执行,然后把结果保存到 myData 中,之后的调用和上例中一样。很多前端库会以这样的形式提供 API,其目的就是防止不同的库之间的作用域互相影响,从而导致某些库的数据被另一些库给覆盖。

使用闭包还能解决一个常见的、由全局作用域引发的问题,代码如下:

```
//chapter5/cloures_for_loop1.js
for (var i = 0; i < 3; i++) {
  setTimeout(() => {
    console.log(i);
  });
}
```

setTimeout()用于推迟一段代码的执行,它接收两个参数,第 1 个是回调函数,第 2 个是延迟时间,回调函数中的代码会在指定延迟时间之后执行,如果忽略了第 2 个参数,则会在 for 循环完成之后立即执行回调函数。

代码中使用循环创建了 3 个要延迟执行的代码,均为打印 i 的值。代码的运行结果很容易就会被认为是 0 1 2,但实际上是 3 3 3。原因在于,使用 var 定义的变量的作用域是全局的,在 for 循环结束的时候 i 的值已经变成了 3,那么后边打印 i 的值就全部都是 3 了。要解决这个问题可以使用立即执行函数创建一个闭包,通过把 i 当作参数传递给它来捕获 i 的值,从而可以打印出 0 1 2,代码如下:

```
//chapter5/cloures_for_loop1.js
for (var i = 0; i < 3; i++) {
  (function (i) {
    setTimeout(() => {
      console.log(i);
    });
  })(i);
}
```

或者另一个解决方法是直接使用 let 定义指示变量 i,这样它的作用域为块级,每次在 for 循环开始时会产生一个新的作用域,这样每个 setTimeout()中 i 的值就不会受影响了。

之前提到了任何一个 JavaScript 函数都会形成一个闭包,这是由 JavaScript 语言本身的特性决定的。JavaScript 的作用域为词法作用域,与之相关的有词法环境(Lexical Environment),它是 ECMAScript 规范中描述的一种特殊的对象类型,不能实际访问或者对其操作。

词法环境会在代码执行到全局作用域、函数声明、块级作用域时创建,它包含两部分:环境记录(Environment Record)和外层词法环境的引用,环境记录包含了当前作用域中定义的变量、函数等的绑定关系。在第 2 章讲解变量时,提到变量的定义是把变量值绑定到变量标识符的过程,这样环境记录中就保存了这种绑定关系。这里以伪代码的形式展示了词

法环境的结构,代码如下:

```
{
  variable1: value1,
  variable2: value2,
  function1: function() {},
  ...,
  outer: <外部词法环境引用>
}
```

在某个作用域的代码执行前,JavaScript 会把该作用域中变量的声明、函数的定义先行记录到词法环境中。这里需要注意的是,词法环境中首先记录的是变量的声明,仅仅包含标识符,它对应的变量值会被设置为 undefined,而函数的定义(包括函数体)则会被全部记录到词法环境中。在记录函数时,还会把当前词法环境保存到函数内部的[[Environment]]属性中。

之后在运行代码时,如果遇到变量定义语句,则会对当前词法环境中的变量进行赋值;如果遇到新的作用域(如内部函数),则会用同样的过程创建一个新的词法环境,并把 outer 设置为上一层的词法环境。

在内部的作用域中,如果要访问某个变量或函数,则会首先在本身的词法作用域中寻找,如果没有,则会到 outer 引用的外层词法作用域中寻找,直到全局词法环境中;如果找到了,则会返回相应的值,如果没找到就返回 undefined。全局词法环境对应的是全局作用域。因为本节介绍闭包,所以这里以它为例来介绍一下词法环境的创建过程,代码如下:

```
function sayHello(name) {
    return function message() {
    console.log("你好!" + name);
  }
}
let greet = sayHello("李明");
greet();                    //"你好!李明"
```

这个示例把之前的示例代码稍做了一些改动,让 sayHello()直接返回 message()函数,并在外边调用,可以看到 greet()函数在外边调用时还能访问 name 的值。代码在执行前,会先创建全局词法环境,代码如下:

```
globalEnv
{
  greet: undefined,
  sayHello: function(name) { / * 省略代码体 * / }
  outer: null
}
```

　　globalEnv 是为了方便描述所起的假想的名字,它代表全局词法环境对象,它会记录 greet 变量的声明和 sayHello() 函数的定义,对外层词法环境的引用为 null,因为它本身是全局词法环境,没有再高一层的词法环境了。同时,globalEnv 词法本身也保存到 sayHello() 的 [[Environment]] 属性中了。

　　接下来代码执行 let greet = sayHello("李明"),调用 sayHello() 函数,此时在进入 sayHello() 函数时会创建一个新的词法环境,这里称它为 sayHelloEnv,代码如下:

```
sayHelloEnv
{
  name: "李明",
  message: function() {},
  outer: globalEnv //即 sayHello 中 [[Environment]] 属性的值
}
```

　　在 sayHelloEnv 这个词法环境中,记录了参数 name 和 message() 函数的定义,并把外层词法环境设置为 globalEnv,作为 sayHello() 函数中[[Environment]]属性的值,然后 sayHelloEnv 会作为 [[Environment]]属性值保存到 message() 函数中。

　　在 sayHello() 函数返回后,会把 globalEnv 中名为 greet 的标识符绑定为 sayHello("李明")的返回值。接着调用 greet 保存的函数,此时进入 message() 函数体中,又会创建一个新的词法环境,这里称它为 messageEnv,代码如下:

```
messageEnv
{
  outer: sayHelloEnv
}
```

　　其中没有定义任何其他变量和函数,所以直接把它的 outer 设置为 sayHelloEnv 词法环境。在执行它里边的代码时,需要使用 name 的值,此时 messageEnv 本身并没有这个变量,所以它会到 outer 指向的 sayHelloEnv 中去寻找,结果发现了 name 变量,值为"李明",那么它就可以正确地被打印出结果了。

　　如果再有一个 greet2 变量,保存了 sayHello() 函数的调用结果并传递了不同的 name 属性值,则后边在调用 greet2() 时会打印出不同的 name 属性值,同时也不会影响 greet() 的返回结果,代码如下:

```
let greet2 = sayHello("张三");
greet2();                        //"你好!张三"
greet();                         //"你好!李明"
```

　　这是因为 greet() 和 greet2() 指向了不同的词法环境。在调用 sayHello("李明")时会创建 sayHelloEnv 词法环境,而在调用 sayHello("张三")时又会创建新的 sayHelloEnv2 词法环境,它们的 name 变量分别为"李明"和"张三",且互不影响。

可以看到,通过这个词法环境机制,每个函数都保存了外层词法环境的引用,这样内部的函数都可以通过一条链的引用(可称作环境链,Environment Chain,或作用域链,Scope Chain),访问直至全局词法环境中记录的所有内容。

词法这个概念,简单来讲,就是代码的字面结构,直接可以根据大括号、函数等的位置,就能确定它们的作用域和词法环境,所以称它为静态的,而与它相对的,则是动态的,需要在程序运行时才能确定作用域的内容,这都与编程语言的实现机制有关。

5.10 递归

递归(Recursion)是一种解决问题的方法:对于一个复杂的问题,设法把它分解成子问题,然后对每个子问题还可以再分解成更小的子问题,直到子问题可以直接求出答案,之后再返回上一层问题利用子问题的答案得出该层的答案,最终解决复杂的问题。

在 JavaScript 或大部分编程语言中,递归是通过函数调用自身实现的,每个函数处理一个子问题,最后返回的结果即是问题的答案。举一个简单的例子,计算 $1,2,3,\cdots,n$ 所有数字的和(包括 n),可以使用递归的方式实现,代码如下:

```javascript
//chapter5/recursion1.js
function addUp(n) {
   if (n <= 0) return 0;
   return n + addUp(n - 1);
}
console.log(addUp(10));               //55
```

示例中定义了 addUp() 函数,它接收一个参数 n,代表要最终加到的数字,例如 10。

(1) 先看一下 return 语句,它使用 n 的值加上了 $addUp(n-1)$ 的返回值,$addUp(n-1)$ 这部分代码直接调用了 addUp() 函数本身,并把 $n-1$ 的值当作参数传递进去,这样问题就分解成了 $10+9+8+\cdots+1$。

(2) 再来看 if 语句,函数每次执行时,都会判断 n 的值,如果 n 小于或等于 0,则函数就会返回 0,递归到这里就停止了;如果大于 0,则继续调用自己并加上当前 n 的值。

(3) if(n<=0)return0 这行代码又叫作终止条件,每个递归函数最终都有一个这样的条件,否则递归会持续进行下去,造成栈溢出异常。

(4) 当 addUp() 函数的参数 n 等于 0 之后,就会开始返回结果,而之前的函数调用也就能够计算结果了,利用上一步的结果分别进行求和 $0+1+2+\cdots+10$,最后得出结果 55。

为了理解递归的调用方式,需要先了解一下 JavaScript 的函数调用栈(Call Stack)。栈是一个后进先出(Last In First Out,LIFO)的数据结构,在里边存放数据时,会把最新加入的数据放到顶部,然后取数据时,会从栈顶开始取,这样就跟存放时的顺序相反了。

JavaScript 函数调用栈就是这样一种结构,在遇到函数调用时,会把函数放到调用栈中,如果函数内部还调用了其他函数,则会把内部函数放到栈顶,以此类推,当内部再也没有函数调用时,则从栈顶取出函数,逐个执行,这样最外层函数会在最后执行。依此上方代码的调用栈和执行过程可以表示如下:

调用栈(自底向上存入)	执行过程(自顶向下执行)
addUp(0)	0
addUp(1)	1 + addUp(1 - 1) = 1 + 0 = 1
addUp(2)	2 + addUp(2 - 1) = 2 + 1 = 3
…	…
addUp(10)	10 + addUp(10 - 1) = 10 + 45 = 55

左侧调用栈展示了调用 addUp(10) 函数时,调用栈中的情况。在 n 等于 0 之前,相应的 addUp() 函数调用都放到了调用栈中,当 n 等于 0 时,函数使用 return 终止了调用,此时程序会从调用栈顶开始,执行所有函数代码,最终计算出 addUp(10) 的结果。

不过使用递归有严重的性能问题,JavaScript 分配给调用栈的内存是有限的,在进行递归调用时,因为只有当函数返回后才可以取出调用栈中的函数进行执行,如果递归层数太多或遗漏出口条件,则会一直向调用栈中放入新的函数,从而导致栈溢出,程序会提示超出了调用栈的最大容量。

一般建议使用循环代替递归,有一个普遍的理论是,任何递归都可以以循环的方式进行实现。上方的示例可以很简单地转换成循环的方式进行计算,代码如下:

```javascript
//chapter5/recursion1.js
function addUpIterative(n) {
  let sum = 0;
  for (let i = 1; i <= n; i++) {
    sum += i;
  }
  return sum;
}
console.log(addUpIterative(10));
```

不过,可以看到代码的逻辑明显不如递归清晰,至于递归和循环的选择,也要根据一定的情况进行考量,例如计算斐波那契数列、深度优先搜索算法等,使用递归方式实现更简单、直观,而使用循环则需要引入新的数据结构(例如队列)来保存中间值数据,需要额外进行维护。

5.11 高阶函数

如果函数满足以下两点中的任意一点或全部,则这个函数就称为高阶函数(Higher-Order Function):

（1）接收另一个函数作为参数。

（2）返回一个函数。

在闭包小节的示例中，increment()函数就是一个高阶函数，它返回了 by()函数用于对参数进行自定义步长的自增操作。第 6 章将要介绍的数组中，它里边的函数基本上都是高阶函数，如 map()、reduce()、filter()等，这些函数都接收一个函数作为参数，用于对访问的每个数组元素进行一些操作。

对于同时接收函数作为参数并返回新的函数的高阶函数，一般是对参数函数进行增强和组合，然后返回具有新功能的函数。例如，把任一函数所返回的数字结果进行平方运算，代码如下：

```
//chapter5/higher_order_func1.js
function square(f) {
  return (...args) => f(...args) ** 2;
}
const sum = (a, b) => a + b;
const squareOfSum = square(sum);
console.log(squareOfSum(1, 2));          //9
```

代码中的 square()函数接收任意一个函数 f 作为参数，然后在 return 语句中，返回了一个新的函数，这个函数使用 rest 运算符接收了一个变长参数 args，它的返回值是调用 f()函数并进行平方运算的结果。

这里需要注意的是，后边给 f()传递的...args 是扩展（Spread）运算符，与前边的 rest 操作相反，用于把数组元素、对象属性分别赋值给一组变量，详细用法将在第 8 章（面向对象基础）进行介绍，通过这种方式就能让 square()返回的新函数把参数原封不动地传递给原函数 f()，从而在不改变行为的基础上，添加平方运算。例如示例中的 squareOfSum(1,2)中的 1 和 2 会传递给 sum()函数。

接下来，示例代码定义了一个进行加法操作的函数 sum()，对两个数字进行相加，然后调用 square()函数对 sum()函数进行包装，这样就形成了一个计算两数之和的平方的函数。

接着给 squareOfSum()函数传递两个参数 1 和 2，它们分别会传递给 sum()函数，之后执行 sum(1,2) ** 2 平方运算，得到了结果 9，后面可以继续使用 squareOfSum()函数计算其他的数字，因为闭包的特性，sum() 函数已经被 squareOfSum() 捕获了，只需给 squareOfSum()传递 sum()所需的参数就可以进行加法操作了，然后计算结果的平方。

使用这种方式，只要计算结果是返回数字类型的函数，都可以通过 square()函数进行包装，从而在结果的基础上进行平方运算，例如可以再定义一个计算三数之差的平方的函数，代码如下：

```
//chapter5/higher_order_func1.js
const diff = (a, b, c) => a - b - c;
const squareOfDiff = square(diff);
console.log(squareOfDiff(9, 2, 1));        //36
```

代码的输出结果是 36。这种通过自由地对函数进行组合来创造出不同的业务逻辑是函数式编程的特点。

5.12 柯里化

柯里化(Currying)是指把一个接收多个参数的函数转化为一系列接收一个参数的子函数的过程。例如,通过汇率计算 1 美元能兑换多少人民币,可以定义一个函数,接收美元数量和汇率为参数,并返回换算后的结果,使用普通函数实现的代码如下:

```
//chapter5/currying1.js
function usdToCny(amount, rate) {
  return amount * rate;
}
console.log(usdToCny(1, 6.78));            //6.78
console.log(usdToCny(8, 6.78));            //54.24
```

通过观察上例中的代码可以发现,汇率需要在每次调用的时候都传一次,那么除了可以给 rate 设置默认值外,也可以通过柯里化的形式,实现记住汇率值,代码如下:

```
//chapter5/currying1.js
function convertRate(rate) {
  return (amount) => amount * rate;
}
//普通调用
//console.log(convertRate(6.78)(10)); //67.8
//记录中间值
const uToC = convertRate(6.78);
console.log(uToC(1));                  //6.78
console.log(uToC(8));                  //54.24
```

调用柯里化后的函数时,变成了使用连续的小括号的形式,这样任意一步的调用结果都可以保存起来,然后进行复用。例如把汇率 6.78 保存到 uToC() 函数中,之后只需给 uToC() 函数传递美元数量,就可以计算出能够兑换的人民币的数量了。

再看更复杂一点的例子,假设把美元换算成日元,并且需要把人民币作为中间货币,那么可以再定义一个 cToJ() 函数用于把人民币换算成日元,之后再定义一个 uToJ() 函数用于把美元换算成日元,它里边会组合 uToC() 和 cToJ() 函数,先调用 uToC() 把美元换算成人民币,然后把结果作为 cToJ() 的参数将人民币换算成日元,代码如下:

```
//chapter5/currying1.js
const cToJ = convertRate(15.74);
const uToJ = (amount) => cToJ(uToC(amount));
console.log(uToJ(1));                  //106.7172
```

可以看到组合函数之后，最终只需传递一个美元数量便可以计算以人民币为中间货币所能够兑换的日元的数量了。

5.13 Memoization

10min

函数缓存（Memoization）指的是，对于比较耗时的函数，把已经执行过的函数的结果保存起来作为缓存，如果再次需要此函数的执行结果，则可先判断缓存，如果有缓存则直接返回缓存中的结果，如果没有则会执行函数并把返回结果保存起来。一般会使用函数的参数列表来作为缓存的 key，如果第二次调用函数传递了相同的参数，就会返回缓存中的结果。

缓存能有效地提升程序的性能，加快响应速度，一般用于较少变化、不依赖外部条件且耗时的操作，只要参数没有变化就会取缓存中的值。对于缓存所带来的性能提升效果演示，可以参考下例计算斐波那契数列的代码，首先看没有缓存的版本，代码如下：

```
//chapter5/memoization1.js
function fib(n) {
  if (n <= 1) return n;
  return fib(n - 1) + fib(n - 2);
}
const start = new Date().getTime();
console.log(fib(50));
const end = new Date().getTime();
console.log(`总计执行了:${end - start} 毫秒`);
```

这里使用 Date 获取当前时间，然后使用 getTime() 获取毫秒数，用于统计 fib() 函数的运行时间。上方代码在笔者的计算机上的输出结果如下：

```
12586269025
总计执行了:212712 毫秒
```

大约 3 分钟的时间，这还只是计算第 50 个数字，可以看到性能非常差，因为每次计算最后都要计算到 fib(1) 和 fib(0)，整个调用情况如下（因为篇幅有限，这里只展示 fib(4) 的执行过程）：

```
            fib(4)
          /        \
       fib(3)       fib(2)
      /   \        /    \
  fib(2) fib(1)  fib(1)  fib(0)
  /   \
fib(1) fib(0)
```

可以看到 fib(2)、fib(1) 和 fib(0) 的值计算了多次，为了避免这种情况，可以把已经计算过的值缓存起来，在后续调用中先判断是否有缓存，加上缓存后的版本的代码如下：

```javascript
//chapter5/memoization2.js
function fib(n) {
  if (n <= 1) return n;
  if (fib[n]) return fib[n];
  fib[n] = fib(n - 1) + fib(n - 2);
  return fib[n];
}
const start = new Date().getTime();
console.log(fib(50));
const end = new Date().getTime();
console.log(`总计执行了：${end - start} 毫秒`);
```

因为 JavaScript 中函数也是对象，所以可以添加属性，这里把函数对象作为缓存，使用函数的参数 n 作为缓存的 key，放到函数对象的属性中，属性值为函数的计算结果。对于每个需要参与计算的参数 n，如果缓存中有对应的值，则直接返回缓存值，如果没有则进行计算，并把结果保存到 fib[n] 中，然后返回计算结果。上方代码的输出结果如下：

```
12586269025
总计执行了:9 毫秒
```

可以看到效率得到了巨大提升，计算 fib(50)，使用缓存只需 9 毫秒的时间。

如果对每个需要添加缓存的函数进行修改，会很烦琐，可以定义一个高阶函数，对原函数进行包装以便添加缓存，然后返回带缓存的版本，代码如下：

```javascript
//chapter5/memoization3.js
function memoize(fn) {
  let cache = {};
  return function (...args) {
    if (cache[args]) return cache[args];
    cache[args] = fn(...args);
    return cache[args];
  };
}
```

代码中的 memoize() 函数接收要添加缓存的函数作为参数，然后在内部维护了一个缓存 cache 对象，并返回了带缓存的函数版本，这时新的函数作为 memoize() 的子函数进行返回后，由于闭包的特性，它就拥有独立的缓存 cache 对象了。

在执行返回的新函数时，会先通过参数列表作为 key 去查询缓存，如果有值则直接返回，如果没有则把参数列表传递给原函数并计算结果，再把结果保存在缓存中并返回。使用

memoize()函数,可以把一开始的 fib()函数包装成如下形式,代码如下:

```
//chapter5/memoization3.js
const fib = memoize(function (n) {
  if (n <= 1) return n;
  return fib(n - 1) + fib(n - 2);
});
```

调用它的代码与之前的保持一致,执行效果也与之前定义的带缓存版本的 fib()一样。

5.14 纯函数

纯函数(Pure Function)指的是,对于一个函数,每次传递相同的参数都能够得到相同的返回结果,并且没有副作用(Side Effects)产生。副作用是指函数或者表达式修改了外部状态(如全局作用域中的变量)、按引用传递的参数的值(例如对象),或进行了 I/O(文件读写)操作和网络请求等,导致除了返回执行结果外,还产生了其他的与本函数无关的操作。

在函数式编程中,几乎要求将所有的函数必须定义成纯函数,这样方便测试和调试,因为函数式编程多用到函数之间的组合,如果有一个函数不是纯函数,则会引起整个函数依赖链上的错误。

先来看一个纯函数的例子,代码如下:

```
function sum(a, b) {
  return a + b;
}
```

这个函数计算参数 a 和 b 的和,很明显它是一个纯函数,因为如果每次传递的参数都相同,它的返回结果也是相同的,并且没有其他有副作用的代码,如果把这个函数稍加修改,它就变成了非纯函数(Impure Function),代码如下:

```
let a = 5;
function sum(b) {
  a = 10;
  return a + b;
}
```

这时 sum()函数修改了外部变量 a 的值,虽然给它传递相同的参数,返回的值也相同,但是由于有了副作用,那么它也不能称为纯函数。它对 a 进行修改之后,其他依赖 a 的表达式或函数就会受到影响,如果是无意修改了 a 的值,则程序的执行就可能发生错误。

来看一些非纯函数的示例,代码如下:

```javascript
//chapter5/pure_function1.js
//修改了按引用传递的参数的值,data 对象发生了变化
function update(data) {
  data.id = 5;
}
const data = {id: 1};
update(data);

//网络请求,有可能出错,后端返回的数据也可能有变化
async function getData() {
  const res = await fetch("http://test.com/api");
  return await res.json();
}
```

5.15　小结

　　函数是 JavaScript 中最重要的语法结构,它被称为"头等公民",几乎可以用在代码中的任何地方,例如作为表达式、语句和函数参数等。本章前半部分介绍了函数的基本概念、不同的定义方式和调用方法,后半部分则介绍了函数式编程的基本概念,它与普通的编程范式有所区别,理解起来可能有些困难,不过随着进一步的代码练习,就能够掌握它的核心理念。本章的重点内容有以下几点:

　　(1) 普通函数、匿名函数和箭头函数的定义方式和区别。

　　(2) 函数参数的类型:可选参数、默认参数和可变长度参数。

　　(3) 作用域的概念,var、let 和 const 关键字定义的变量在作用域上的不同之处,以及提升机制。

　　(4) 函数式的核心理念:组合不同的函数完成复杂的业务逻辑,且要求函数为纯函数。

　　(5) 闭包的概念及作用域中的状态的捕获。

　　(6) 高阶函数、柯里化、Memoization、纯函数的概念和形式结构。

第 6 章

数　组

数组(Array)是一种用来存放连续数据的结构。数组里边的每个数据称为元素(Element),需要通过索引(Index)进行访问。数组是最常用也是最基本的数据结构,用于对数据进行统一操作,例如遍历、变换、测试和过滤等。

在实际应用中,任何列表类的数据,例如文章列表、用户列表等都经常以数组形式表现。如果没有数组这种结构,就需要把列表中的数据都定义成单独的变量,然后对每个变量进行操作,如果只有若干个数据可能没有什么问题,但是当有 10 个、100 个甚至 1000 个数据时,就会导致大量重复的代码,使用数组就可以解决这些问题。

本章将介绍数组的定义、基本操作、解构赋值、展开和 rest 语法,也会介绍数组的两种不同的数据结构模式:栈和队列。

6.1　创建数组

在 JavaScript 中,创建数组有多种方式,先来看最简单的一种,代码如下:

```
let arr = [1, 5, 8]
```

这行代码使用[]定义了一个长度(Length)为 3 的数组,3 个元素分别是 1、5 和 8,每个元素之间使用逗号隔开,这是数组字面值的基本语法结构。

如果没有在[]中存放元素,则定义了一个空的数组,例如:let arr=[]。这样的数组中没有任何元素,可以在后边使用数组的访问语法进行元素的添加和删除。访问数组的长度可以使用数组中的 length 属性,例如 arr.length 会返回 3。

由于 JavaScript 是动态类型语言,所以不限制数组元素的类型,可以同时存放多种类型的数据,不过推荐存放统一类型的数据,因为对于数组每个元素的操作一般是相同的,如果混入了其他类型的元素可能会出错。例如定义存放混合数据类型的数组,代码如下:

```
let arr = [1, "hello", true];
```

第 2 种方式是使用 Array()构造函数创建数组。构造函数是用于初始化对象的特殊函数。使用构造函数定义数组的代码如下：

```
let arr = new Array("a", "b", "c");      //["a", "b", "c"]
let data = new Array(1, 2, 3);           //[1, 2, 3]
```

　　小括号中逗号隔开的参数会作为新创建的数组的初始元素。不过使用 Array() 构造函数创建数组的时候要注意，它有两种形式，一种是像上方一样接收多个参数，作为初始元素。另一种形式则是只接收一个数字类型的参数，用于指定数组的长度，它会创建指定长度的数组，但是每个元素都是未初始化的，只是预留了空位（Empty），需要在后面给空位赋值，例如创建一个长度为 5 的空数组，代码如下：

```
let arr = new Array(5);                  //[ <5 empty items>]
```

　　通过上例可以清楚地看到，无法使用 Array() 构造函数创建只有一个数字元素的数组，因为它会作为长度参数而不是初始元素，对于这种情况，Array 对象中提供了以 Array.of() 创建数组的方式，传给它的参数都将作为数组的初始元素，例如创建只有一个数字元素的数组，代码如下：

```
let arr = Array.of(5);                   //[5]
```

　　第 3 种方式是使用 Array.from()，适合将其他数组中的元素复制到新数组的情况。这种方法接收一个其他数组、Array-like（类数组结构）或可迭代的对象作为参数，关于 Array-like 和可迭代对象将分别在第 7 章和第 10 章介绍，之后将参数数组中的每个元素复制到新创建的数组中，代码如下：

```
let arr1 = Array.from([3, 4, 5]);
arr1;                                    //[3, 4, 5]
let arr2 = Array.from(new Set(["a", "c", "d"]));
arr2;                                    //["a", "c", "d"]
```

　　arr1 直接复制了普通数组 [3,4,5] 的元素，arr2 则复制了 Set 这种数据结构中的所有元素，因为 Set 是可迭代的对象，所以可以进行复制。

　　Array.from() 还可以额外接收 2 个参数，第 2 个参数用于指定一个函数，它会在复制元素时对每个元素进行调用。该函数与 6.6 节要讲的 map() 方法类似，不过它接收 2 个参数，分别是当前要复制的元素和索引，而第 3 个参数则通过 Array.from() 的第 3 个参数进行传递。例如在复制一个数组的同时，把每个元素乘以它的索引再放到新数组中，代码如下：

```
let arr = Array.from([1, 2, 3], (v, i) => v * i);
arr;                                     //[0, 2, 6]
```

在执行上方代码中的复制时,第 1 个元素的值为 1,索引为 0,即函数中的 v 为 1,i 为 0,v 乘以 i 的结果就为 0,后边第 2 个元素、第 3 个元素的计算结果则分别为 2 和 6,放到新数组中就成为 $[0,2,6]$ 了。

需要注意的是,Array.from() 执行的是浅复制,也就是说数组中的元素如果是对象类型,则只会复制它们的内存地址,新数组中的对象还是指向原对象,对它们进行修改仍然会引起原对象的修改,代码如下:

```
let arr = [{a : 1}, {b: 2}];
let arr2 = Array.from(arr);
arr2[0].a = 2;
arr[0];                              //{a: 2}
```

可以看到当对使用 Array.from() 复制后的数组 arr2 中的对象进行修改时,原数组 arr 中对象的对应属性值也被修改了。

虽然数组有多种创建方式,但是使用 Array() 构造函数和 Array.of() 的方法创建起来很烦琐,所以推荐使用 [] 语法定义数组。另外需要注意的是,JavaScript 支持的数组最大长度为 $2^{32}-1$。

由于数组元素可以是任何类型,所以数组也可以嵌套子数组,代码如下:

```
let arr = [1, [2, 3], 4];            //[1, [2, 3], 4]
```

6.2 访问数组

访问数组使用数组名加 [],里边写上数字索引(Index),数组的第 1 个元素的索引是 0,最后一个元素的索引是数组的长度减 1。使用索引访问数组元素的代码如下:

```
let arr = [2, 6, 8];
arr[0];                              //2
arr[2];                              //8
```

索引不必是数字字面值,像内容为数字的字符串、存放了数字的变量等任何可以自动转换为数字的表达式都可以作为索引值,代码如下:

```
//chapter6/array1.js
let arr = [1, 2, 3, 4, 5];
arr["0"];                            //3
arr[arr[2]];                         //4,相当于 arr[3]
let index = 1;
arr[index];                          //2
```

如果访问时超出了最大可索引的元素,或者使用了负数索引,则会直接返回 undefined,例如使用 arr[−1]或 arr[6]访问上例中的元素都会返回 undefined。

6.3　修改元素

数组定义好之后,还可以修改元素的值,也可以添加和删除元素。修改元素与访问元素的语法类似,只需使用=进行赋值,例如,修改一个数组中第 2 个元素的值,代码如下:

```
let arr = [3, 6, 7, 9];
arr[2] = 10;
arr;                        //[3, 10, 7, 9]
```

如果给一个大于数组长度的索引进行赋值,则数组的长度会自动增长为该索引加 1,并把新添加的值作为数组的最后一个元素,而这个元素与原数组的最后一个元素之间会使用空元素进行占位,访问它们的值均为 undefined,对于这种数组,可以将它们称为稀疏数组(Sparse Array),代码如下:

```
let arr = [1];
arr[5] = 2;
arr;                        //[1, empty × 4, 2]
arr.length;                 //6
```

数组的长度最后变成了 6,第 1 个元素为 1,最后一个为 2,中间为 4 个空白位置,最后可以使用 length 属性访问数组的长度,结果为 6,即 5+1。

关于稀疏数组的定义,在使用[]定义数组时,也可以通过忽略某个元素制造空位实现稀疏数组,代码如下:

```
let arr = [1,,3];           //[1, empty, 3]
```

1 和 3 之间的元素为空白,直接使用逗号略过了。

需要注意的是,因为数组本质上也是对象,所以也可以像对象一样添加属性,这样就不是给数组添加元素了,而是添加到了数组对象的属性中,除了数字索引外,像字符串、负数等都会作为属性添加到数组对象中,例如给上例中的 arr 添加一个−1 和一个 prop 属性,那么在打印数组的值时,−1 和 prop 会在数组元素的末尾以冒号(属性)形式展示出来,代码如下:

```
arr[-1] = 5;
arr.prop = 3;
arr;                        //[1, empty × 4, 2, -1: 5, prop: 3]
```

6.4　删除元素

删除数组中的元素有 3 种方式：使用 delete 运算符、使用 splice()方法和直接修改 length 属性。首先看 delete 运算符的用法。

1. delete 运算符

使用 delete 运算符删除数组中的元素，可以在数组访问的语法基础上，在前边加上 delete 关键字。例如删除数组中第 2 个元素，代码如下：

```
let arr = [1, 2, 3];
delete arr[1];              //返回值为 true,arr 变为[1, empty, 3]
arr.length;                 //3
```

可以看到使用 delete 运算符删除元素之后，对应索引的元素空位会保留下来，后边的元素并不会向前移动，数组的长度也不会发生变化。另外判断对应索引的元素是否存在于数组中，可以使用 in 运算符。在 in 运算符前边写上索引，后边写上进行判断的数组，如果存在则会返回 true,如果不存在则返回 false,例如判断上例中索引为 1 的元素是否还存在于 arr 数组中，代码如下：

```
1 in arr;                   //false
arr[i];                     //undefincd
```

可以看到索引为 1 的元素不存在了,访问它的值会返回 undefined,但是要注意的是,虽然 arr[1]返回了 undefined,但是因为使用 delete 运算符删除了它而导致它不存在,如果直接把该位置的元素设置为 undefined,则它还会存在于数组中,只不过值为 undefined,代码如下：

```
let arr = [1, 2, 3];
arr[1] = undefined;
1 in arr;                   //true
arr[1];                     //undefined
```

可以看到 arr[1]的值仍为 undefined,但是使用 in 判断时,1 这个索引位置的元素还是存在于数组中的。

2. splice()方法

如果要删除元素并使后续元素向前移动,则可以使用 splice(),可以给它的第 1 个参数传递要删除的元素的起始索引,第 2 参数传递要删除的数量,例如使用 splice()实现删除数组中的第 2 个元素,代码如下：

第6章 数组

```
let arr = [1, 2, 3];
arr.splice(1, 1);                    //[2]
arr;                                 //[1, 3]
```

arr 变成了[1, 3],splice()会返回被删除的元素,因为它支持删除多个元素,所以返回的结果是包含被删除元素的数组,如果只删除了一个元素,则也会把它放到结果数组中,例如上例中 splice()的返回值为[2]。

在调用 splice()方法之后,原数组则变成了除掉被删除的元素外所剩下的元素。这种改变原数组的操作,称为原地(In-Place)操作,不过数组对象提供的大部分操作都是返回新的数组,并不会改变原数组。

splice()的第 1 个参数也可以是负数,这样就会从最后一个元素索引开始向前计算起始索引,其他操作与传递正数时一样。

如果传递给 splice()的第 2 个参数大于数组的长度,或者没有传递,则会从起始索引开始,删除它后面所有的元素,例如删除一个数组中索引为 3 的元素及后面所有的元素的代码如下:

```
let arr = [1, 2, 3, 4, 5];
arr.splice(3);                       //[4, 5]
arr;                                 //[1, 2, 3]
```

splice()还可接收第 3 个参数,它是一个变长的参数,用于指定要添加的元素,即在删除元素之后,从第 1 个参数指定的位置再添加新的元素,后面的元素会顺序后移,因此 splice()还支持添加和替换元素。如果要添加新元素,则只需把第 2 个参数,即要删除的数量,设置为 0,然后后边的参数传递要添加的元素。例如,从索引为 2 的位置插入 3 个新的元素,代码如下:

```
let arr = [1, 3, 5, 7];
arr.splice(2, 0, 2, 4);              //[]
arr;                                 //[1, 3, 2, 4, 5, 7]
```

这时,因为要删除的元素的数量为 0,所以 splice()会返回一个空的数组,原数组则原地新增了 3 个元素,上方代码把 2 和 4 放到了索引为 2、3 的位置,然后 5 和 7 分别向后移动了1 位。

如果要替换一些元素,则只需让删除的数量等于新添加的元素的数量,代码如下:

```
let arr = [1, 3, 5, 7];
arr.splice(2, 2, 2, 4);              //[5, 7]
arr;                                 //[1, 3, 2, 4]
```

这里从索引为 2 的位置删除了 2 个元素,即 5 和 7,之后在索引为 2 的位置添加了 2 个新的元素 2 和 4,最后结果就是[1, 3, 2, 4]。

最后,如果给 splice()的参数设置了大于或等于数组长度的数值,则 splice()会直接从数组末尾开始添加元素,无论第 2 个参数(要删除的数量)设置为多少,都不会删除元素,代码如下:

```
let arr = ["a", "b", "c"];
arr.splice(3, 10, "d", "e", "f");              //[]
arr;                                           //["a", "b", "c", "d", "e", "f"]
```

3. 修改 length 属性

删除数组元素还有一种不常用的方式,使用 length 属性。数组在创建之后,它自己会维护 length 属性的值,当有元素添加进来时,会自动增加 length 的值,而当有元素被删除时,则会自动减少,而反过来也可以通过修改 length 属性的值来删除超过 length 数量的元素,这种只适合删除末尾的元素,代码如下:

```
let arr = [1, 2, 3, 4];
arr.length;                  //4
arr.length = 2;
arr;                         //[1, 2]
arr.length = 0;
arr;                         //[]
```

把 arr.length 设置为 2 之后,超过 2 个的元素直接被舍弃了。当把数组的 length 设置为 0 时,数组就变成了空数组。

6.5 栈和队列模式

利用 JavaScript 数组提供的丰富的 API,可以对数组做更多的操作。例如使用 push()和 pop()可以利用数组实现栈(Stack)数据结构。栈是一种后进先出(Last In First Out,LIFO)的数据结构。之前介绍递归的时候提到了它的概念,在入栈(向栈中添加元素)时,新添加的元素会放在栈的底部,而出栈(从栈中取出元素)时,则从栈顶开始取出,如图 6-1 所示。

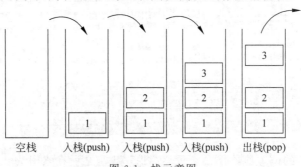

空栈　　入栈(push)　　入栈(push)　　入栈(push)　　出栈(pop)

图 6-1　栈示意图

数组中的 push()方法会把元素原地添加到数组的末尾,并返回添加新元素后数组的长度,它接收一个变长参数,可以同时入栈多个元素。pop()方法则从数组末尾原地删除一个元素,并返回删除的元素,它不需要参数。使用数组作为栈的基本操作代码如下:

```
//chapter6/array2.js
let stack = [];
stack.push(1, 2, 3);              //3,stack:[1, 2, 3]
stack.pop();                      //3
stack;                            //stack:[1, 2]
stack[stack.length - 1];          //2,查看栈顶元素
```

需要注意的是,当栈或数组为空时,再调用 pop()会返回 undefined,不过此时应该与 length 属性进行综合判断,因为 pop()有可能返回的是数组中某个值为 undefined 的元素,数组此时并不为空。

除了用于实现栈模式之外,push()多用于在初始化数组之后向数组添加新元素,代码如下:

```
let arr = [];
for(let i = 0; i < 5; i++) { arr.push(i) }
arr;                //[0, 1, 2, 3, 4]
```

数组也可以实现队列(Queue)模式。队列是与栈类似的数据结构,与栈相反,它是先进先出的(First In First Out,FIFO),即先入队的元素先出队,就如同排队一样,如图 6-2 所示。

图 6-2　队列示意图

使用数组实现队列主要使用 unshift()入队和 shift()出队方法,跟 push()和 pop()语法一样,只是它们从数组的头部操作。unshift()会把元素添加到数组的开始,shift()则会删除并返回数组的第 1 个元素。队列模式下的操作代码如下:

```
//chapter6/array2.js
let queue = [];
queue.unshift(1, 2, 3);           //3,queue: [1, 2, 3]
queue.shift();                    //1,queue: [2, 3]
queue[0];                         //2,查看队首元素
```

6.6 数组遍历

访问数组中的每个元素的过程称为遍历或迭代(Iteration),最简单直观的方式是使用 for 循环,例如遍历整个数组,可以把指示变量初始化为 0 作为索引,指向数组的第 1 个元素,然后每次循环后索引加 1,在索引大于或等于数组长度的时候退出,代码如下:

```
let arr = [1, 2, 3];
for(let i = 0; i < arr.length; i++) {
  console.log(arr[i]);
}
```

遍历数组还可以使用 for...of 循环。for...of 循环是 ES6 中出现的,使用它遍历数组的示例代码如下:

```
let arr = ["a", "b", "c"];
for (let item of arr) {
  console.log(item);
}
```

可以看到它的语法结构,首先使用 for 关键字,然后在后边的小括号中定义变量的名字,用于接收每个数组元素,of 后边是要遍历的数组,最后在大括号语句块中,定义对每个数组元素要进行的操作,代码中直接打印出了每个元素的值。

1. forEach()

JavaScript 数组中还提供了函数式的方式进行遍历,它们有不同的作用和使用方式,在用法上需要注意并加以区分。类似于使用 for 循环的方式进行遍历数组的方法是 forEach(),它接收 1 个函数作为参数,即回调函数,对于数组中的每个元素都会调用一次该函数。forEach()会给回调函数传递 3 个参数,第 1 个是当前遍历到的元素,第 2 个是当前元素的索引,第 3 个是数组本身,一般只用到前两个参数,forEach()没有返回值。使用 forEach() 遍历数组的代码如下:

```
let arr = [3, 5, 8, 9];
arr.forEach((ele) => console.log(ele));
```

可以看到使用函数式的方式,再加上箭头函数,可以使代码更简洁。不过要注意的是,使用 forEach()函数没有提供中断循环的机制,只能使用普通的 for 循环或者 for...of 循环结合 break 语句来中断。

forEach()本身不会修改原数组的内容,但是可以在里边人为地修改原数组,例如使用 push()、pop()、unshift()、splice()添加、删除或替换元素时,会影响数组的遍历,代码如下:

```
[1, 2, 3].forEach((v, i, arr) => {
  console.log(v);
  arr.unshift(4);
});
```

输出结果为

```
1
1
1
```

示例中使用 unshift()方法给数组头部添加元素,会导致元素向后移动,所以当前元素会重复遍历,添加几个就重复遍历几次,不过遍历次数仍然是原数组的长度,并不是添加元素后的新长度,假如使用 push()给数组末尾添加元素,那么新添加的元素永远不会遍历到。如果删除了已经遍历过的元素,此时删除了几个则会少遍历几个。

对于后边类似 forEach()的方法也是如此,这种操作会导致难以发现的错误,所以推荐如非必要,尽量维持数组原状。

2. map()

与 forEach()类似的还有 map(),参数要求与 forEach()一样,其区别是 map()有返回值,它返回一个新的数组,里边的每个元素是每次调用回调函数时的返回值。通常使用 map()对数组进行变换(Transform)操作,例如下方代码展示了把一个数组中的每个元素进行加 2 操作,并返回结果数组,代码如下:

```
let arr = [1, 2, 3, 4];
let newArr = arr.map(v => v + 2);
newArr;                  //[3, 4, 5, 6]
```

也可以再打印一下原数组 arr,会发现它的值没有变化,因为 map()会返回新的数组,并不会原地操作原数组。

对于有空位的数组,map()和 forEach()并不会对空位执行回调函数,代码如下:

```
console.log([1, , 2].map((v) => v + 1));         //[ 2, <1 empty item>, 3 ]
console.log(new Array(5).map((v) => v + 1));     //[ <5 empty items> ]
```

3. reduce()

熟悉 MapReduce 算法的读者应该知道,在使用 map 对数据进行整理之后,接下来应该继续使用 reduce 对数据进行合并求值。数组中的 map()和 reduce()与此概念类似,reduce()可以对数组中的元素进行遍历,然后返回合并后的单一结果。

reduce()回调函数中的参数与 map()、forEach()中的参数有所不同,它的第 1 个参数是累计值,即每次调用回调函数后返回的值,后面 3 个参数与 map()和 forEach()的参数一样。reduce()除了可接收回调函数外,还可接收第 2 个参数,用于指定第一次调用回调函数时累计值的初始值。例如,计算数组中所有元素的和,代码如下:

```
let arr = [1, 2, 3, 4, 5];
let sum = arr.reduce((acc, cur) => acc + cur, 0);
console.log(sum);                    //15
```

上例中,给 reduce 传递的第 2 个参数值为 0,代表初始的和为 0,当第一次调用回调函数时,累计值 acc 的值则为 0,当前元素 cur 为 1,在执行 acc+cur 之后,回调函数返回 1,作为第 2 次调用回调函数时 acc 参数的值,然后在第 2 次调用中,使用 acc 加上当前元素的值 2,所以返回 3,以此类推,直到计算到 5,返回 10 加 5 的结果,即 15。

如果没有给 reduce()传递第 2 个参数,则 reduce()的回调函数的参数含义会有所不同,第一次调用时,第 1 个参数变为了数组的第 1 个元素的值,第 2 个参数变成了第 2 个元素的值,之后的每次调用中,则与之前的例子一样,第 1 个参数就重新变为了累计值,第 2 个参数重新变为了当前遍历到的元素。这样,上边求和的代码也可以省略 reduce()的第 2 个参数,变为 arr.reduce((acc,cur)=> acc+cur),结果一样。

结合 map()和 reduce()可以实现先变换后归并的操作,代码如下:

```
[1, 2, 3, 4].map(v => v * 2).reduce((acc, cur) => acc + cur, 0); //20
```

这样就形成了对数据的流式(Stream)处理操作,因为数组中有些方法会返回数组本身,例如 filter()、slice()、map()等,可以对数据进行连续处理,例如过滤、筛选、变换等。

利用 reduce()还可以标准化(Normalize)数据。在前端开发中,尤其是当使用类似 redux 状态管理库时,需要改变接收的后端数据来方便更新状态,让数据更符合数据库的存储逻辑以方便查找。这里以 todo 列表为例,代码如下:

```
const todos = [
  {id: 1, name: "todo1", completed: true},
  {id: 2, name: "todo2", completed: false},
  {id: 3, name: "todo3", completed: true},
  {id: 4, name: "todo4", completed: false},
]
```

如果要修改其中某个 todo 的内容,则需要使用 find()或者 findIndex()方法根据 id 查找到对应的 todo 然后进行修改。这时,可以把 todo 列表数据标准化为一个对象,todo 的 id 作为 key,值为对应的 todo 对象,代码如下:

```
{
  1: {id: 1, name: "todo1", completed: true},
  2: {id: 2, name: "todo2", completed: false},
  3: {id: 3, name: "todo3", completed: true},
```

```
    4: {id: 4, name: "todo4", completed: false},
}
```

这时再修改其中某个 todo 的内容时，只需使用 todos[id] 把 id 改为对应的 todo id 就可以快速定位到该 todo，对于字符串类型的 id 值同样适用。使用 reduce() 实现这个标准化的过程的代码如下：

```
const normalizedTodos = todos.reduce((acc, todo) => {
  acc[todo.id] = todo;
  return acc;
}, {});
```

代码中使用 reduce() 的第 2 个参数传递了初始值，一个空的对象用于保存结果，然后在回调函数中，把结果对象的 key 设置为 todo.id，将 value 设置为 todo 本身，并返回结果。这样就能够生成标准化的数据了。当然这个示例只是简单地展示了 reduce() 的用法，实际上标准化的过程可能更为复杂，不过这不是本书所关注的重点。

使用 reduce() 方法还能实现其他很多有用的功能，这些就需要日常的积累和创意了，本书也会在特定的章节给出使用 reduce() 方法实现特殊功能的示例。

数组中还有与 reduce() 作用相同的 reduceRight() 方法，不过在遍历数组元素时，是从最后一个(也就是最右边)元素向前进行反向遍历的。

6.7 数组过滤和测试

数组中还提供了用于过滤元素及测试数组是否满足某些条件的方法。

1. filter()

如果想获取数组中所有满足条件的元素，则可以使用 filter() 对数组进行过滤。filter() 也接收一个回调函数作为参数，且回调函数的参数与 map() 也一样。filter() 的返回值也是一个新的数组，每个元素是满足回调函数指定条件的元素，即回调函数返回结果为 true 的部分。例如获取一个数组中所有大于 5 的元素，代码如下：

```
let arr = [8, 1, 3, 9, 10, 2];
let filteredArr = arr.filter((v) => v > 5);
console.log(filteredArr);                 //[8, 9, 10]
```

如果数组元素为对象类型，则可以根据对象的属性进行过滤，假设有一个 todo 待办事项列表，并过滤出已完成的 todo 项目，代码如下：

```
const todos = [
    {name: "todo1", completed: true},
    {name: "todo2", completed: false},
```

```
        {name: "todo3", completed: false},
        {name: "todo4", completed: true},
    ]
    const completed = todos.filter(todo => todo.completed);
    console.log(completed);
```

输出结果如下：

```
    [
        {name: "todo1", completed: true},
        {name: "todo4", completed: true},
    ]
```

2．some()＆every()

如果要测试整个数组是否满足一定条件，并返回布尔类型的 true 和 false，则可以使用 some()和 every()。some()测试的是如果数组中有一个元素满足条件，就返回 true，否则返回 false，例如测试上例数组中是否至少有一个元素大于 5，代码如下：

```
    let test = arr.some((v) => v > 5);
    console.log(test);                    //true
```

evcry()则是当数组中的每个元素都满足条件时才返回 true，否则返回 false。例如，测试上例数组中的元素是否都大于 5，代码如下：

```
    let test = arr.every((v) => v > 5);
    console.log(test);                    //false
```

最后需要注意的是，some()和 every()并不会遍历全部元素，而是当能确定结果的时候就会返回。在 some()中，如果遇到一个元素返回了 true，则结果直接返回 true；在 every()中，如果遇到一个元素返回 false，则直接返回 false。

6.8　数组排序

数组中提供了 sort()方法用于排序，还提供了 reverse()方法用于反转数组的顺序。

1．sort()

对数组排序使用 sort()方法，它会把数组进行原地排序，然后返回排序后的数组，它与原数组是同一个数组。如果没有给 sort()传递参数，则会把元素转换成字符串，按字符串的 UTF-16 代码点进行升序排列，所以要注意数字类型的元素可能会跟预期结果不同，因为数字被转换成了字符串进行比较，代码如下：

```
["apple", "banana", "car", "app"].sort();        //["app", "apple", "banana", "car"]
[82, 71, 99, 4, 10, 120].sort();                 //[10, 120, 4, 71, 82, 99]
```

可以看到第 2 个数组中,数字并没有按正常顺序排序,如果要对数字进行排序,则可以给 sort()传递一个回调函数,回调函数接收两个参数,即两个需要比较的元素,假设第 1 个参数名为 a,第 2 个为 b,如果想让 a 排在 b 前边,就需要回调函数返回一个负数,如果让 a 排在 b 的后边就需要返回正数,而如果让 a 和 b 保持原来的位置,则返回 0,不过不同的浏览器对于返回 0 的处理方式不同,有可能让 a 在前 b 在后,也有可能让 b 在前 a 在后,代码如下:

```
//chapter6/array_sort1.js
[82, 71, 99, 4, 10, 120].sort((a, b) => {
    if(a > b) return 1;
    if(a < b) return -1;
    if(a === b) return 0;
}); //[4, 10, 71, 82, 99, 120]
```

上方的代码可以简写成的代码如下:

```
[82, 71, 99, 4, 10, 120].sort((a, b) => a - b);
```

因为当 $a<b$ 时,$a-b$ 一定是负数,当 $a>b$ 时,$a-b$ 肯定为正数,而当 $a=b$ 时,结果为 0,这样就满足了正序排列的条件。如果要倒序排列数组,则可以返回 $b-a$。

要注意的是不同的 JavaScript 引擎(浏览器或 Node.js)对于 sort()的实现方法不同,有的可能是快速排序,有的可能是归并排序,对于排序的时间复杂度或空间复杂度是不确定的,也就是说不能保证它的性能。

2. reverse()

如果想反转一个数组,即最后一个元素作为第 1 个元素,倒数第 2 个元素作为第 2 个元素,以此类推,则可以使用 reverse()方法,它会原地反转数组并返回反转后的原数组,与 sort()一样会修改原数组,代码如下:

```
["h", "e", "l", "l", "o"].reverse(); ["o", "l", "l", "e", "h"]
```

6.9 数组连接

如果要合并多个数组,则可以使用 concat()函数进行连接,它会把多个数组的值合并成一个新的数组并返回,并且不会改变原数组。concat()接收一个变长参数,它有两种形式,第 1 种是传递数组类型,它会把所有数组中的值取出来并放到一个新数组中,代码如下：

```
[1, 3].concat([2, 4], [5, 8]);                 //[1, 3, 2, 4, 5, 8]
```

这里需要注意的是，如果数组中有嵌套数组，则嵌套的数组会原样合并到新数组中，代码如下：

```
[1, 2].concat([3, [4, 5], 6]);                 //[1, 2, 3, [4, 5], 6];
```

第 2 种是传递多个单一的值，它们会直接添加到调用 concat() 的数组中，代码如下：

```
[1, 2].concat(3, 4, 5);                        //[1, 2, 3, 4, 5]
```

6.10　数组裁切

数组的裁切使用 slice() 方法，注意与 splice() 命名的区别。slice() 方法接收两个参数，起始索引和结束索引，然后返回起始索引（包括）到结束索引（不包括）的元素组成的子数组，原数组不会发生变化。例如，返回数组中索引 2～5 的元素，代码如下：

```
[1, 2, 3, 4, 5, 6].slice(2, 5);                //[3, 4, 5];
```

slice() 的第 2 个参数可以省略，这样可以返回从起始索引开始的元素到最后一个元素所组成的子数组，代码如下：

```
[1, 2, 3, 4, 5, 6].slice(2);                   //[3, 4, 5, 6]
```

slice() 的第 1 个参数也可以省略，这样起始索引是 0，相当于返回了原数组的一个复制。起始索引和结束索引也可以是负数，−1 代表最后一个元素，−2 代表倒数第 2 个元素，以此类推。例如，返回索引 2～4 的子数组，代码如下：

```
[1, 2, 3, 4, 5, 6].slice(2, −2);               //[3, 4, 5];
```

如果起始索引大于数组的最大索引，则会返回空数组。如果结束索引大于数组的最大索引，则会返回从起始索引到最后一个元素所组成的子数组，相当于省略了第 2 个参数。

6.11　搜索元素

数组提供了一系列的方法用于搜索元素，包括 includes()、indexOf()、lastIndexOf()、find() 和 findIndex()。

1. includes()

includes()用于判断一个元素是否存在于数组中,如果存在,则返回 true,如果不存在,则返回 false。它接收两个参数,第 1 个是要搜索的元素,第 2 个是起始索引,可以是负数并且可以忽略。includes()用法的代码如下:

```
[1, 2, 3].includes(2);                    //true
[1, 2, 3].includes(1, -1);                //false
["a", "c", "c"].includes("c", 1);         //true
[1, NaN, 2].includes(NaN);                //true
```

2. indexOf()

indexOf()用于搜索某个元素所在的索引,如果成功找到了该元素,则返回该元素的索引,如果没找到则返回-1。它的参数与 includes()所要求的一样,代码如下:

```
[1, 2, 3].indexOf(2);                     //1
[1, 3, 4, 1, 2].indexOf(1, 2);            //3
["hello", "world"].indexOf("world", -1);  //1
```

需要注意的是,indexOf()使用了严格相等的方式对比要搜索的元素和数组中的元素,即使用===,这就导致了无法像 includes()中搜索 NaN 这样和自身不相等的值。例如:[1,NaN,2].indexOf(NaN)会返回-1。

3. lastIndexOf()

lastIndexOf()与 IndexOf()的搜索顺序相反,它会从第 2 个参数指定的索引开始向前进行搜索,如果没有指定第 2 个参数,则从数组末尾开始向前进行搜索。

4. find()

find()用于搜索数组中满足一定条件的第 1 个元素的值,它接收一个回调函数作为参数,回调函数的 3 个参数分别是当前遍历到的值、索引和数组本身,与 map()等方法的回调函数一样。如果找到了元素,则会返回该元素并停止搜索,如果没有找到则返回 undefined。例如要查找数组中第 1 个大于或等于 5 的元素,代码如下:

```
[1, 3, 5, 7].find(v => v >= 5);           //5
```

5. findIndex()

findIndex()与 find()的语法结构相同,只是返回结果为元素的索引,如果没有找到则会返回-1。findIndex()用法的代码如下:

```
[1, 3, 5, 7].findIndex(v => v >= 5);      //2
```

6.12　数组与字符串

利用数组可以方便地生成有规律的字符串。数组中提供了 join() 方法,用于按一定的结构把数组中的元素连接成一整串字符串,它接收一个参数,用于指定每个元素之间的连接符,可以省略,默认为半角逗号。join() 用法的代码如下:

```
["hello", "world"].join();                //"hello,world"
["a", "b", "c"].join(", ");               //"a, b, c"
[1, 2, 3].join(" + ");                    //"1 + 2 + 3"
["this", undefined, "is", null].join(" ");   //"this is "
```

注意最后一个示例,如果数组中有 undefined、null 等空值,则它们会以空格的形式存在于结果字符串中。

把数组转换为字符串也可以调用 toString() 方法,它会返回以逗号分隔的数组元素连接成的字符串,相当于 join(","),逗号后边没有空格,代码如下:

```
["a", "b", "c"].toString();               //"a,b,c"
```

6.13　数组填充

如果想给数组快速添加相同的元素,则可以使用 fill() 方法,它接收 3 个参数,第 1 个是要填充的值,第 2 个是起始索引,默认为 0,第 3 个是结束索引(不包括),默认为数组的长度,同样地,后两个参数也可以是负数。fill() 会原地修改数组并返回填充后的数组,即原数组本身。例如,如果使用 new Array() 进行初始化的数组中没有元素,则可以使用 fill() 快速填充元素,代码如下:

```
let arr = new Array(5);                   //[empty × 5]
arr.fill(0);                              //[0, 0, 0, 0, 0]
arr;                                      //[0, 0, 0, 0, 0]
```

对于已经有元素的数组,也可以通过 fill() 快速地把一些元素替换掉。例如把一个数组中从索引 2 到索引 4 的元素替换成 0,代码如下:

```
[1, 2, 3, 4, 5].fill(0, 2, 4);            //[1, 2, 0, 0, 5]
```

6.14　数组复制

数组中提供了 copyWith() 方法用于原地复制数组中的一部分元素到指定的索引处,对应索引处的元素及后续等同于复制数量长度的元素会被覆盖,之后该方法会返回修改后的原数组。copyWith()方法接收 3 个参数,分别是要复制到的目标索引,要复制的元素的开始索引、结束索引(不包括)。例如把数组中索引为 4～6 的元素复制到索引为 0 的位置,代码如下:

```
let arr = ["a", "b", "c", "d", "e", "f", "g"];
arr.copyWithin(0, 4, 6);
arr;                    //["e", "f", "c", "d", "e", "f", "g"]
```

可以看到索引 4～6 的元素"e"、"f"、"g"复制到了数组索引 0 的位置,把之前的"a"、"b"和"c" 覆盖掉了。

copyWithin()的第 2 个参数和第 3 个参数都可以省略,如果省略了第 3 个参数,则会复制第 2 个参数所指定的索引元素及后边所有的元素。如果第 2 个和第 3 个参数都省略了,则会复制从 0 到最后所有的元素。这两个参数也可以是负数,这样会从数组最后向前计算索引。

copyWithin()能够原地移动数组中的元素,性能比较好,适合在 TypedArray 中通过移动二进制数据来对文件、图片、网络数据等以二进制存储的数据进行操作。

6.15 扁平化

有时候,需要把嵌套的数组展开并放到最外层数组中,这个过程叫作扁平化(Flattening)。数组中提供了 flat()和 flatMap()用于扁平化数组。

1. flat()

flat()接收 1 个参数,表示要展开的层数,默认为 1 层,即在最外层数组中,把第 1 层嵌套的数组元素取出来,而第 1 层嵌套的数组中的嵌套数组及更深层次的嵌套数组则保持原样,并不会扁平化。要想扁平化深层嵌套的数组可以把参数设置为对应的层数。flat()用法的代码如下:

```
["a", ["b", "c",], "d"].flat();      //["a", "b", "c", "d"]
[1, [2, [3, 4]], 5].flat();          //[1, 2, [3, 4], 5]
[1, [2, [3, 4]], 5].flat(2);         //[1, 2, 3, 4, 5]
```

如果想把所有嵌套的数组扁平化,则可以给 flat()传递 Infinity,表示无限大,这样就可以展开所有层数了。

2. flatMap()

flatMap()相当于先调用 map()再调用 flat(),不过使用 flatMap()的效率稍高一些,并且它只支持展开 1 层,接收的参数与 map()一样,是一个回调函数。flatMap()用法的代码如下:

```
[1, 2, 3, 4].flatMap(v => [v * 2]);                    //[2, 4, 6, 8]
```

在上方示例中,首先执行了 map 操作,把数组变换成了[[2],[4],[6],[8]]这样的形式,然后执行 flat()操作,把数组扁平化成了[2,4,6,8]。可以看到使用 flatMap()可以生成有 1 层嵌套的中间数组,利用这个特性,在 map()时,可以给嵌套的数组增加一些元素,所以结果数组就会多一些元素,如果返回包含空元素的嵌套数组,则结果中就会少一些元素。也就是说,单纯的 map()会返回与原数组长度相同的新数组,而 flatMap()可以返回与原数组长度不同的新数组。例如,假设有一个包含数字元素的数组,给它里边的每个数字的后面加上该数字的相反数,代码如下:

```
[1, 2, 3, 4].flatMap(v => [v, - v]);                    //[1, - 1, 2, - 2, 3, - 3, 4, - 4]
```

这样在进行 map()操作时,对于每个元素,生成了包含两个元素的嵌套数组,即数字本身和它的相反数,即[[1, −1],[2,−2],[3,−3],[4,−4]],最后进行 flat()操作时,就把这些数字从嵌套数组中扁平化出来,从而形成了最终结果。

6.16　解构赋值

解构赋值(Destructuring Assignment)可以用于把数组元素或对象属性拆解出来,分别赋给若干个变量。由于本章重点介绍数组,所以先看数组的解构赋值语法。

有时候,程序会使用数组作为承载多个数据的结构,然后程序中可能需要多次使用到数组中的元素,使用下标的方式会让代码不易阅读。这时,可以使用解构赋值语法把数组里的元素拆解出来,并赋给有实际意义名字的变量。

对数组进行解构赋值使用[]语法,看起来像是定义一个数组,但是需要把它放在等号的左边,里边需要自行定义变量的名字。例如,假设一个数组保存了一个点的 x、y 坐标,用解构赋值把它分别赋给 x、y 两个变量,代码如下:

```
const point = [12, 15];
const [x, y] = point;                    //x = 12, y = 15
```

这里解构赋值会根据位置给变量赋值,x 在第 1 位,所以把数组的第 1 个元素 12 赋给了它,同理把 15 赋给了 y。可以看到这样 point[0]和 point[1]就有了实际的坐标轴的名字 x 和 y。

如果一个数组中有多个元素,但是只想解构前边一部分,后边的自动形成子数组,则这样可以结合 rest 语法:...符号,给剩下的元素所形成的子数组起一个名字,便于后续引用。rest 语法在解构赋值中用法的代码如下:

```
//chapter6/array_da1.js
const [a, b, ...rest] = [1, 10, 23, 45, 32];
a;                  //1
b;                  //10
rest;               //[23, 45, 32]
```

在使用解构赋值把对应的元素赋给变量之后，剩下的元素会自动形成子数组，放到...后边定义的变量中，之后就可以在代码中访问它了。

在解构赋值时，还可以给变量设置默认值，防止对应位置的数组元素是 undefined 或 empty 而导致后续访问变量出现错误。给变量设置默认值只需要在变量名后边使用等号加上默认值。设置默认值的代码如下：

```
const [a = 10, b = 5] = []
a;                  //10
b;                  //5
```

如果要解构数组中不连续的元素，则跳过的元素可以在解构赋值中留空，但是需要逗号占位，这样就可以跳过该元素，代码如下：

```
const [a, ,b] = [1, 2, 3];
a;                  //1
b;                  //3
```

对于存在嵌套关系的数组，也可以使用解构赋值嵌套的语法把里边的值赋给变量，代码如下：

```
const [a, [b]] = [1, [5]];
a;                  //1
b;                  //5
```

通过上边的例子可以看到，解构赋值的结构跟数组的结构一模一样，只是解构赋值使用变量名来代替元素的值，这样元素的值就可以赋给同样位置的变量，不想解构的元素也可以像数组中的空白元素一样留空并保留逗号，而如果只想解构部分元素，且后续需要访问剩余的子数组，则可以结合 rest 语法把子数组赋给一个变量。

解构赋值还可以用来更改数组中元素的位置，只需要在等号右边定义原数组中元素的位置，然后在等号左侧定义这些元素的新的位置，代码如下：

```
//chapter6/array_da2.js
let arr = [1, 2, 3, 4];
//更改 2、3、4 的位置
[arr[3], arr[2], arr[1]] = [arr[1], arr[2], arr[3]];
arr;                //[1, 4, 3, 2]
```

在使用函数时,有时候需要返回多个值,则可以把这些值放到数组中,再在调用函数时,使用解构赋值把里边的值取出来定义成变量,代码如下:

```javascript
function func() {
  return [10, 20];
}
const [a, b] = func();                    //a = 10, b = 20
```

解构赋值也可以用在函数参数中,这样如果函数接收多个参数,则可以通过一个数组给它传递进去,代码如下:

```javascript
function func([a, b, ...rest]) {
  console.log(a, b, rest);
}
func([1, 2, 3, 4, 5]);                    //1 2 [3, 4, 5]
```

6.17 扩展语法

扩展(Spread)语法(或称为展开语法)可以用在需要多个值的地方,这时可以通过一个数组把所需要的值一次性传递进去,然后使用扩展语法把数组扩展成单个的元素,它与 rest 使用相同的语法: ...,但是所做的操作正好相反,rest 是把多个元素归集成一个子数组,而 spread 是把子数组扩展成多个元素。例如,可以使用 spread 合并两个数组,代码如下:

```javascript
let arr1 = [1, 2, 3];
let arr2 = [4, ...arr1, 6];
arr2;                                     //[4, 1, 2, 3, 6]
```

这里 arr1 的元素分别被扩展并放到了 arr2 数组中。另外扩展语法也可以代替 concat()连接数组,代码如下:

```javascript
let arr1 = [1, 2, 3];
let arr2 = [4, 5, 6, 7];
let arr3 = [...arr1, ...arr2];
arr3 = [1, 2, 3, 4, 5, 6, 7];
```

在 6.16 节中,函数中可以使用解构赋值的方式,把数组参数拆解成单个变量,这样只需给函数传递一个数组,但是如果一个函数接收多个变量,则可以在传递参数时使用 spread 语法把数组拆解成多个变量传递进去,代码如下:

```javascript
function add(a, b, c) {
  console.log(a + b + c);
```

```
}
add(...[1, 2, 3]);                //6
```

可以看到,解构赋值是在函数参数定义的时候使用,而 spread 则是在调用函数的时候使用。

6.18　多维数组

JavaScript 中没有多维数组的概念,但是能够以嵌套数组的形式定义。例如定义一个 2 行 4 列的二维数组,可以用外层数组作为行,用内层数组作为列,代码如下:

```
let twoDim = [
    [1, 2, 3, 4],
    [5, 6, 7, 8]
]
```

访问的时候,可以使用连续的[]访问内层的元素。例如访问第 2 行、第 3 列的元素 7,可以先使用 twoDim[1]访问第 2 个嵌套的数组,然后使用 twoDim[1][2]访问内层数组中的第 3 个元素,结果为 7。

在定义多维数组时,要注意内层的数组需要先初始化才能赋值,尤其是在使用循环初始化二维数组的时候,代码如下:

```
let twoDim = [];
for(let i = 0; i < 3; i++) {
  for(let j = 0; j < 3; j++) {
    twoDim[i][j] = i + j;    //Cannot set property '0' of undefined,不能给 undefined 设置属性 0
  }
}
```

上述代码由于没有初始化 twoDim[i]内层数组,所以会提示错误,应该在内层 for 循环外初始化内层数组,代码如下:

```
for(let i = 0; i < 3; i++) {
    twoDim[i] = []
  for(let j = 0; j < 3; j++) {...}
}
```

6.19　小结

本章介绍了数组的基本概念、定义方法、元素的访问与修改,以及内置的函数式 API 的用法。从中可以发现数组有着强大的灵活性,掌握起来稍微会有一些难度,但是数组能够解决各种各样的问题,例如给多个变量赋值、给函数传递参数、解构函数的返回值,并且还可以使用函数式 API 进行数据变换、归并求值、流式(Stream)调用等,需要重点掌握。本章的重点内容有以下几点:

(1) 数组的创建和访问,元素的修改和删除。

(2) 本章介绍的所有函数式 API 的用法。

(3) 解构赋值、rest、spread 的使用方法、区别及不同的使用场景。

(4) 多维数组的创建方法和相关注意事项。

第 7 章

对　　象

对象是由键值对（Key-Value Pair）组成的一种数据结构，能存储的数据类型多种多样，既可以是基本类型数据，也可以是其他对象，还可以是函数，它是 JavaScript 中最复杂也是用途最广泛的数据结构，但是它不仅能用来存储数据，还能用来表示关系。

对象这种数据结构一般用来模拟客观世界的实体，无论是有形的（如人、汽车、电梯等）还是无形的（如几何图形、博客文章、聊天信息等），因为这些物体都有属性（如汽车颜色、型号，博客标题、分类等），以及行为（如汽车加速、减速，绘制图形等），那么在编程世界里要表示它们就需要一个方便的数据结构，来存放属于某个物体的相关属性和行为，这些对应到对象中就可用基本数据类型和函数来表示。客观世界中的物体还会有特定的关系，如继承关系，一名领导会继承员工的所有属性和行为，如薪水、所在部门、上班打卡等，同时还会有自己特有的属性和行为，如期权、审批任务等，这种关系是以原型（Prototype）的方式实现的。

把客观世界的实体转化为代码的形式称为面向对象编程，这个具体将在第 8 章介绍。一般对于带有类型的语言，例如 Java、C♯ 等是使用 class 来表示的，但 JavaScript 是基于原型的（Prototype-Based）面向对象编程语言，所以核心是对象及其中的原型，且面向对象中的继承关系都是通过原型实现的，这与其他面向对象的语言不同。使用原型的方式更加灵活，可以实现比面向对象更广泛的编程模型。

比对象本身更难理解的还有 this 的指向，this 统一用于表示对象本身，但是在不同的作用域、执行上下文甚至不同的函数类型中都有不同的指向，所以有时候很难推导出 this 到底指向的是哪个对象。不过在对这些不同的情况进行分类介绍后，辨认 this 的指向就容易多了。在理解 this 之后，还会介绍之前函数章节略过的 call()、apply() 与 bind() 方法，它们都与 this 有关。

本章将重点介绍对象的定义和使用方法，以及和原型有关的概念，而在第 8 章将介绍 ES6 提供的面向对象的特性。

7.1　创建对象

对象是由一系列的属性（Properties）构成的，而每个属性由属性名和值并以键值对的形式进行定义。创建对象可以直接使用字面值，只需编写一对大括号，然后在里边定义用逗号分隔的多个属性。属性名可以是数字、字符串或符号(Symbol)类型,如果遵守了标识符规范,则属性名可以省略引号;如果不符合标识符规范,例如有特殊字符,则必须使用带引号的字符串形式。属性的值则可以是任何数据类型,属性名和属性值之间使用冒号隔开。例如一个博客文章对象的定义方式,代码如下:

```
//chapter7/object1.js
const blogPost = {
  id: 1,
  title: "JavaScript 教程",
  getSlug: function () {
    return "/post/" + this.title;
  },
  "updated-at": "2020-10-26",
};
```

在对象中定义的函数叫作方法(Method),代表着这个对象可以提供哪些操作和行为,例如 blogPost 对象提供了获取文章链接的 getSlug()方法。方法里的 this 将在稍后的7.8.2 节中介绍。最后一个属性的后边可以有一个尾部逗号,这在 JavaScript 中是合法的,目的是当再有新的属性添加进来时,避免忘掉给之前最后一个属性的后边加上逗号的问题。注意"updated-at"属性使用了双引号,因为-是不合法的字符。

这里可以看到一篇博客文章中的标题、链接和更新时间都在一个 blogPost 对象中表示出来了。id、title 和"updated-at"都是描述这篇博客文章的属性,而 getSlug()则是博客文章的行为,它能够组装指向该篇博客的超链接。通过这样一个整体的对象可以获取一篇博客文章的全部信息,而不是把它们定义成一堆零散的变量,从而导致命名冲突且代码难以维护。

blogPost 对象中的 id 用于数据库中作为唯一的标识,或者作为前端列表展示时的 key,以便于与其他博客文章区分开来。

类似地,可以用对象表示各种各样的实体,例如坐标系中的点、用户信息等,代码如下:

```
const point = { x: 10, y: 20 };
const user = { id: 1, username: "john", "created-at": "2020-08-07"};
```

使用字面值创建对象时还需要注意一点,属性值必须是表达式,不能是语句。如果在全局作用域下定义对象字面值,并在:后边使用了语句,则它整体会被当成一个语句块,里边则不是键值对,而是打了标签的语句,例如下方代码是合法的,程序也不会出错,但是定义的并不是对象,代码如下:

```
{
  a: let b = 2;
}
```

把字面值保存到一个变量中就能更明确地认识这个问题,因为 JavaScript 会提示错误,代码如下:

```
const obj = {
  a: let b = 2;              //语法错误:非法标识符
}
```

7.1.1　简化属性

在 ES6 中,如果属性值使用了变量的值,且属性名和变量一样,则可以直接写上变量名并省略冒号和属性值,例如如果博客文章的标题是从用户输入中获取的,并且保存在 title 变量中,那么在定义 blogPost 对象时,可以直接使用 title 变量名作为属性名,使用 title 的值作为属性值,代码如下:

```
const title = getUserInput();
const blogPost = {
    title,                    //相当于 title: title
  //其他属性
}
```

这种情况也适用于当函数有多个返回值的情况,可以把它们放到一个对象中,而对象中的属性可以直接使用保存了返回值的变量,代码如下:

```
function setup() {
  let name = "Button";
  let onClick = () => { /* 事件处理过程 */ };
  return { name, onClick }
}
```

对于函数类型的属性,也可以省略 function 关键字和冒号,例如 blogPost 中的 getSlug()方法,代码如下:

```
//chapter7/object2.js
const blogPost = {
  getSlug() {
    return "/post/" + this.title;
  },
  //其他属性
}
```

7.1.2　计算属性名

有时,对象在创建的时候,并不知道属性的名字,而是使用变量的值设置的动态属性名,这种情况下可以使用计算属性名(Computed Property Names),这样在创建对象的时候,属性名会根据变量的取值而定。例如假设博客文章对象中有用户自定义的描述信息,使用计算属性名定义的代码如下:

```
//chapter7/computed_property_names1.js
const customProperty = "price";
const customValue = "12.00";

const blogPost = {
  [customProperty]: customValue,
  //其他属性
}
```

这个 blogPost 对象中就有了 price 属性,并且它的值为"12.00"。同样地,方法名也可以动态生成,代码如下:

```
let prop = "a";
const obj = {
  [prop]: 1,
  [`get ${prop.toUpperCase()}`]() {
    return this[prop];
  }
}
```

它最终生成的对象如下:

```
{
  a: 1,
  getA() {
    return this[prop];
  }
}
```

这里属性 a 的名字使用了 prop 变量所定义的值"a",而 getA 方法名则是由字符串"get"加上把 prop 变量值"a"大写之后的结果而生成的。方法里边的 this[prop]则使用了prop 变量值访问自身的属性,7.2 节将介绍使用[]访问对象属性的语法。

对于计算属性,它会在定义的地方立即进行计算并得到属性名,而不是在访问对象属性的时候才去计算,代码如下:

```
let testArr = [];
let obj = {
  [testArr.push(0)]: testArr.push(1),
  [testArr.push(2)]: testArr.push(3),
```

```
  };
  console.log(obj);                    //{ '1': 2, '3': 4 }
```

Array 中的 push 方法会将新元素原地添加到数组中，并返回数组的最新长度，这里可以从结果中看出，属性名和属性值是按照从左到右和从上到下的顺序进行计算的，这就需要注意在开发中，如果计算属性名原地修改了一些数据，则需要考虑会不会影响属性的取值。

7.2　访问与添加对象属性

要访问对象中的属性值，可以使用 . 加上属性名的方式，它会返回该属性所保存的值，或调用该属性所保存的方法。如果访问了不存在的属性，则它会返回 undefined。例如访问 blogPost 对象中的属性，代码如下：

```
//chapter7/object3.js
const blogPost = {
  id: 1,
  title: "JavaScript 教程",
  getSlug: function () {
    return "/post/" + this.title;
  },
  "update-at": "2020-10-26",
};

blogPost.title;                     //"JavaScript 教程"
blogPost.getSlug();                 ///post/JavaScript 教程
blogPost.author;                    //undefined
```

不过，不能使用 . 访问数字类型、以数字开头或有非法字符的属性，要访问它们，需要使用[]语法，就像访问数组元素一样，而对于合法的属性名也可以使用它访问，代码如下：

```
blogPost["update-at"];              //"2020-10-26"
blogPost["title"];                  //"JavaScript 教程"
```

给对象添加属性跟访问属性的语法相同，只需使用等号给属性赋值，例如给 blogPost 加上 author 和 comments 属性，代码如下：

```
blogPost.author = "李明";                            //使用 . 语法
blogPost["comments"] = ["很好", "受教了", "加油"];      //使用 [] 语法
```

需要注意的是，如果在添加属性时属性名与现有的属性名一样，则新的属性值会替换掉已有的属性值。

1. 对象与数组

在这里学到使用[]语法给对象添加属性或访问对象中的属性时,难免会想到它和数组元素的访问和赋值有什么关系。其实数组本身是一种特殊的对象,使用[]语法访问数组中的元素就等同于访问对象中的属性。因为以数字或以数字开头的属性不能直接使用.号访问,所以数组必须使用[]访问其中的元素,代码如下:

```
let obj = {0: "a"};              //普通对象
obj.0;                           //语法错误
obj[0];                          //"a"
let arr = ["a", "b"];
arr.1;                           //语法错误
arr[1];                          //"b"
```

可以看到在对象和数组中,使用.号访问数字类型的属性都是不允许的,需要使用[],但是这里需要注意的是,虽然在[]中直接使用了数字类型的属性名,例如 arr[1],但是它会隐式地转换为字符串类型,因为无论是对象中的属性还是数组中的索引最终都是以字符串的形式存储的,所以下方示例也可以访问对象的属性或数组的元素,代码如下:

```
obj["0"];                        //"a"
arr["1"];                        //"b"
```

要证明不是把字符串转换成了数字,可以使用布尔类型的 true 作为数组的索引进行访问,如果被转换成数字,则 true 应该可以被转换为 1,对于 arr[true]应该也会返回"b",但是事实并非如此,arr[true]会返回 undefined,因为 arr[true]会被转换成 arr["true"]进行访问,而数组中并没有这样的属性或元素。

如果给数组赋值时使用了非数字的索引,则它会作为属性添加到数组对象中,而不是作为元素添加到数组中,代码如下:

```
let books = ["JavaScript", "Java", "Rust"];
books["name"] = "编程语言";              //或使用 books.name = "编程语言"
books;                                   //["JavaScript", "Java", "Rust", name: "编程
                                         //语言"]
```

注意 books 的打印结果,对 name 的打印使用了键值对的形式,这说明 name 被当作对象属性添加到了数组中,在使用 console.log()打印数组时,数组中的元素会在前边进行打印,而数组中的属性则会使用键值对的形式放在元素的后边打印。不过,跟在属性元素后边的属性不会妨碍元素的访问和遍历,示例中数组元素的长度仍然为 3,索引为 0~2,如果需要访问 name 属性,则可以像访问对象属性一样使用.或[],代码如下:

```
books.forEach(book => {console.log(book)});    //JavaScript Java Rust
books.name;                                    //"编程语言"
```

给数组添加属性的这种案例会在介绍正则表达式时遇到,使用 String 中的 match()方法会返回正则表达式匹配的结果数组,数组中的元素是匹配到的字符,而数组中的属性包含了正则表达式的一些信息,例如匹配的索引、原字符串等。

2. Array-like 类数组对象

一个普通对象也可以按数组的方式进行使用,使用数字类型的属性名,再自行维护一个 length 属性,这样就形成了一种类数组(Array-Like)结构,之前在介绍函数时,内部的 arguments 对象就是一个类数组的结构。由于类数组结构本身是一个对象,所以不包含与数组相关的 API,例如 map()、forEach()和 filter()等,但是可以使用 for 循环进行遍历。下方示例展示了如何定义一个类数组结构、访问其中的元素及遍历,代码如下:

```
//chapter7/array_like1.js
let arrLike = { 0: "a", 1: "b", 2: "c", length: 3 };
console.log(arrLike[0]);                        //"a"
for (let i = 0; i < arrLike.length; i++) {
  console.log(arrLike[i]);                      //"a" "b" "c"
}
```

7.3　遍历对象属性

在编写应用程序时,经常需要把对象中的所有属性和值取出来,这时候可以先通过获取对象中的所有属性名,然后通过遍历属性名获取对应的值。

1. Object.keys()

JavaScript 内置的 Object 对象中提供了 keys()方法,用于获取一个对象的所有属性名,它接收一个对象作为参数,返回一个数组,里边保存了参数对象自身所有的属性。这里继续使用之前的博客文章对象来展示它的用法,获取博客文章对象的所有属性,代码如下:

```
//chapter7/iterating_properties1.js
const blogPost = {
  id: 1,
  title: "JavaScript 教程",
  getSlug: function () {
    return "/post/" + this.title;
  },
  author: "李明",
  comments: ["很好", "受教了", "加油"],
  "update-at": "2020-10-26",
};
```

```
console.log(Object.keys(blogPost));
Object.keys(blogPost).forEach((key) => {
  console.log(`${key}: ${blogPost[key]}`);
});
```

输出结果为

```
[ 'id', 'title', 'getSlug', 'author', 'comments', 'update-at' ]
id: 1
title: JavaScript 教程
getSlug: function () {
    return "/post/" + title;
  }
author: 李明
comments: 很好,受教了,加油
update-at: 2020-10-26
```

第一行输出了 Object.keys(blogPost)的值,可以看到对象中的属性名以数组的形式返回了,后面代码遍历了这个数组,并用遍历到的元素作为属性名去对象中获取属性值,并打印出了字符串结果。

2. for...in

除了使用 Object.keys()获取属性外,还可以使用 for...in 循环,它与 for...of 循环的语法类似,在 for 后边的括号中,定义接收属性名的变量,后面使用 in 关键字跟上对象的名字。同样访问 blogPost 中的所有属性,代码如下:

```
//chapter7/iterating_properties2.js
//... 省略 blogPost 定义
for (let key in blogPost) {
  console.log(`${key}: ${blogPost[key]}`);
}
```

输出结果与上例一样。需要注意的是,Object.keys()和 for...in 循环只能获取可枚举(Enumerable)的属性,并且 Object.keys()只能获取对象自身的属性,而 for...in 可以获取继承的属性。关于可枚举和继承稍后再作介绍。

3. Object.getOwnPropertyNames()

最后,使用 Object.getOwnPropertyNames()可以获取对象自身的所有属性,无论是否为可枚举的,它接收要获取的属性的对象作为参数,然后返回属性名数组。不过 Object.getOwnPropertyNames()不能获取 Symbol 类型的属性。下面示例展示了使用 Object.getOwnPropertyNames()遍历 blogPost 对象的方式,代码如下:

```
Object.getOwnPropertyNames(blogPost).forEach(key => {
  console.log(`${key}: ${blogPost[key]}`);
})
```

4. Object.getOwnPropertySymbols()

如果要获取 Symbol 类型的属性,则可以使用 Object.getOwnPropertySymbols(),它接收要获取属性的对象作为参数,然后返回 Symbol 类型的属性名数组,但是不包括普通字符串的属性名,代码如下:

```
const obj = {
  a: 1,
  [Symbol('b')]: 2,
  [Symbol('c')]: 3,
}
Object.getOwnPropertySymbols(obj);          //[Symbol(b), Symbol(c)]
```

7.4 删除对象属性

如果要删除对象中的某个属性,则可以使用 delete 运算符,在 delete 后边使用属性访问语法来指定要删除的属性,删除成功会返回 true,失败则返回 false,代码如下:

```
const obj = { a: 1 };
delete obj.a;               //true
obj.a;                      //undefined
```

上边的示例还可以使用[]形式:delete obj["a"],同样会删除对象中的 a 属性。delete 只能删除对象本身的属性,不能删除继承的属性和设置了 configurable 为 false 的属性,试图删除这些属性时 delete 会返回 false,其他情况则都返回 true,即使是删除不存在的属性。

判断属性是否还存在于对象中,可以使用 in 运算符,in 的左侧为要判断的属性名,右侧是对象的名字,如果该属性存在于该对象,包括继承下来的属性,in 运算符则会返回 true,否则返回 false,例如上边示例中,在删除 a 属性后,可以使用 in 判断 a 是否还存在于 obj 对象中,代码如下:

```
"a" in obj;                 //false
```

另外,因为数组也是对象,所以同样可以使用 delete 删除数组中的元素,该元素会被设置为空白,并且位置会保留,代码如下:

```
const arr = [1, 2, 3];
delete arr[1];              //true
arr;                        //[1, empty, 3]
```

需要注意的是,不能使用 delete 删除使用 var、let、const 定义的变量,也不能删除函数(但对象中的方法可以被删除)。

7.5 getters 和 setters

有时,对象中的属性并不是直接简单地进行赋值或获取,而是需要做一些计算,然后返回或者设置计算后的值,还可能需要在某些情况下,限制属性的访问和赋值,对于这些情况,可以使用 getters 和 setters,它们统称为属性访问器(Property Accessor)。Getters 是用于获取属性值的函数,使用 get 关键字加上属性名(函数名)进行定义,它不接收任何参数,在函数体里返回经过计算后的值,之后就能像访问普通的属性一样,获取它的值了,代码如下:

```javascript
//chapter7/getters_setters1.js
const cart = {
  items: ["商品 1", "商品 2", "商品 3"],
  get total() {
    return this.items.length;
  },
};
cart.total;                    //3
```

上方示例使用 cart 模拟了购物车对象,里边使用数组保存了购物车的商品,然后使用 get 关键字定义了 total()方法,在里边返回了商品数组的长度,this 用于引用对象内部的其他属性,稍后会详细介绍。访问 total 的方式跟普通属性保持一致。不过,这里没有给 total 设置 setters,所以 total 的值是不可变的。如果尝试给 total 赋值则可以发现并不会成功。

setters 则是定义修改属性值的函数,使用 set 关键字加属性名,接收并且仅接收 1 个参数,即要设置的新值。setters 函数没有返回值。例如,下方代码在修改 user 对象中的 _username 属性值时,先判断长度是否大于或等于 5,是则赋值,不是则不作任何操作,代码如下:

```javascript
//chapter7/getters_setters2.js
const user = {
  _username: "",
  set username(value) {
    if (value.length >= 5) {
      this._username = value;
    }
  },
  get username() {
    return this._username;
  },
};
user.username = "testuser";
console.log(user.username);              //testuser
```

一个对象中可以定义多个 getters 和 setters，同一组 get 和 set 定义的函数可以使用相同的名字，这样就能够像普通属性一样设置和访问它们的值了。另外，函数的名字也可以是计算属性，例如，假设定义了变量 x，值为 "prop"，那么可以使用 get[x](){} 来定义名为 prop 的属性。

如果仅仅使用了 get 定义了一个属性，则这个属性就是只读的，如果同时定义了 get 和 set，则这个属性就是可读写的。

7.6 属性描述符

使用普通方式定义的对象属性，可以使用 Object.keys() 和 for...in 循环获取，并且可以使用 delete 运算符删除它们，这对于第三方库所暴露出来的对象来讲，是危险的操作，如果不小心删除了它的属性，或者添加了额外的属性，就很可能导致第三方库不能正常工作，假设某库需要遍历配置对象，默认均为字符串类型的值，但如果此时用户在使用的时候给配置对象添加了一个函数类型的属性，用于自己方便进行一些处理，当第三方库处理配置对象的时候，会把配置项的值作为字符串进行统一处理，且调用了字符串类型内置的方法，这时如果用户传递的函数类型的值并没有字符串类型所提供的 API，就会出现错误。

7.6.1 配置属性描述符

为了避免这种情况，JavaScript 提供了 Object.defineProperty() 方法用于给对象添加属性，并且提供了配置项用于控制该属性是否为可枚举的（Enumerable）、可配置的（Configurable）和可写的（Writable），它们分别用于设置新添加的属性是否可以被遍历、被删除及被重新赋值。这些配置项称为描述符（Descriptor），含义和取值分别为

（1）Enumerable（可枚举的），能够控制新添加的属性是否显示在 for...in 或 Object.keys() 等对属性的访问中，默认值为 false。

（2）Configurable（可配置的），控制属性是否能被删除，或者是否可以修改描述符。默认值为 false。

（3）Writable（可写的），控制属性是否能够重新被赋值。默认值为 false。

Object.defineProperty() 接收 3 个参数，第 1 个是要添加属性的对象，第 2 个是要添加的属性名，可以是字符串、Symbol 或数字，第 3 个是属性的描述符。描述符是一个对象，可以设置 configurable、enumerable、writable 这 3 个描述属性，它还包括一个额外的 value 选项用于给属性添加默认值。如果给某个对象添加了一个不可枚举的、不可配置的且不可写的属性，则它就不会在遍历属性时显示出来，既不能删除也不能重新赋值，代码如下：

```
//chapter7/descriptor1.js
const obj = {};
Object.defineProperty(obj, "a", {
  value: 1,
```

```
  configurable: false,
  enumerable: false,
  writable: false,
});
obj.a;                          //1
obj.a = 2;                      //obj.a 的值仍然为 1
delete obj.a;                   //obj.a 仍然存在且值依旧为 1
Object.keys(obj);               //[],无法遍历出来,for...in 同理
```

代码使用 Object.defineProperty() 给 obj 对象添加了一个 a 属性,将它的值设置为 1,将 configurable、enumerable 和 writable 设置为 false。这样对于 obj 中的 a 属性,它的值既不能改为 2,也不能删除它,还不能通过 Object.keys() 遍历出来。在严格模式下,这些操作都会抛出 TypeError 异常。由于 configurable、enumerable 和 writable 默认值就是 false,所以上边的 Object.defineProperty() 也可以进行简写,代码如下:

```
Object.defineProperty(obj, "a", { value: 1 });
```

上边配置项中的 value 和 writable 属于数值描述符(Data Descriptor),另一种描述符是访问器描述符(Accessor Descriptor),相当于给对象添加 getters 和 setters,代码如下:

```
//chapter7/descriptor2.js
const counter = {
  count: 1,
};
Object.defineProperty(counter, "current", {
  get() {
    return this.count;
  },
  set(value) {
    this.count += value;
  },
});
counter.current;                //1
counter.current = 10;
counter.current;                //10
```

需要注意的是,这里的 get 和 set 是函数的名字,而不是在对象中定义时的关键字。这里把 current 属性设置为了 getters 和 setters 的形式,可以通过它们控制属性值的读写。

数据描述符和访问器描述符只能设置一种,即要么配置 value 和 writable,要么配置 get 和 set,其中 configurable 和 enumerable 配置是两者共用的。如果既没有 value 和 writable,也没有 get 和 set,则默认使用了数据描述符,默认会把 value 设置为 undefined,将 writable 设置为 false。

如果使用 Object.defineProperty() 添加了对象原有的同名属性,则新配置的描述符会

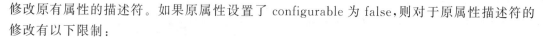

修改原有属性的描述符。如果原属性设置了 configurable 为 false，则对于原属性描述符的修改有以下限制：

（1）能修改 enumerable 和 configurable 的值。

（2）不能把数据描述符改成访问器描述符，或把访问器描述符改为数据描述符。

（3）对于 writable，可以把 true 改成 false，但不能把 false 改为 true。

上述情况均会抛出 TypeError 异常。下方示例展示了当 configurable 为 false 时，修改其他描述符的结果，代码如下：

```javascript
//chapter7/descriptor3.js
const obj = {};
Object.defineProperty(obj, "a", {
  configurable: false,
  enumerable: false,
  writable: true,
});

//TypeError: Cannot redefine property: a
//类型错误:无法重新定义属性 a
Object.defineProperty(obj, "a", {
  configurable: true,
});

//同上
Object.defineProperty(obj, "a", {
  enumerable: true,
});

//正常,可以将 writable 从 true 改为 false
Object.defineProperty(obj, "a", {
  writable: false,
});

//异常,改为 false 后,无法再改成 true
Object.defineProperty(obj, "a", {
  writable: true,
});

//异常,无法把数据描述符改成访问器描述符
Object.defineProperty(obj, "a", {
  get() {
    return 1;
  },
  set(value) {
    this.a = value;
  },
});
```

7.6.2　配置多个属性描述符

Object 对象中还提供 defineProperties()方法用于一次性添加或修改多个属性,它接收 2 个参数,第 1 个是要配置属性描述符的对象,第 2 个是一个对象,属性名为要配置的属性名,值为描述符对象,例如下方示例展示了 Object.defineProperties()的用法,代码如下:

```javascript
const obj = {};
Object.defineProperties(obj, {
    a: {
        enumerable: true,
        writable: true,
    value: 2
    },
    b: {
        enumerable: false,
        configurable: true,
    value: 5
    }
});
```

7.6.3　获取属性描述符

要获取一个属性的描述符,可以使用 Object.getOwnPropertyDescriptor(),它接收 2 个参数,要获取属性描述符的对象和属性的名字,代码如下:

```javascript
let obj = { a: 1 };
Object.defineProperty(obj, "b", {
  value: 2
});
Object.getOwnPropertyDescriptor(obj, "a");
Object.getOwnPropertyDescriptor(obj, "b");
```

输出结果如下:

```javascript
{
  value: 1,
  writable: true,
  enumerable: true,
  configurable: true
}
{
  value: 2,
  writable: false,
  enumerable: false,
  configurable: false
}
```

通过这个示例也能够看到使用字面值定义的对象属性和使用 Object. defineProperty()
定义的属性,它们的默认描述符是不同的。如果要获取对象所有属性的描述符则可以使用
Object. getOwnPropertyDescriptors()方法,它接收一个对象作为参数,然后返回包含它的
所有属性及描述符的对象,例如上例中获取所有属性的描述符可以写成 Object.
getOwnPropertyDescriptors(obj),它返回的结果如下:

```
{
  a: { value: 1, writable: true, enumerable: true, configurable: true }
  b: { value: 2, writable: false, enumerable: false, configurable: false }
}
```

在碰到对象的某个属性值无法修改时,可以通过这两种方法查询该属性是否为
writable。通常第三方库的作者会把一些重要的属性保护起来,在自定义第三方库时,一定
要注意这一点。

7.6.4 不可扩展对象

使用 Object. defineProperty()或 Object. defineProperties()虽然可以设置属性是否可写、可
枚举、可配置,但是不能阻止使用. 号直接给对象添加新的属性,例如 obj. prop= "value",对于
这种情况,Object 对象中还提供了 seal()、freeze()和 preventExtensions()方法,让对象变为不可
扩展的(Inextensible)。

1. Object. seal()

Object. seal()接收一个参数,该参数为将要密封(Seal)的对象,密封之后的对象将不能
添加和删除属性,且现有属性都会设置为不可配置的,即 configurable 为 false,不过现有属
性的值仍然可以修改。如果试图给密封对象添加或删除属性,在严格模式下则会抛出
TypeError 异常,普通模式下则无任何提示,即静默出错。检测一个对象是否为密封的,可
以使用 Object. isSealed()方法,参数为要检测的对象,如果是密封的则返回 true,否则返回
false。下面示例展示了 Object. seal()方法的使用方法和效果,代码如下:

```
//chapter7/seal1.js
const obj = { a: 1};
Object.seal(obj);
Object.isSealed(obj); //true
obj.b = 5;                    //无效
obj.b;                        //undefined
obj.a = 10;
obj.a;                        //10
delete obj.a;
obj.a;                        //10
```

2. Object.freeze()

Object.freeze()与 Object.seal()的作用类似,但是更为严格,对象在冻结(Freeze)之后,除了 configurable 被设置为 false,writable 也被设置成了 false,这样就不能修改现有属性的值了,并且也不能给原型对象添加和删除属性。不过,如果对象中还包括其他子对象,则子对象不会被冻结。

另外,调用 Object.freeze()之后会直接把原对象进行原地冻结,而不是创建一个新的冻结后的对象。检测对象是否为冻结可以使用 Object.isFrozen()方法。数组也可以被冻结,除了不能添加和删除元素,元素的值也不能修改了。

3. Object.preventExtensions()

Object.preventExtensions()则只阻止给对象添加新的属性,但还可以删除现有属性或给属性重新赋值,另外它不能阻止给原型对象添加新属性。检测对象是否可扩展可以使用 Object.isExtensible()方法,对于调用了 Object.preventExtensions()、Object.seal()和 Object.freeze()的对象,该方法都会返回 false。

8min

7.7 原型

JavaScript 是基于原型的编程语言,每个对象除了本身的属性之外还会有一个 __proto__ 属性(两边分别为两个下画线),它指向的是一个对象,称为原型对象(Prototypical Object),每个对象都会继承原型对象中的属性和方法。

通过继承原型,新创建的对象可以直接使用继承下来的属性和方法,从而避免重复定义,达到代码复用的目的。另外新对象中仍然可以添加自己所需要的属性和方法,所有这些继承的和新定义的方法,都可以通过该新对象进行调用。

例如,在使用字面值创建对象时,它的原型对象默认指向的是 JavaScript 内置的 Object 构造函数的原型对象(见 7.8 节构造函数),所以字面值对象都继承了 toString()、valueOf()和 hasOwnProperty()等属性。同时,在创建字面值对象的时候还可以给这个对象添加新的属性和方法。

7.7.1 获取原型对象

要获取一个对象的原型对象,即 __proto__ 属性值,可以使用 Object.getPrototypeOf(),只需给它传递需要获取 prototype 的对象,代码如下:

```
const obj = { a: 1};
Object.getPrototypeOf(obj);
Object.getPrototypeOf(obj) === Object.prototype;
```

输出结果如下：

```
{
    constructor: ƒ Object()
    hasOwnProperty: ƒ hasOwnProperty()
    isPrototypeOf: ƒ isPrototypeOf()
    propertyIsEnumerable: ƒ propertyIsEnumerable()
    toLocaleString: ƒ toLocaleString()
    toString: ƒ toString()
    valueOf: ƒ valueOf()
    __defineGetter__: ƒ __defineGetter__()
    __defineSetter__: ƒ __defineSetter__()
    __lookupGetter__: ƒ __lookupGetter__()
    __lookupSetter__: ƒ __lookupSetter__()
    get __proto__: ƒ __proto__()
    set __proto__: ƒ __proto__()
}
true
```

代码中定义了字面值对象 obj，使用 Object.getPrototypeOf()获取它的原型对象，并打印了出来，可以看到 obj 继承了很多原型对象中的属性和方法，需要注意的是，这里获取的是原型对象，所以不包含 obj 本身的 a 属性。

后面让 obj 的原型对象跟 Object 构造函数的 prototype 属性作了比较，发现它们指向的是同一个对象，所以 obj 的原型对象中的内容，继承自 Object 构造函数的 prototype 属性。

另外需要注意的是，上述代码需要在浏览器执行才能看到 Object 的 prototype 属性，因为 Node.js 环境下，console.log()只打印对象本身可枚举的属性，而不打印继承的属性，所以会返回一个空的对象。

在输出结果中还可以看到 Objcct.prototype 中有__proto__属性的 getters 和 setters，代码如下：

```
get __proto__: ƒ __proto__()
set __proto__: ƒ__proto__()
```

它们也用于获取和修改原型对象，可以直接使用类似 obj.__proto__这样的代码访问和修改原型对象，但是已经不再推荐这样使用了。

7.7.2 原型链

由于对象的原型也是一个对象，它可能也会有自己的原型，直到遇到原型为 null 时，整个原型关系就会结束，这种关系叫作原型链（Prototype Chain），一个对象可以继承整个原型链中所有能被继承的属性。

例如,使用字面值创建的数组,它的原型对象指向的是 Array 构造函数的原型对象,即 Array.prototype 属性值,所以它有 map()、reduce()、concat()和 fill()等方法,而 Array 构造函数的原型对象指向的是 Object 构造函数的原型对象,所以数组中也有 toString()和 valueOf()等方法。最后,Object 构造函数的原型对象就不再指向任何原型对象了,它的值是 null,因此就到了原型链的最顶端。这些可以通过代码来测试,代码如下:

```javascript
//chapter7/prototype1.js
let arr = [1, 2, 3]
let p1 = Object.getPrototypeOf(arr);
p1;                     //[constructor: ƒ, concat: ƒ, copyWithin: ƒ, fill: ƒ, find: ƒ, …]
p1 === Array.prototype;              //true
let p2 = Object.getPrototypeOf(p1);
p2; //{constructor: ƒ, __defineGetter__: ƒ, __defineSetter__: ƒ, …}
p2 === Object.prototype; //true
let p3 = Object.getPrototypeOf(p2);
p3;                      //null
```

代码中定义了一个字面值数组[1,2,3],获取它的原型对象 p1,这个原型对象比较特殊,也是一个数组,里边包含了数组常见的方法,判断它和 Array.prototype 的结果为 true,所以 arr 的原型对象指向的是 Array.prototype。下面又获取了 p1 的原型对象 p2,即 arr 的原型对象的原型对象,可以发现它指向的是 Object.prototype。最后在获取 p2 的原型对象时,返回了 null,这里就到了原型链的顶层。

7.7.3 Object.create()

如果想让一个对象继承其他对象的原型,从而继承其属性,可以使用 Object.create() 方法。它接收一个对象作为参数,然后返回一个新的对象,新对象的原型对象就是这个参数对象。下方示例展示了 Object.create()的用法和效果,代码如下:

```javascript
//chapter7/object_create1.js
const obj = {
  a: 1,
  f() {
    return 5;
  },
};

const newObj = Object.create(obj);
newObj.b = 2;

console.log(newObj.b);                      //2, newObj 自有属性
console.log(newObj.a);                      //1, 继承自原型的属性
console.log(newObj.f());                    //5, 继承自原型的方法
console.log(Object.getPrototypeOf(newObj)); //{a: 1}, 原型对象
```

示例中的 newObj 是以 obj 对象为原型创建的,所以它的 prototype 属性值为 obj 的内容,即{a:1, f(){ return 5; } }。后面又给 newObj 添加了新的属性 b,这样它除了含有 b 属性外,还有继承的 a 和 f 属性。

如果想在定义字面值对象的时候指定原型对象,则可以直接在字面值中使用__proto__属性来覆盖默认的原型对象,代码如下:

```
const obj = { b: 2 };
const obj2 = {
  a: 1,
  "__proto__": obj
};
obj2.a;                       //1
obj2.b;                       //2,继承自 obj 的属性
```

可以看到在使用__proto__给 obj2 设置原型对象之后,它也可以访问 obj 中的属性。需要注意的是,下画线不是合法的对象属性名,所以需要给__proto__加上双引号。

如果使用 Object.create()的时候传递了 null 作为参数,则该对象就是原型链最顶层的原型对象,它不再继承 Object 构造函数中的属性和方法。

7.8 构造函数

7.7 节中讲解了如何使用字面值和 Object.create()创建对象,在 JavaScript 中还有一种创建对象的方法,即使用构造函数(Constructor)。构造函数本身有 prototype 属性,使用构造函数创建的对象,会把__proto__值设置为构造函数的 prototype,因此会继承里边的属性和方法。

7.8.1 定义

构造函数与普通函数的定义方式没有区别,但是为了区分,一般会把构造函数首字母大写。构造函数会返回新创建的对象,但在函数体中不必显式地写上 return 语句。要使用构造函数创建对象,可以使用 new 关键字加上构造函数的名字进行调用,这样就可以返回新创建的对象了。

在介绍数组的时候,已经见过它的构造函数的使用方法了,下方示例展示了自定义的构造函数的定义和使用方法,代码如下:

```
//chapter7/constructor1.js
function Message(message, sender) {
  this.message = message;
  this.sender = sender;
}
```

```
const msg = new Message("你好", "张三");
console.log(msg.message, msg.sender);                //你好 张三
const msg2 = new Message("明天见", "李四");
console.log(msg2.message, msg2.sender);              //明天见 李四
```

示例中定义了一个 Message（消息）构造函数，它接收两个参数，message 消息体和 sender 发送者，在函数体里分别把参数值赋给了 this.message 和 this.sender 这两个变量。this 指向的是未来要创建的对象本身，这样就给对象添加了两个属性，message 和 sender，它们的值分别是构造函数参数中的值，注意这里的属性名不必和参数名相同，不过使用相同的名字可以知道这两个参数是用来给同名的属性进行赋值的。

接下来，使用 new Message()创建了两条消息对象，分别通过参数给它们的 message 和 sender 传递了示例值，在执行构造函数时，this.message＝message 和 this.sender＝sender 里的 this 相当于 msg 或 msg2，可以认为是 msg.message＝message 和 msg.sender＝sender。在通过 console.log()打印对象中的属性时，可以发现成功地访问了 message 和 sender 属性。

通过上方的示例可以看到，构造函数相当于对象的工厂或者图纸，调用它可以创建结构相同但是属性值不同的对象，方便承载不同的数据，并且创建出来的对象都有统一的属性和方法，例如数组对象都有 length 属性和内置的 forEach()、map()及 reduce()等方法，而像现实生活中的造车厂，可以根据某一型号的设计图造出同样的汽车，但是可以改动颜色、配置等参数，构造函数相当于图纸和造车厂。

构造函数有特殊的 prototype 属性，使用构造函数创建出来的对象的 prototype 指向的是构造函数的 prototype。构造函数的 prototype 对象中只有一个 constructor 属性，它的值是构造函数本身，例如 Message 构造函数的 prototype 为｛constructor：＊ƒ Message（message，sender）＊｝。通过给构造函数的 prototype 添加属性或方法，可以使用它创建出来的对象获得新的属性和方法。例如，给 Message 构造函数的 prototype 加上一个 getMessage()方法，那么 msg 和 msg2 对象就都可以调用它了，代码如下：

```
//chapter7/constructor2.js
Message.prototype.getMessage = function () {
  return this.message + " 发自:" + this.sender;
};
console.log(msg.getMessage());                 //你好 发自:张三
console.log(msg2.getMessage());                //明天见 发自:李四
```

这里可以看到 msg 和 msg2 成功地调用了 getMessage()方法。关于这里 this 的指向问题，本节稍后再作介绍。需要注意的是，只有构造函数才可以使用.直接访问 prototype 属性，对象只能通过 Object.getPrototypeOf()访问。

有时，可能会直接把构造函数的 prototype 设置为另一个对象，以便于统一继承某个对

象的属性和方法,代码如下:

```
Message.prototype = {
  msgType: "文本",
  getMessage() {
    return this.message + " 发自:" + this.sender;
  },
};
```

这样做有两个问题:

(1)在修改 Message.prototype 之前所创建的对象,无法访问新的 prototype 中的属性和方法,因为这种写法相当于给 Message.prototype 设置了一个全新的对象,但是以前创建的对象指向的还是原来的 Message.prototype。

(2)Message.prototype 中的 constructor 属性会丢失,一般构造函数的 prototype 中都要有 constructor 属性来指向它本身,这样后续在程序中如果需要知道这个对象是由哪个构造函数创建的,则访问 prototype 中的 constructor 属性即可。

要解决这两个问题,可以在修改完 prototype 之后再创建对象,并且在修改 prototype 时,添加 constructor 属性,把它的值设置为构造函数本身,代码如下:

```
//chapter7/constructor3.js
Message.prototype = {
  constructor: Message,
  //...
};
const msg = new Message("你好", "张三");
const msg2 = new Message("明天见", "李四");
console.log(msg.msgType);                //文本
```

另一种推荐的解决方法是,像之前的示例一样,使用 Message.prototype.getMessage 这种形式,通过给 prototype 对象逐个添加新的属性,这样就能让修改 prototype 之前创建的对象继承新的属性,也能避免 constructor 属性丢失。

使用构造函数创建对象,相当于使用 Object.create(ConstructorFn.prototype)创建对象,再针对创建出来的对象调用构造函数中的代码。

7.8.2 this

▶ 8min

在 JavaScript 中,this 的取值与它所处的上下文(Context)有关,并且在普通和严格模式下也有所不同。在全局作用域上下文中,this 指向的是全局对象,全局对象在浏览器中是 window 对象,在 Node.js 中是当前模块,下方示例展示了全局作用域下的 this 的取值,代码如下:

```
this === window;                    //true, 浏览器环境下
this === module.exports             //true, Node.js 环境下
```

关于不同环境下的全局对象,也可以使用 globalThis 来统一获取,但要注意 Node.js 中的 globalThis 指向的是 global 对象,与上例中全局作用域的 this 指向的 module.exports 不同,在浏览器下 globalThis 指向的对象为 window,与全局作用域 this 所指向的对象相同。

对于在函数上下文中的 this,它的值需要根据函数的调用方式决定。如果是普通的函数,且使用一般的方式进行调用(不使用 new 以构造函数进行调用),则函数体里的 this 指向的都是 globalThis,即 window(浏览器)或 global(Node.js),可以通过下方示例进行验证,代码如下:

```
function func() {
  console.log(this === globalThis);
}
func(); //true
```

而在严格模式下,普通函数中 this 的值为 undefined。

如果以构造函数的方式调用函数,则 this 指向的是新创建的对象,代码如下:

```
function Func() {
  this.a = 5;
}
const obj = new Func();
obj.a;                              //5, obj 即为 Func() 中 this 的指向
```

在对象的方法中,如果方法是使用普通函数定义的,则 this 指向的是当前对象,代码如下:

```
//chapter7/this1.js
const obj = {
  a: 1,
  f() {
    console.log(obj === this);
    console.log(this.a);
  },
};
obj.f(); //true
         //1
```

要判断普通函数中 this 的指向有一个简单直观的方法,即看它调用时左侧的代码,如果左侧没有任何代码,则 this 指向的是全局作用域中的对象,例如 f()。如果为对象,则指向的是这个对象,例如 obj.f(),f() 中的 this 指向的是 obj,又如 obj.inner.f(),f() 中的 this 指向的是 inner 对象。如果函数继承自 prototype,则这个规则也保持一致,哪个对象调用的

这种方法,则它里边的 this 就指向哪个对象,对于 getters 和 setters 所定义的函数也是如此。

如果对象方法是使用箭头函数定义的,则 this 的指向会有所不同。箭头函数中 this 的指向是根据定义时它所在的代码位置决定的,即词法上下文(LexicalContext),this 的取值为包裹箭头函数的作用域中 this 的值。

在上方示例中,如果把 f() 函数改为箭头函数,则它里边的 this 的指向与全局作用域中的 this 的指向一样,即浏览器下为 window,Node. js 下为 module. exports,因为字面值的 obj 是在全局作用域中定义的(定义对象的大括号为对象字面值的语法,并未形成新的块级作用域),包裹 f() 函数的作用域就是全局作用域,代码如下:

```
const obj = {
  f: () => { console.log(this) }
}
obj.f();                    //Window
```

如果在构造函数中使用箭头函数,则箭头函数的 this 就是构造函数中的 this,即指向创建的对象,代码如下:

```
//chapter7/this2.js
function Func() {
  const init = () => {
    this.a = 5;
  };
  init();
}
const obj = new Func();
obj.a;                      //5
```

一般在对象中使用普通函数作为对象的方法,这样可以保留 this 的指向,但是有些特殊情况使用箭头函数会更合适,先来看一个例子,这个例子并不是真实的事件处理方式,不过可以解释 this 在回调函数中的问题,代码如下:

```
//chapter7/this3.js
function Button(label) {
  this.label = label;
  this.handleClick = function () {
    console.log(this.label);
  };
}
//模拟触发单击事件
function emitClick(callback) {
  callback();
}
```

```
const btn = new Button("按钮");
emitClick(btn.handleClick); //undefined
```

代码中首先定义了 Button 构造函数,代表一个按钮组件,它有 label 属性和处理单击事件的方法 handleClick(),方法里边简单地打印出来了按钮的 label 属性值。emitClick() 函数简单地模拟了单击事件的触发,它接收一个回调函数,用于在单击事件触发后要执行的业务逻辑。接下来创建了按钮组件的实例,并触发了单击事件,把按钮中的 handleClick() 传递给了 emitClick,这样就会执行它里边的代码。

看起来应该是打印出 label 属性的值:"按钮",但是结果却是 undefined。这是因为 handleClick() 在传递给 emitClick() 的时候,this 的指向已经发生了变化。可以看到在 emitClick() 中调用 callback() 时,也就是 Button 中的 handleClick(),左边没有任何东西,那么此时 this 指向的是全局对象,它里边没有 label 属性,所以打印出了 undefined。

要解决这个问题有 3 种方法,第 1 种解决方法是在 Button 构造函数中,把 this 的值保存到一个变量中,通常使用 self 作为变量名表示对象本身,然后在 handleClick() 中引用,代码如下:

```
function Button(label) {
  this.label = label;
  var self = this;
  this.handleClick = function () {
    console.log(self.label);
  };
}
```

这时,Button 构造函数和 handleClick() 形成了一个闭包,handleClick() 可以捕获 self 变量的值,后边无论在哪里调用,都可以访问它所指向的对象中的属性了。

第 2 种解决方法是使用箭头函数,代码如下:

```
this.handleClick = () => {
  console.log(this.label);
};
```

因为箭头函数中的 this 是根据箭头函数定义时的位置决定的,所以使用箭头函数定义 handleClick() 时,this 已经确定为构造函数 Button 的 this,所以最后成功地访问了 label 属性。

第 3 种解决方法是使用函数对象中的 bind() 方法,关于它的用法即将在 7.10 节介绍,使用 bind() 可以给函数绑定运行时的 this,并返回新的函数,这样在后边调用这个新函数时,它的 this 就是使用 bind() 所绑定的 this,例如将 handleClick() 修改为使用 bind(),代码如下:

```
this.handleClick = function () { console.log(this.label) }.bind(this);
//或者这样更清楚一些
//this.handleClick = function () { console.log(this.label) }
//this.handleClick = this.handleClick.bind(this)
```

bind()参数中的 this 就是给 handleClick()绑定的 this,由于是在 Button 构造函数中,所以 this 指向的是 Button 构造函数中的 this,这样也能打印出 label 属性的值。

这3种解决方法可以任选其一,不过使用箭头函数的方式更为简洁清晰。

7.9　toString()和 valueOf()

由于绝大多数对象的原型链中继承 Object. prototype 原型对象(除非手动改变prototype),所以它们都包含 Object. prototype 中的属性和方法,而 toString()和 valueOf()是比较重要的两个。toString()用于在需要字符串的地方,按方法内部的逻辑把对象转换成字符串,而 valueOf()则用于在需要基本类型的地方,把对象按逻辑转换为基本类型。

toString()一般需要被覆盖,因为 Object. prototype 中的 toString()只是单纯地返回[object Object],没有实际意义,通过覆盖 toString()方法,在里边返回自定义的字符串,可以让它具有实际意义。下方示例展示了覆盖 toString()的方法,代码如下:

```
//chapter7/toString1.js
const obj = {
  a: 1,
  b: 2,
  toString() {
    return `a = ${this.a}, b = ${this.b}`;
  },
};
obj.toString();              //a = 1, b = 2
"对象字符串为" + obj;        //对象字符串为 a = 1, b = 2
```

上述代码中的 obj 在最后隐式地转换成了字符串,并调用了 toString()方法生成了自定义的字符串。

valueOf()默认只会返回对象本身,它也需要通过覆盖来返回有意义的值。例如在上例的 obj 中,使用 valueOf()返回 a+b 的数字基本类型的结果,代码如下:

```
//chapter7/valueOf1.js
const obj = {
  a: 1,
  b: 2,
  valueOf() {
```

```
    return this.a + this.b;
  },
};
obj.valueOf(); //3
+ obj;              //3
obj - 2;            //1
```

注意：示例中的+obj同样返回了 valueOf()的结果，因为一元加可以把非数字类型的值转换为数字类型，而在最后一行 obj−2 中，减法也需要操作数是数字类型，所以 obj 就调用了 valueOf()方法隐式地转换成了数字。

7.10 call()、apply()与 bind()

10min

JavaScript 中的函数也是对象，相当于调用了 Function()构造函数所创建的对象，所以每个函数都继承了 Function.prototype 对象中的属性和方法，其中有 3 个重要的方法：call()、apply()和 bind()，这 3 种方法与 this 有关系，因此移到了本章进行介绍。

7.10.1 call()

函数中的 call()方法用于调用该函数，它接收两个参数，第 1 个用于设置函数内部 this 的指向，第 2 个参数是一个变长参数，接收多个逗号分隔的参数并传递给原函数。例如使用 call()改变 this 指向，代码如下：

```
//chapter7/call1.js
function sum(prop1, prop2) {
  return this[prop1] + this[prop2];
}
const obj = { a: 1, b: 2 };
const result = sum.call(obj, "a", "b");
result;              //3
```

示例中首先定义了普通函数 sum()，它用于给对象中的两个属性进行求和，两个参数为进行求和计算的属性名，因为属性名是使用变量动态表示的，所以这里使用了[]访问对象中的属性。如果直接调用该函数 sum("a","b")，则会返回 NaN，因为这样调用函数，里边的 this 指向的是全局对象，而全局对象中并没有 a 和 b 这两个属性，所以其结果是两个 undefined 相加。后面定义了 obj 对象，里边有 a 和 b 属性，然后通过调用 sum()原型对象中的 call()方法，把 obj 作为函数的 this 传递进去，这样就能成功地访问这两个属性，然后返回了正确的结果 3。

使用 call()方法还可以实现链式调用构造函数。假如有两个构造函数，它们有同样的初始化代码，那么可以把它们抽离成一个公共的构造函数，再在这两个构造函数中通过 call()来调用这个公共的构造函数,call()中的 this 分别设置为两个构造函数的 this,这样它们还是指向各自新创建的对象。

例如有两个创建消息对象的构造函数,一个用于创建文本消息,另一个用于创建表情消息,它们都有 message 消息内容和 sender 发送者属性,但是有不同的 msgType 消息类别属性,用于区分消息,此时就可以把初始化 message 和 sender 的代码抽离成公共的构造函数,然后各自初始化 msgType,代码如下:

```
//chapter7/call2.js
function Message(message, sender) {
  this.message = message;
  this.sender = sender;
}

function TextMessage(message, sender) {
  Message.call(this, message, sender);
  this.msgType = "文本消息";
}

function EmojMessage(message, sender) {
  Message.call(this, message, sender);
  this.msgType = "表情消息";
}

const txtMsg = new TextMessage("你好", "张三");
const emjMsg = new EmojMessage("□", "李四");

console.log(txtMsg.message, txtMsg.msgType);        //你好 文本消息
console.log(emjMsg.message, emjMsg.msgType);        //□表情消息
```

可以看到,Message()构造函数中的 message 和 sender 属性,以及 TextMessage()和 EmojMessage()构造函数中的 msgType 属性都正确地赋给了新创建的对象。

7.10.2 apply()

apply()方法与 call()方法的作用几乎一模一样,但是 apply()的第 2 个参数接收的是一个数组,而不是变长参数,通过这个特性,可以把接收多个参数的函数转换成使用一个数组接收参数的函数。例如,数组中的 push()方法接收多个参数,把这些参数作为新的元素追加到数组中,此时就可以使用 apply()方法,把一个数组追加到当前数组中,代码如下:

```
//chapter7/apply1.js
const arr1 = [1, 2, 3];
const arr2 = [4, 5, 6];
```

```
arr1.push.apply(arr1, arr2);
arr1;                  //[ 1, 2, 3, 4, 5, 6 ]
```

在 ES6 中，还可以使用 spread 扩展运算符进行同样的操作：arr1.push(...arr2)，不过在一些旧的 JavaScript 的代码中，还是可以看到很多使用 apply()的方式，这里只需知道它的用法就可以了，其他的应用场景跟 call()保持一致。

另外在学习 Array-like 类数组的结构时，应知道它不能直接使用数组中的方法，因为它与数组对象本身没有继承关系，但是通过 apply()或 call()可以间接地调用数组中的方法。例如使用数组中的 push()方法还可以给类数组结构添加新元素，而且更重要的是，它还能自动增长类数组中的 length 属性的值，代码如下：

```
let arrLike = {0: "a", 1: "b", 2: "c", length: 3};
Array.prototype.push.apply(arrLike, ["d", "e", "f"]);
arrLike;          //{0: "a", 1: "b", 2: "c", 3: "d", 4: "e", 5: "f", length: 6}
```

同理，pop()也可以在类数组结构中用于删除它里边的属性，并自动减少 length 属性的值。其他的方法例如 forEach()、map()等也可以如此调用，下方示例演示了如何使用 forEach()遍历类数组结构，因为这里只给 forEach()传递了一个回调函数作为参数，所以下例使用 call()来演示它的用法，代码如下：

```
let arrLike = {0: "a", 1: "b", 2: "c", length: 3};
Array.prototype.forEach.call(arrLike, v => console.log(v));
```

输出结果为

```
a
b
c
```

使用数组中的 slice()方法还能把类数组转换为普通数组的形式，只需忽略 slice()方法的参数，这种使用方法在 rest 运算符出现以前非常普遍，用于把函数中的 arguments 类数组结构转换为数组，然后就可以使用数组中的方法来操作参数了，代码如下：

```
function f(){
    const args = Array.prototype.slice.apply(arguments);
    args.forEach(arg => {
      console.log(arg);
    })
}
f(1, 2, 3);
```

输出结果如下：

```
1
2
3
```

其他的方法，例如 shift()、unshift()、reverse()、includes()等，也都可以使用 call()或 apply()应用到类数组对象中。

7.10.3 bind()

bind()与 call()类似，用于给函数绑定 this，并通过变长参数给函数传递参数，不同之处在于，使用 bind()会创建并返回一个新的函数，这个函数并不会立即被执行，而是需要在合适的地方进行调用。下方示例展示了使用 bind()给函数绑定 this 指向的过程，代码如下：

```
//chapter7/bind1.js
const obj = {
  a: 1,
  f(b) {
    return this.a + b;
  },
};

const f = obj.f;
console.log(f(10));              //NaN
const boundF = f.bind(obj);
console.log(boundF(10));         //11
```

代码中使用常量 f 保存了 obj 对象中的 f()方法的引用，直接调用它会丢失 this 对 obj 的指向，所以 f 中的 this.a 会变成 undefined，其结果就成了 NaN，按之前判断 this 的原则，在调用 f(10)时，左侧没有内容，因为它的 this 指向的就是全局对象，而全局对象里并没有 a 这个变量。后面使用了 bind()方法，把 obj 作为 this 绑定到了 f()函数中，之后再调用它就可以访问 obj 中 a 属性的值了。

在这个例子中，可以看到并没有使用 bind()给 f()传递参数，这样后边再调用的时候需要手动传递参数。不过，也可以在使用 bind()的时候给函数传递参数，除了传递全部参数之外，还可以只传递一部分参数，后续参数在调用的时候再进行传递，这种使用 bind()传递了部分参数的函数称为部分传递参数函数（Partially Applied Function）。

例如，假设有一个构建文件路径字符串的函数，接收目录和文件名两个参数，如果目录是确定的，则可以使用 bind()把目录参数确定好，然后在返回的新函数中传递文件名参数，代码如下：

```
//chapter/bind2.js
function buildPath(dir, fileName) {
  return `${dir}/${fileName}`;
}
const usr = buildPath.bind(null, "/usr");
console.log(usr("image.jpg"));          ///usr/image.jpg
```

这种用法和柯里化类似,只是柯里化需要在函数内部返回一系列接收 1 个参数的子函数,并且可以捕获内部的状态,而使用 bind()则只能保存参数,且只有在最后调用新创建的函数时,函数中的代码才会被执行。不过,利用 bind()和 apply()可以把任何一个函数转换为柯里化的形式,代码如下:

```
//chapter7/bind3.js
function curry(func) {
  return function _curry(...args) {
    if (args.length >= func.length) {
      return func.apply(null, args);
    } else {
      return _curry.bind(null, ...args);
    }
  };
}
```

curry()接收一个函数作为参数,并返回柯里化后的新函数,新函数的执行过程如下:

(1) 如果接收的参数数量大于或等于原函数中参数的数量,即参数已经传递完毕,则直接返回最后执行的结果。

(2) 如果数量小于原函数中参数的数量,则使用 bind()创建一个新函数,并加上新传递的参数。

(3) 重复第(1)步。

代码中的 func.length 用于获取函数参数的数量,因为函数本身也是对象,它内部有这个属性。在使用返回的新函数时,能够以完全柯里化的形式调用,也能以部分柯里化的方式调用,代码如下:

```
//chapter7/bind3.js
function add(a, b, c) {
  return a + b + c;
}

const addCurry = curry(add);

console.log(addCurry(2)(4)(10));        //16
console.log(addCurry(1, 3)(6));         //10
console.log(addCurry(4)(5, 7));         //16
```

7.11　对象复制

在使用 JavaScript 编程时,经常有将一个对象的属性复制(Copy)到另一个对象的需求,例如返回新的状态,合并配置项等。第 1 种方式可以使用 Object 中的 assign()方法,它接收两个参数,第 1 个参数是目标对象,即要将属性复制到哪个对象,第 2 个参数是个变长参数,接收多个源对象,即从哪些对象中复制属性。该方法会原地修改并返回目标对象。下方示例展示了 Object.assign()的基本使用方法,代码如下:

```
const obj1 = {a: 1};
const obj2 = {b: 2};
Object.assign(obj1, obj2);
obj1;                              //{a: 1, b: 2}
```

可以看到将 obj2 中的属性复制到了 obj1 中。这里需要注意的是:

(1) Object.assign()只会复制源对象中自有的且可枚举的属性,不会复制原型链中的属性。

(2) 如果有同名的属性,则源对象的属性值会覆盖目标对象的属性值。

(3) 如果源对象中有 getters,则会复制 getters 所返回的结果,而不是 getters 本身。例如：Object.assign({}, {get a(){ return 10;} })会返回 {a:10}。

(4) 如果目标对象中有 setters,当源对象有同名的属性时,则会把属性的值传递给 setters 作为参数并调用,而不是覆盖 setters。例如：Object.assign({a:1, set c(v){this.a+=v}},{c: 5})会返回 {a: 6},即调用 c(v)把 a 加上 5 之后的值。

如果不想原地修改目标对象,则可以把第 1 个参数改为空对象作为目标对象,把原目标对象作为源对象进行复制,代码如下:

```
const obj1 = {a: 1};
const obj2 = {b: 2};
Object.assign({}, obj1, obj2);          //{a: 1, b: 2}
```

这种形式也可以改为使用扩展运算符,在 ES2018 及以后,扩展运算符...增加了对对象字面值的支持,在后面加上对象的名字就可以把对象的属性都拆解出来,上方示例的 Object.assign()可以改成下面这种形式,代码如下:

```
const obj = {...obj1, ...obj2};
obj;                              //{a: 1, b: 2}
```

代码中的大括号用于定义新的对象,它里边的属性是 obj1 和 obj2 的并集,如果有同名的属性,则后面对象中的会覆盖前边的。新对象中还可以定义自己的属性,例如：const obj = {...obj1，...obj2，c：3}。要注意与 Object.assign()不同的是，如果前边对象中有 setters 且与后边对象同名的普通属性，则它不会执行 setters 方法，而是直接把它覆盖掉，代码如下：

```
const obj1 = { a: 1, set c(v) { this.a += v }};
const obj2 = {...obj1, ...{c: 5}};
obj2;                  //{a: 1, c: 5}
```

Object.assign()和扩展运算符只能进行浅复制(Shallow Cloning)，如果对象中包含其他对象类型的属性(例如对象、数组、函数等)，则只会复制它们的引用。如果在新对象中修改这些引用类型的值，则会引起原对象中对应属性值的改变。要实现深复制(Deep Cloning)可以利用 JSON 内置对象或者使用递归的方式进行复制。

7.12　解构赋值与 rest 运算符(对象)

跟数组一样，对象也支持解构赋值和 rest(剩余)运算符。解构赋值可以用于把对象中的属性拆解出来并同时赋给多个变量，只需要在=赋值语句左侧使用{}，并且在里边写上要拆解的属性名，以及与原对象中的属性名保持一致，再在右边写上要解构的对象，代码如下：

```
const obj = {a: 1, b: 2};
const {a, b} = obj;
a;                 //1
b;                 //2
```

如果为了防止因为对象属性不存在而发生错误，则可以在解构赋值的同时给属性设置默认值，当属性不存在或值为 undefined 时，就会取默认值，这里需要注意当属性值为 null 时，默认值并不会起作用。设置默认值的语法跟数组解构赋值中的一样，在属性名后边使用=，代码如下：

```
const {a, b = 2, c} = {a: 1, c: null};
a;                 //1
b;                 //2
c;                 //null
```

当解构出来的属性名和已有的变量名同名时，或者当想给属性重命名时，可以在解构赋值语句中，在属性名的后边使用：加上新属性的名字实现，代码如下：

```
const { a: id } = { a: 1};
id;                 //1
```

解构赋值也可以同时对数组和对象进行操作，用于拆解复杂的对象，支持嵌套。假设有一个 post 对象保存了博客信息，其 id、title 和 comments 属性分别保存了博客的 ID、标题和评论。comments 是一个数组，里边保存了对该博客的 2 条评论信息，每条评论又是一个对象，包括 id、content 评论内容和 user 评论人信息，而 user 又是一个对象，此对象包括 id 和 name 名字信息，代码如下：

```javascript
//chapter7/da_rest1.js
const post = {
  id: 1,
  title: "如何学好 JavaScript",
  comments: [
    {
      id: 1,
      content: "好!",
      user: {
        id: 10,
        name: "张三",
      },
    },
    {
      id: 2,
      content: "Very good!",
      user: {
        id: 11,
        name: "李四",
      },
    },
  ],
};
```

如果要获取博客的标题、第 2 条评论的内容及评论人的名字，则实现代码如下：

```javascript
//chapter7/da_rest1.js
const {
  title,
  comments: [, { content: comment2Content, user: { name }}]
} = post;
title;                 //如何学好 JavaScript
comment2Content; //Very good!
name;                  //李四
```

这里获取了 post 中的 title 属性并赋值给 title 变量，然后获取了 comments 属性，忽略了第 1 个元素，在第 2 个元素所指向的对象中，又取出了 content 属性并重新命名为 comment2Content，最后取出 user 属性，并获取了它里边的 name 属性，即评论人的名字，这样就获取了博客的标题、第 2 条评论的内容和评论人的名字。

如果在解构赋值完部分属性后,还想获得剩余的属性所构成的子对象,则可以在解构赋值语句的最后使用 rest(剩余)运算符...,加上自定义的子对象的名字,这样就可以得到除去参与解构赋值的属性之外的属性所形成的子对象,代码如下:

```
const obj = {a: 1, b: 2, c: 3};
const {a, ...rest} = obj;
rest;                    //{b: 2, c: 3}
```

解构赋值和 rest 运算符也可以用于函数的参数中,它可以实现可选参数、默认参数和变长参数的效果,只需让函数接收一个对象作为参数,当然函数也可以同时包含其他参数。假设有一个函数,接收了一个配置项对象作为参数,host 和 port 有默认值,剩余的参数整体传递给下一个函数进行处理,代码如下:

```
//chapter7/da_rest2.js
function init({ host = "localhost", port = 3000, ...rest }) {
  console.log(host, port);
  next(rest);
}
function next(params) {
  console.log(params);
}

init({ host: "example.com", username: "johnsmith" });
```

输出结果如下:

```
example.com 3000
{ username: 'johnsmith' }
```

init()原本接收一个对象,在解构赋值语法出现以前,需要使用这样的语法:init(options),然后通过 options 去访问 host 和 port 属性,例如 options.host,如果没有值则需要使用 if/else 进行判断。有了解构赋值之后就可以直接把对象解构出来,并设置默认值,或者使用别名,而在给 init()函数传递参数时,只需传递一个对象,属性名跟函数解构赋值语句中的属性名保持一致就可以了,顺序则可以自由调整。

7.13 with 语句

JavaScript 中有一个特殊的 with 语句,可以指定一个对象,在 with 语句块中,可以直接访问对象中的属性,无须反复使用对象名加.号访问,不过这个语句已经被标记为过时了,并且无法在严格模式下使用,本节将介绍一下它的基本用法和替代语法。

with 语句的结构如下:

```
with (obj) {
  //语句
}
```

在 with 后边的小括号中接收一个对象作为参数,在{ }中的代码可以直接访问它的属性,假如有一个员工对象,里边包含员工姓名和部门子对象,部门子对象中有部门名称和部门经理,代码如下:

```
//chapter7/with1.js
let emp = {
  name: "张三",
  dept: {
    name: "信息技术部",
    manager: "李四",
  },
};
```

如果要访问 emp 中的 name 属性和 dept 中的 name 属性,使用普通方式编写的代码如下:

```
emp.name;
emp.dept.name;
```

使用 with 语句编写的代码如下:

```
//chapter7/with1.js
with (emp) {
  console.log(name);          //张三
  console.log(dept.name);     //信息技术部
}
```

这里把 emp 传递给 with 之后,在后边的代码中可以省略 emp.,进而可以直接访问 emp 中的属性和嵌套的属性。如果只想访问 dept 中的属性,则可以把 emp.dept 这个对象传递给 with 作为参数,代码如下:

```
//chapter7/with1.js
with (emp.dept) {
  console.log(name);          //信息技术部
  console.log(manager);       //李四
}
```

可以看到代码可以省略重复编写 emp.dept.,即可以直接访问 dept 中的 name 和 manager 属性。

使用 with 语句会造成代码不易阅读,例如当语句块中访问的属性不存于 with 的参数对象中时,会到上一层作用域寻找,这时就不容易分清是不是访问了对象中的属性,另外这种寻找也会影响性能。对于 with 的替代语法,可以把中间对象保存到一个临时变量中再访问,以减少重复,代码如下:

```javascript
//chapter7/with1.js
const dept = emp.dept;
console.log(dept.name);            //信息技术部
console.log(dept.manager);         //李四
```

或者使用解构赋值,可以进一步省略对象的重复引用,代码如下:

```javascript
//chapter7/with1.js
const { name: empName } = emp;
const { name: deptName, manager } = emp.dept;

console.log(empName);              //张三
console.log(deptName);             //信息技术部
console.log(manager);              //李四
```

7.14　值传递与引用传递

当对象作为函数参数时,传递是按引用(By Reference)进行传递的。对象在内存中创建好之后,会产生指向该内存地址的引用,然后保存在变量中,当使用赋值语句或传递参数时,只是把引用传递给了新的变量,这两个变量指向的还是同一个对象,任何一方修改对象的内容都会引起另一方的改变,对象、函数、数组等都是按引用传递的,因为它们本质都是对象,而基本类型是按值(By Value)进行传递的,在使用赋值语句或传递参数时,则会复制当前值并形成新的副本,这样的值是独立的,修改一方不会影响另一方。下方示例展示了按引用和按值传递的区别,代码如下:

```javascript
//chapter7/byvalue_byref1.js
//按值传递
function byValue(x) {
  x = 10;
}
let x = 5;
byValue(x);
console.log(x);                    //5

//按引用传递
function byRef(obj) {
```

```
    obj.x = 12;
}
const obj = {
    x: 8,
};
byRef(obj);
console.log(obj.x);                //12
```

为了避免按引用传递的对象被修改，可以在复制之后对新的对象进行操作。

7.15　小结

对象是 JavaScript 的重点和难点部分，它能承载的数据多种多样，几乎可以是任何内置或自定义的数据类型，并且还能够继承原型中的属性、对属性设置描述符和添加 getters 和 setters 访问器等。本章的重点内容有以下几点：

（1）如何使用字面值、Object.create() 和构造函数创建对象，以及它们之间的区别。

（2）使用简化形式的对象属性及动态属性名。

（3）getters 和 setters 的定义和使用。

（4）使用属性描述符控制属性的可见性、只读与否、是否可配置等信息。

（5）原型对象、继承和原型链的概念与作用。

（6）this 在不同作用域、不同函数及调用方式中的指向，以及如何更改函数的 this 绑定。

（7）解构赋值、扩展和 rest 运算符的用法。

第 8 章

面向对象基础

JavaScript 在 ES6 以后增加了面向对象的语法风格，它并不是在底层新增了全新的编程模型，而是在原型的基础上，以语法糖（Syntactic Sugar）的形式让代码编写起来更像是面向对象的编程风格，所谓的语法糖就是用更友好、更直观的新语法编写代码，但最终还是会转换为原本支持的形式。使用原型的方式也能实现面向对象的概念，只不过不如 class 语法简单易读。

如果没有面向对象语言的基础，则建议把这一章当作全新的知识来学习，不要和原型相关的概念（例如原型对象、原型链）作对比，这样容易造成混淆。本章会给出一些面向对象语法的原型形式，这些可以在掌握面向对象的概念之后回过头来再看一遍。

现在，先了解一下面向对象的基础，这样有助于理解本章内容及面向对象的代码。

8.1 简介

面向对象编程是把客观世界的实体转换为代码进行表示的过程，只关注实体必要的属性和行为，忽略不相关的部分，这样更符合人的思维逻辑，所编写的代码更清晰，理解起来也更加简单。例如一个员工管理系统，它面向的对象虽然是人，但是只关注人作为员工时的一些基本信息，如：姓名、出生年月、入职时间、薪水情况等，还有行为，如：上班打卡、请假、升职等，它不会关注学号、班级、上课等学生信息和行为。员工管理系统所关注的这些信息和行为是每个员工共有的属性，可以把员工称为类（Class），它是抽象的，即不单指具体的某一个员工，若说张三在这个公司就职，则张三这个员工是具体的，可以称为实例（Instance）或实例对象，这样它的员工信息和上班打卡行为等才有实际意义。

再例如一个抽象的例子，假设某个网页中有个按钮组件，它有标签（Label）、背景、大小属性，以及单击事件和渲染 HTML 标签的行为，这时可以定义一个 Button 类，代表该按钮，里边包括上边描述的所有属性和行为，通过这个按钮类可以创建出多个不同的按钮实例，它们都有相同的属性和行为，只不过每个按钮的背景、大小和单击处理方式可以相同也可以不同，这就是每个实例自己要管理的事情了。

面向对象编程有 4 个特征：封装、抽象、继承和多态：

（1）封装（Encapsulation）指的是对象中的属性和行为对外都是不可见的，只能通过暴露给外部的公开的接口进行修改。

（2）抽象（Abstraction）指的是对象中的行为、属性等的实现细节是不可见的，使用这个对象只需调用公开的方法，无须知道方法具体做了什么。

（3）继承（Inheritance）指的是对象通过继承其他对象，可以获得继承下来的属性和行为，并且可以覆盖它们或者定义新的。

（4）多态（Polymorphism）本质指一个事物有多种状态，在面向对象编程中，多态指在创建对象的时候，无须知道具体由哪个子类创建的，通过继承关系可以明确知道它有哪些属性和方法，即使它们具体的实现各不相同。

这些概念和特征看起来比较抽象，通过阅读后面的内容及示例可以逐渐理解它们。

8.2 创建类

接下来，使用员工类作为例子来看一下如何在 JavaScript 创建类。员工类应该是在员工管理系统中最核心的部分。当一个新的员工入职时，需要把与该员工相关的信息录入管理系统中，至于需要哪些信息，这就需要根据 HR（人力资源）专员的需求来定了，假设这里只需员工姓名和所在部门名称信息。另外每个员工上班时都需要打卡，如果有事情需要请假，则也需要给员工添加打卡和请假的行为，这些行为会把相关信息记录到管理系统中，以便于进行统计。现在就来创建一个这样的员工类。

在 JavaScript 中，创建类使用 class 关键字，后面加上自定义的类名，类名需要遵守标识符命名规范，首字母按照类名的命名原则需要大写，类名后面使用一对大括号，在里边编写类中的代码。例如定义一个员工（Employee）类，代码如下：

```
class Employ {}
```

类的定义也可以是表达式形式，所以可以作为变量、函数参数的值及函数的返回值。例如使用变量保存类的表达式，代码如下：

```
const Employee = class {}
```

8.2.1 定义构造函数

在简介中已知道，员工类只是代表着抽象的员工概念，如果要对应到具体的一个员工，则需要把类进行实例化，这时需要给类添加构造函数。构造函数用于创建类的实例，在构造函数中可以指定要关注哪些属性，例如员工的姓名和所在部门，当然这两个属性只是简单的示例，在真实的项目中会关注更多的属性。

在类中定义构造函数与普通构造函数有所区别，类中的构造函数没有名字，而是使用固定的 constructor 关键字，例如定义 Employee 类的构造函数，代码如下：

```
//chapter8/constructor1.js
class Employee {
    constructor(name, dept) {
        this.name = name;
        this.dept = dept
    }
}
```

Employee 类的构造函数接收两个参数，name 姓名和 dept 所在部门，之后在函数体中，使用 this 给员工类添加了属性，并使用参数中的值进行初始化，这些属性在使用该类创建的员工对象中都可以访问和修改。如果在定义 class 的时候没有提供构造函数，则 JavaScript 会自动生成一个没有参数的构造函数作为默认的构造函数，虽然可以保证能够创建对象，但是里边就没有任何属性了。

对应原型的实现方式，上边的写法就相当于 JavaScript 的普通构造函数，代码如下：

```
function Employee(name, dept) {
    this.name = name;
    this.dept = dept
}
```

8.2.2　实例化对象

在定义完构造函数之后，就可以创建对象了，在面向对象的编程范式中，创建对象的过程叫作实例化（Instantiate），实例化后的对象称为实例对象（Instance Object），或者称为实例（Instance），代表通过类所创建出来的具体的实例。

在 8.2.1 节的构造函数中，给员工类添加了 name 和 dept 两个属性，这些属性也称为实例变量（Instance Variable），实例变量在实例中都是独立的，不会互相影响，与之相似的还有类变量（Class Variable），它是定义在类中的，所有的实例共享类变量的值，这个将在 8.6 节再作介绍。

实例化的过程与使用普通构造函数创建对象的方法类似，使用 new 关键字，后面加上类名，后边的类名实际上调用了类中的 constructor() 构造函数，在里边同样需要传递构造函数所需要的参数，例如实例化一个员工对象，并且访问它的实例变量，代码如下：

```
const emp = new Employee("张三", "软件开发部");
emp.name;              //"张三"
emp.dept;              //"软件开发部"
```

这样,就创建出来了一个具体的员工对象,可以明确知道该员工的名字为张三,所在部门为软件开发部。通过 Employee 类创建出来的实例自动包含了构造函数中定义的属性,并且在调用构造函数时将传递的参数也分别赋值到对应的属性中了。如果要修改实例变量的值,也跟修改普通对象中的一样,使用=加上要赋的新值即可,例如 emp. name="李四"。

这里的 emp 对象,跟使用原型方式定义的普通构造函数所创建出来的对象没什么区别,使用方式也一样。同样地,使用类实例化的对象也会把 prototype 设置为 Employee 类的 prototype,因为本质上 Employee 类也是构造函数,所以使用代码 Object. getPrototypeOf(emp)===Employee. prototype 的判断结果为 true。

8.2.3 添加行为

面向对象中的行为在代码中是以方法的形式呈现的,代表着对象中有哪些可以执行的操作。在类中定义方法与在使用字面值创建的对象中定义的方式一样,使用简写的形式,即方法名+参数列表+大括号,不过方法之间不使用逗号进行分隔,例如给 Employee 类添加打卡和请假两种方法(省略构造函数的定义),代码如下:

```javascript
//chapter8/methods1.js
class Employee {
  //省略 constructor
  signIn() {
    console.log("打卡上班");
  }
  askForLeave() {
    console.log("请假");
  }
}
```

这里在方法中只是简单地打印出了它们的功能,在实际开发中,会使用其他代码把打卡和请假信息录入员工管理系统中。

在类中定义方法,类似于在原型方式中给构造函数的 prototype 添加方法,代码如下:

```javascript
function Employee() { /* 省略代码 */ }
Employee.prototype.signIn = function () { /* ... */ }
Employee.prototype.askForLeave = function () { /* ... */ }
```

getters 和 setters

另外,也可以在类中定义 getters 和 setters。getters 和 setters 在面向对象编程中经常用于结合私有属性实现封装特性,即对象的所有属性都是不可直接修改和读取的,而是通过对应的 getters 和 setters 方法来读写,这样可以在其中编写校验逻辑,以保护属性不被篡改。

定义 getters 和 setters 的方式和在对象字面值中定义的方式一样,分别使用 get 或 set

关键字加上函数名作为属性名,在函数体中编写访问或写入的逻辑,例如定义用于获取员工全部信息的 get info()方法,还有 set info()方法,接收包含 name 和 dept 数据的对象作为参数,并设置员工的 name 和 dept 属性,代码如下:

```javascript
//chapter8/methods2.js
class Employee {
    //省略其他代码
    get info() {
        return `员工姓名:${this.name},所在部门:${this.dept}`;
    }

    set info(value) {
        this.name = value.name;
        this.dept = value.dept;
    }
}
const emp = new Employee("张三", "软件开发部");
emp.info;              //员工姓名:张三,所在部门:软件开发部
emp.info = { name: "李四", dept: "软件开发 II 部" };
emp.info;              //员工姓名:李四,所在部门:软件开发 II 部
```

8.2.4 注意事项

使用 class 关键字定义的类不会被提升,因此不能在定义类之前创建实例,代码如下:

```javascript
let emp = new Employee();          //不能在 Employee 初始化之前访问它
class Employee {}
```

但是这里 JavaScript 知道有 Employee 的声明,所以错误中会提示 Employee 未初始化,而不是未定义,它只有在执行到 class Employee {}这行代码时,Employee 才最终完成初始化。

9min

8.3 实现继承

在客观世界中,各种实体之间都有一些普遍的特征,所以它们可以抽象成一个公共的实体,里边定义不同实体之间所共有的属性和行为,然后通过继承的方式,在不同的实体间获得这些公有的属性,并根据自身的特点添加、隐藏或修改这些属性和行为。

继承(Inheritance)与客观世界物体之间的联系类似。例如软件工程师和测试工程师都属于公司员工,公司员工都有通用的姓名、工号、部门等信息,还有打卡、请假这些通用的行为,但是软件工程师和测试工程师的头衔和工作内容不同,根据这种关系,可以让软件工程师和测试工程师继承自员工。又例如猫和狗都可以继承自动物,圆形和矩形都继承自几何

形状。

在面向对象编程中,员工、动物、形状等可以用类表示,用于被继承的类称为父类或基类(Base Class),而继承出来的类称为子类或派生类(Derived Class),子类通过继承可以获得父类中所有的非私有的属性和方法,并可定义自己特有的属性和方法,还可以使用或者覆盖父类中的属性和方法。在面向对象编程中,继承除了能够模拟客观世界物体的关系之外,还能达到代码复用的目的。

在 JavaScript 中,实现继承使用 extends 关键字,例如让 Manager 经理类继承 8.2.2 节中编写的员工类,并直接调用打卡 signIn() 和请假 askForLeave() 方法,代码如下:

```
//chapter8/inheritance1.js;
class Manager extends Employee {}

var mgr = new Manager("李经理", "信息技术部");
mgr.signIn();                //打卡上班
mgr.askForLeave();           //请假
mgr.info;                    //员工姓名:李经理,所在部门:信息技术部
```

Manager 类本身没有定义任何属性和方法,但是仍然可以调用 Employee 类中的构造函数及打卡、请假和获取信息的方法,同时也拥有 name 和 dept 属性,这些都是从 Employee 类中自动继承下来的。对于继承下来的子类,它和父类之间是 is-a(是一个)的关系,例如经理是一名员工。要证明或者判断这种关系,JavaScript 中提供了 instanceof 关键字,左边是要判断的对象,右边是类名。例如判断 mgr 对象和 Manager 及 Employee 是不是 is-a 的关系,代码如下:

```
console.log(mgr instanceof Manager);       //true
console.log(mgr instanceof Employee);      //true
```

如果 Employee 还继承了其他类,则 mrg 与这些上层的父类都是 is-a 的关系。因为 class 本质上是 prototype 原型机制的语法糖,因此使用 class 创建出来的对象最后也都继承到了 Object 这个最顶层的类,所以如果运行 mgr instanceof Object 这段代码,它的返回结果同样也是 true。

要注意的是,is-a 的关系反过来则不成立,因为一名员工可能并不是经理,如果创建一个 Employee 类的实例 emp,用它判断 emp instanceof Manager 则会返回 false。另外,JavaScript 中的继承是单一继承,即每个类最多继承 1 个类,也就是说 extends 关键子后边只能写一个类名,这样就保证了继承关系的简洁性,防止多重继承导致代码难以阅读和维护。

在上边的例子中,Manager 没有定义自己的属性和方法,并且 signIn() 和 askLeave() 方法的代码也没有进行任何改动,如果想让经理有不同的打卡和请假行为,则可以在 Manager 类中定义同名的方法,然后编写 Manager 类专属的业务逻辑,这样再调用这些方法时,就是

直接使用的 Manager 类中的方法,这种机制叫作覆盖(Override)。同时,Manager 类也可以增加自己特有的方法,例如审批行为。下方示例中覆盖了 Manager 的 signIn()方法,并添加了 approval()审批方法,代码如下:

```javascript
//chapter8/inheritance2.js
class Manager extends Employee {
  signIn() {
    console.log("经理打卡上班");
  }
  approval(approved) {
    console.log(approved ? "审批通过" : "审批不通过");
  }
}
var mgr = new Manager("李经理", "信息技术部");
mgr.signIn();                  //经理打卡上班
mgr.approval(true);            //审批通过
```

可以看到 signIn()和 approval()都执行了 Manager 类中所定义的代码。

有时候可能需要在父类代码的基础上添加一些新的逻辑,而不是完全覆盖父类中的方法,这种情况下可以使用 super()关键字调用父类的方法。super 既可以用在构造函数中,也可以用在成员方法中,不过稍微有一些区别,先看一下调用父类的构造函数。

假设有一个软件工程师类 SoftwareEngineer 继承自员工类,它需要额外提供软件工程师所掌握的技能信息,那么在它的构造函数中除了需要姓名和部门属性外,还需要一个 skill 技能属性,但是对于姓名和部位属性的赋值操作和父类中的相同,如果要想只给 skill 进行赋值,则可以直接在构造函数中使用 super 调用父类的构造函数,即用员工类的构造函数来初始化姓名和部门属性,之后再在自己的构造函数中初始化 skill 技能属性。super 的调用方式是直接在 super 关键字后边跟一对小括号,里边写上父类构造函数所需要的参数就可以了。需要注意 super 调用父类的构造函数需放在第 1 条使用 this 的代码之前。super 用法的代码如下:

```javascript
//chapter8/inheritance3.js
class SoftwareEngineer extends Employee {
  constructor(name, dept, skill) {
    super(name, dept);
    this.skill = skill;
  }
}
var se = new SoftwareEngineer("王五", "信息技术部", "JavaScript");
console.log(se.name, se.dept, se.skill);          //王五 信息技术部 JavaScript
```

可以看到 name、dept 和 skill 属性都初始化成功了。在创建 SoftwareEngineer 类的实例时,会首先调用父类的构造函数,初始化 name 和 dept,然后会执行自身构造函数中的

this. skill＝skill 来初始化 skill 属性。

如果要调用父类的普通方法，则可以使用 super 加上"."再加上父类中的方法名进行调用。假如工程师在打卡时，还需要显示一下职位信息，例如软件工程师，那么可以在 SoftwareEngineer 类中调用 Employee 的 signIn()方法，然后额外打印出软件工程师这个字符串，代码如下：

```
//chapter8/inheritance4.js
class SoftwareEngineer extends Employee {
  signIn() {
    super.signIn();
    console.log("软件工程师");
  }
}
se.signIn(); //打卡上班
             //软件工程师
```

在上边的代码中同时执行了 Employee 和 SoftwareEngineer 类中的 signIn()方法，这里在使用 super 调用父类普通方法时，可以放在任何位置，也可以在任何方法中调用，不必在与父类同名的方法中调用。

通过 super()关键字可以在父类代码的基础上增加新的功能，而不用复制和粘贴同样的代码，达到了代码复用的目的，这在客观世界中，也是一样的，我们会通过现有的工具和知识去创建新的事物，而不是从 0 开始。

继承是 is-a 的关系，这种关系有时候在描述客观实体中的各种关系时并不确切。设想每个员工都有部门信息，但是部门信息又是一个完整的实体，包含部门名称、部门层级、部门经理等多种信息，这时部门信息可以单独定义成一个类，即 Department，并让员工类进行关联。如果使用继承方式，即 is-a 的关系，则需要员工类继承部门类，以此来获得其中的属性和方法，但是这样不符合逻辑，员工并不是一个部门，而且如果员工想再继承更通用的父类，例如人——Person 类时，只能通过让 Department 先去继承 Person 类，再用 Employee 类去继承 Department，显然是不合理的。

对于这种关系，应该使用组合(Composition)，即 has-a(有一个)的关系，这样类之间的关系变为了包含关系。包含类通过创建对被包含类的对象的引用，把相关功能交给被包含类的对象去完成，这样就更符合逻辑了。像员工和部门的关系，可以通过在员工类中创建部门对象，然后把与部门相关的操作委托给部门对象去完成，代码如下：

```
//chapter8/composition1.js
class Department {
  constructor(name, manager) {
    this.name = name;
```

```
      this.manager = manager;
    }
    get info() {
      return `部门名称:${this.name},部门经理:${this.manager}`;
    }
  }
  class Employee {
    constructor(name, dept) {
      this.name = name;
      this.dept = dept;
    }
    get info() {
      return `员工姓名:${this.name}, ${this.dept.info}`;
    }
  }

  const dept = new Department("信息技术部", "李四");
  const emp = new Employee("张三", dept);
  console.log(emp.info);         //员工姓名:张三, 部门名称:信息技术部,部门经理:李四
```

示例中新定义了一个 Department 部门类,包含部门名称和部门经理实例变量,还有一个获取部门信息的 getters 方法。Employee 类中的代码与之前的代码没太大区别,但是这里要求 dept 是 Department 创建出来的对象,然后在获取员工信息的 getters 中调用了 this.dept.info 获得了部门的信息。可以注意到 Employee 和 Department 并没有继承关系,而是包含关系,在获取员工信息时,把获取部门信息的逻辑委托给了 dept 对象,最后成功地打印出了部门的信息。

包含关系通常用于模拟一个客观实体是由哪些部分组成的,而这些部分也是一个独立的实体,包含各种各样的属性和行为,例如汽车的组成部分包含发动机、变速箱及其他零件,而发动机里边又有其他的组成部分,这时就可以把这些组成部分定义成单独的类,然后在整体的类中分别包含这些单独的类,例如汽车类里包含发动机,发动机里包含轴承等。

8.4 抽象类

在制造汽车零件、计算机主板、插座插孔时,都会有相应的标准和规范,这样各个厂商便可通过它们生产出规格一致的产品,然后依赖这些产品的其他厂商再根据这些标准生产适配的接口,这样就能够正确地进行匹配了。例如计算机主板有显卡、内存、CPU 插槽,它们都有统一的规范,例如内存插槽可以使用同规格的任何厂商所生产的内存。这种规范或标准在面向对象编程模型中是使用抽象类来表示的。

抽象类(Abstract Class)是一种特殊的类:在它的类中有一系列没有具体功能实现的方法——抽象方法,需要子类通过继承去实现它们。就好比是一系列的规范或模板,子类必

须严格按照这个规范去定义自身的方法,这样能保证所有基于此抽象类创建的子类都含有相同的方法。抽象类本身不能创建对象,因为它里边的方法都没实现,所以创建对象并没有意义。

在专门的面向对象语言中,例如 Java 和 C♯,除了有抽象类之外,还有接口(Interface)这种结构,它本质上也是一个抽象类,但是抽象类只能通过继承实现,而继承只能单一地进行,这样就给实现多种规范带来了困难。对于接口,一个类可以实现多个,这样更符合逻辑,因为规范可能并不止一种。

在 JavaScript 中没有与抽象类相关的关键字和定义方式,也没有接口的概念,因为它是动态的类型语言,并不需要这种形式,只要某些对象中含有相同的属性和方法,就可以说它实现了包含这些方法和属性规范的接口。不过完全可以在现有语法基础上实现抽象类或接口的概念。

假设有矩形 Rectangle 和圆形 Circle 类用于绘图,它们都需要实现 draw()方法来绘制对应的图形,那么为了保证它们都有 draw()方法,可以定义一个抽象形状类 AbstractShape,在里边定义一个抽象方法 draw(),然后让 Rectangle 和 Circle 类分别继承 AbstractShape 类,从而实现各自的绘制逻辑,代码如下:

```javascript
//chapter8/abstract_class1.js
class AbstractShape {
  constructor() {
    if (new.target === AbstractShape) {
      throw "不能直接初始化抽象类";
    }
  }
  draw() {
    throw "未定义";
  }
}

class Rectangle extends AbstractShape {
  draw() {
    console.log("绘制矩形");
  }
}

class Circle extends AbstractShape {
  draw() {
    console.log("绘制圆形");
  }
}

//const shape = new AbstractShape();          //不能直接初始化抽象类
```

```
const rect = new Rectangle();
const circle = new Circle();


rect.draw();                          //绘制矩形
circle.draw();                        //绘制圆形
```

在 AbstractShape 类的构造函数里使用了 new.target,它可以用于判断构造函数是否使用 new 关键字进行调用的,如果没有使用 new,则 new.target 返回的是 undefined,如果使用了 new,返回的则是构造函数本身,在类中则是类本身,为了防止使用 new 创建 AbstractShape 的对象,可以在构造函数中判断 new.target 的结果是否为它本身,如果不是就直接抛出异常提示。子类中的构造函数由于会返回相应的子类本身,所以子类可以正常实例化对象。后面的代码则通过继承的方式实现了 draw()方法,并打印出了不同的测试结果。

8.3 节提到了接口的概念,如果一个抽象类全部都是抽象方法,则它可以称为接口。使用接口或者继承都可以实现面向对象中的多态(Polymorphism)特性,即使用父类或接口类型创建对象,但是对于方法的执行是在运行的时候通过相应的子类实现的。

例如在 Java 中使用 AbstractShape shape＝new Rectangle()这样的代码是有效的,调用 shape.draw()方法执行的是 Rectangle 中的实现,而使用 AbstractShape shape＝new Circle()则可以执行 Circle 中的 draw()方法。这样,假设有一个绘制函数,接收所有形状类,并且去调用它们的 draw()方法绘制相应的图形,那么函数的参数可以定义为 AbstractShape 类型,后续调用时可以传递 Rectangle 或 Circle 的对象,这样就能够绘制不同的图形了。

由于 JavaScript 是动态类型语言,所以本身就是多态的,只要对象中包含相同的方法,不管是什么类型都可以正常调用。在上例中,如果随意定义了一个对象,它也有一个 draw()方法,则在作为参数传递给函数时,代码同样可以执行成功,代码如下:

```
//chapter8/abstract_class2.js
function drawShape(shape) {
  shape.draw();
}
drawShape(new Rectangle());                     //绘制矩形

const someObj = {
  draw() {
    console.log("随意对象...");
  },
};
drawShape(someObj);                             //随意对象...
```

这样代码虽然可以正常执行,但是非常奇怪,并且难以阅读和维护,为了使其他开发者清楚 shape 这个参数到底有什么样的要求,就可以通过定义抽象类来定义一个规范。不过,上边的 shape 参数则解释了多态的概念,给它传递不同的对象进去,draw()中执行的代码也不一样。

8.5　成员变量

在之前的例子中,类中的实例变量是通过构造函数进行创建的,使用 this 给实例对象添加属性,而在最新的 ECMAScript 提案中,可以使用成员变量(Instance Field)的形式定义对象的属性,此议案在本书截稿前仍处于 Stage3 阶段,还没有正式成为 ECMAScript 的规范,不过按照本书要求所安装的浏览器和 Node.js 版本均已支持成员变量,所以可以正常测试代码。

定义成员变量可以比构造函数更清楚地展示该类中有哪些属性,它的语法与定义变量类似,但是不需要使用 var、let 或 const 关键字,然后使用 = 赋初始值,如果没有赋值,成员变量的默认值则为 undefined。例如,假设有一按钮类,它有 label 属性,用于设置按钮的文本标签,使用 constructor 形式的代码如下:

```
class Button {
  constructor() {
    this.label = "按钮";
  }
}
```

使用成员变量形式的代码如下:

```
//chapter8/public_fields1.js
class Button {
  label = "按钮";
}
```

可以看到使用成员变量的形式比使用构造函数的形式更清晰简洁,后面创建对象和改变对象中的 label 属性值的代码与之前所介绍的语法并没有区别,代码如下:

```
const btn = new Button();
btn.label; //按钮(默认值)
btn.label = "跳转";
btn.label;                    //跳转
```

成员变量可以和构造函数结合使用,如果成员变量的初始值计算过程复杂,则仍然可以使用构造函数的形式。如果成员变量之间需要互相引用,则可以使用 this 访问其他成员变量,另外在构造函数中也可以使用 this 访问或修改成员变量,但是不能在成员变量中使用 this 访问构造函数中的变量。

假设 Button 类中有成员变量保存了按钮最终要生成的 html 代码,默认为使用 button 标签,而 Button 类中也定义了一个构造函数,用于接收一个 type 参数,如果值为 link 则可使用 a 标签渲染按钮,代码如下:

```javascript
//chapter8/public_fields2.js
class Button {
  label = "按钮";
  html = `<button>${this.label}</button>`;
  constructor(type) {
    //如果是链接形式的按钮,则可使用<a/>标签渲染
    if (type === "link") {
      this.html = `<a>${this.label}</a>`;          //修改 html 成员变量的值
    }
  }
}

const btn = new Button();
console.log(btn.html);                             //<button>按钮</button>
const linkBtn = new Button("link");
console.log(linkBtn.html);                         //<a>按钮</a>
```

成员变量的原理是在创建对象的时候,使用 Object.defineProperty() 给对象添加属性。

上述定义的成员变量是公开的(Public),即在创建对象后,可以随意对成员变量的值进行更改,这样可能导致一些只想在内部使用的成员变量被修改而导致错误,对于这种情况可以把成员变量或方法定义成私有的(Private),这样就不能在外部通过对象访问这些成员了。要定义私有的成员变量或方法,只需要在它们的名字前加上 #。

例如把按钮的 html 成员变量改为私有的,这样便不能人为地修改它的值,然后定义一个公开的方法用于获取它的值,还可以再添加一个私有的组装 html 代码的工具方法,只限于在对象内部使用,代码如下:

```javascript
//chapter8/private_fields1.js
class Button {
  label = "按钮";
  #html = this.#generateHtml("button");           //使用私有成员方法生成 html
  constructor(type) {
    //如果是链接形式的按钮,则可使用<a/>标签渲染
    if (type === "link") {
      this.#html = this.#generateHtml("a");        //使用私有成员方法生成 html
    }
  }
  render() {
```

```
    console.log(this.#html);            //可以在类中访问私有成员变量,注意变量前的#
  }
  #generateHtml(tag) {
    return `<${tag}>${this.label}</${tag}>`;
  }
}

const btn = new Button();
btn.render(); //<button>按钮</button>
//SyntaxError: Private field '#html' must be declared in an enclosing class
//语法错误:私有成员变量'#html'必须在类中声明
btn.#html;
//SyntaxError: Private field '#generateHtml' must be declared in an enclosing class
//语法错误:私有成员变量'#generateHtml'必须在类中声明
btn.#generateHtml("button");
const linkBtn = new Button("link");
linkBtn.render(); //<a>按钮</a>
```

可以看到在试图访问私有成员变量和方法时会提示错误。使用私有成员可以实现面向对象中的封装特性,防止修改对象内部的属性和行为,起到保护的作用。常见的封装方式是把所有成员变量设置为私有的,然后通过 getters 和 setters 访问和修改成员变量的值,因为 getters 和 setters 是函数,可以编写复杂的业务逻辑,例如在访问成员变量时增加处理逻辑,而在修改成员变量时增加校验逻辑等。

8.6 静态成员

静态成员分为静态成员变量(Static Fields)和静态成员方法(Static Methods),它们属于类中的变量和方法,而不属于具体某个对象。所有的实例对象都会共享静态成员,改变静态成员的内容会影响所有使用到它们的对象。

定义静态成员使用 static 关键字,写在成员变量名和方法名的前边,在访问静态成员时只能通过类名访问,而不能通过对象访问。在类中,只有静态成员方法才能够使用 this 访问静态成员变量,在实例方法中则只能使用类名的方式进行访问,因为静态成员不属于具体的对象。

下方的例子展示了一个 Page 页面类,它有一个静态的成员变量 viewCount 用于统计页面的单击次数,并且有一个增加页面单击次数的静态成员方法 increase(),代码如下:

```
//chapter8/static_fields1.js
class Page {
  static viewCount = 0;

  static increase() {
```

```
    this.viewCount++;                    //或 Page.viewCount++;
  }
}
Page.increase();                         //使用类名访问静态成员方法
Page.increase();
Page.viewCount;                          //2
new Page().viewCount; //undefined
```

increase()和 viewCount 只能通过 Page 类名进行访问,如果使用对象访问则会返回 undefined。

静态成员变量在原型方式中,就相当于给构造函数直接添加属性,使用 Object. definedProperty(),并把 value 设置为初始值、把 writable 设置为 true、把 enumerable 设置为 true、把 configurable 设置为 true,代码如下:

```
function Page() {}
Object.definedProperty(Page, "viewCount", {
  value: 0,
  writable: true,
  enumerable: true,
  configurable: true
})
```

对于静态成员方法也是如此,只是 value 值是函数。

静态成员也可以被继承,但是继承下来的静态成员变量,它的值仍然会和父类中的共享,并不会重新定义或初始化,代码如下:

```
//chapter8/static_fields2.js
class SubPage extends Page {}

Page.increase();
Page.increase();
console.log(Page.viewCount);              //2
console.log(SubPage.viewCount);           //2
```

静态成员也可以使用#定义为私有的,这样静态成员只能在类中的实例变量和实例方法中使用,而不能再在外边使用类名访问它们了。私有的成员变量不能被继承,因此不能在公开的静态方法中使用 this 访问私有的静态成员,例如把 Page 中的 viewCount 改为私有的,这样 SubPage 在调用 increase()的时候就会出错,代码如下:

```
//chapter8/static_fields3.js
class Page {
  static #viewCount = 0;
```

```
    static increase() {
      this.#viewCount++;
    }
  }

  class SubPage extends Page {}

  //TypeError: Cannot read private member #viewCount from an object whose class did not
  declare it
  //类型错误:不能访问对象中的私有成员 #viewCount,它在类中没有定义
  SubPage.increase();
```

但是如果把 this 改为 Page 就不会出现错误了,为了方便测试,可以在 Page 类中添加一个静态的 getViewCount 用于获取 viewCount 的值,代码如下:

```
//chapter8/static_fields4.js
class Page {
  static #viewCount = 0;

  static increase() {
    Page.#viewCount++;
  }

  static getViewCount() {
    return Page.#viewCount;
  }
}

class SubPage extends Page {}

SubPage.increase();
console.log(SubPage.getViewCount());        //1
```

静态成员一般适合用于工具类中,使用类名访问静态成员的形式可以给方法和变量增加命名空间,这样便能减少因为同名而导致的冲突。静态方法也可以用于创建对象,例如 Array 中的 from() 和 of(),而一些需要共享的属性,或者通用的常量,例如 Number.MAX_VALUE 也都是以静态成员的方式呈现的(即使它们是以原型形式实现的)。

在后面的章节中,无论是使用原型方式还是面向对象方式的代码,只要是使用构造函数名或类名访问的属性,都统一称作静态成员,方法会称作静态方法,属性则称为静态属性,例如 Number 构造函数中有 MAX_VALUE 静态属性,用于获取最大值,使用 Number.MAX_VALUE 访问。Array 构造函数中有 of() 静态方法,用于创建一个数组,例如 Array.of(1,2,3)。由于 Class 本身是构造函数的语法糖形式,所以在后面类和构造函数这两个概念会交替使用,它们代表同样的含义,例如 Number 类或构造函数。

8.7　小结

　　这一章简单地介绍了面向对象的概念及使用 JavaScript 实现面向对象特征的方式。随着 ES6 class 关键字的出现,编写面向对象的代码也变得容易许多,但是面向对象的特点基本上在带有类型的语言中才能充分体现,像 JavaScript 这种灵活的动态类型语言,只能按照约定的规则去实现,所以代码风格并不十分符合面向对象的写法,不过随着 ECMAScript 规范的更新,更多的面向对象的特性也加入了进来,例如成员变量和成员方法、私有可访问性等,这些都将有助于编写更规范的面向对象的代码。本章应该重点掌握的一些内容有以下几点。

　　(1) 面向对象的四大特征:封装、抽象、继承和多态。

　　(2) 使用 class 定义类和创建对象的方式。

　　(3) 实现继承和组合,以及了解它们之间的区别。

　　(4) 成员变量和静态成员的定义方式和区别。

第 9 章

字符串与正则表达式

大多数的应用程序是用于进行人机交互的,为了呈现人类可阅读的文本,程序中会大量使用字符串类型的数据来保存文本信息,这就需要对文本进行各式各样的操作,例如查找、搜索、替换、裁切、连接和模式匹配等,因其常用性和重要性,这些内容值得使用一整章的篇幅进行介绍。

正则表达式是用一系列特殊字符来代表字符串模式的表达式,用来校验、替换和查找有规律的字符串。例如验证手机号、邮箱的格式、查找一篇文章中所有的中文字符等。正则表达式本身不属于 JavaScript 语法,但是几乎每种编程语言支持正则表达式,JavaScript 也不例外,所以需要进行重点介绍。

本章前半部分将介绍字符串在 JavaScript 中的表示方法、字符串对象提供的 API、模板字符串及标记化模板,后半部分将介绍正则表达式的概念、语法和使用方法。

9.1 字符串介绍

字符串(String)是 JavaScript 基本数据类型之一,在第 2 章已经简单地介绍过它的定义和使用方法了,并且在后续各章节中也大量地使用了它,所以到现在对它应该已经有了基本的认识。现在来回顾一下字符串的 3 种定义方式,代码如下:

```
let doubleQuoted = "字符串";              //双引号
let singleQuoted = '字符串';              //单引号
let templateLiterals = `字符串`;          //反引号
```

在 JavaScript 中,字符串使用了 UTF-16 编码格式表示整个 Unicode 字符集,Unicode字符集包含了世界上各国语言的字符,每个字符有唯一的代码点(Code Point),相当于字符的 ID,而字符串中的每个字符都是使用 16 位的代码单元(Code Unit)进行表示的,1 个 16位代码单元能表示大部分的 UTF-16 字符,但是超出的字符需要 2 个代码单元表示,即代理对(Surrogate Pair)——生僻汉字、Emoji 表情等有使用 2 个代码单元进行表示的。字符串中有一个内置的 length 属性用于获取字符串长度,获取的是代码单元的个数,如果一个字符可以用一个代码单元表示,则它的长度就是 1,如果一个字符需要使用 2 个代码单元表示,则长度为2,例如"□".length 的结果为2,这一点需要特别注意,字符串的长度与实际显示的并不一样的原因就在于此。

9.2 字符串遍历

字符串可以认为是由多个字符组成的数组,可以使用[]访问每个字符,索引也是从0开始的,直到字符串长度减1,例如访问字符串中的第2个字符,代码如下:

```
let str = "hello";
str[1];                    //"2"
```

需要注意的是字符串的索引也是针对代码单元而言的,如果有字符使用2个代码单元表示,则它会占据两个索引位置,例如要访问字符串"□a"中的 a 需要使用索引2,而索引0和1用于表示□的两个代码单元。除了使用[]外,也可以使用 String 的 charAt()方法获取对应索引位置的字符,只需把索引作为参数传递进去,例如遍历字符串中的每个字符并打印到控制台,代码如下:

```
let str = "hello";
for(let i = 0; i < str.length; i++) {
    console.log(str.charAt(i));
}
```

String 对象中也提供了方法,用于获取字符串的 Unicode 代码点的十进制表示方式。例如字母"a"在 Unicode 编码中使用 U + 0061 表示,转换为十进制即为 97,使用"a".codePointAt(0)可以验证这一点。codePointAt()的参数同索引一样,表示的是第几个代码单元,例如字符串"□a"获取 a 的代码点需要使用"□a".codePointAt(2)。

9.3 字符串操作

字符串提供了一系列的 API 供开发者对其进行拼接、裁切、搜索等操作,它与数组的操作基本类似,本节将介绍其中常用的部分。

9.3.1 拼接

对字符串进行拼接除了可以使用+之外,还可以使用字符串对象中的 concat()方法,它接收一个变长参数,可以传递多个字符串并按顺序进行拼接,之后返回拼接后的新字符串,该方法不会修改原字符串,但对原字符串进行修改也不会影响新返回的字符串,concat()用法的代码如下:

```
"hello".concat(" world", "!");                  //"hello world!"
```

由于使用 concat() 的形式比使用＋更为烦琐，所以推荐使用＋进行字符串拼接。

9.3.2　裁切

对字符串进行裁切有两种方式：substring() 和 slice()。这里分别介绍它们的用法。

1. substring()

substring() 用于截取字符串中的一部分，并把它作为新的字符串返回，不会修改原字符串。它接收两个参数，起始索引和结束索引，其中起始索引位置的字符会包含在截取的部分内，而结束索引位置的字符不会包含在内。例如"hello". substring(1,3)会返回"el"。

结束索引参数可以忽略，这样会截取从起始索引到字符串末尾的子串，例如"这是一个字符串". substring(2)会返回"一个字符串"。

上述是正常情况下 substring() 的作用，起始索引和结束索引还有一些特殊的情况：

（1）如果结束索引大于起始索引，则 substring() 会在内部把它们互换位置后再进行截取。

（2）如果结束索引等于起始索引，则会返回空白字符串。

（3）如果索引大于字符串长度 length 属性，则会取字符串长度。

（4）如果索引为负数或 NaN，则会把它转换为 0。

这些特殊情况的代码如下：

```
//chapter9/string1.js
let str = "这是一个字符串";
console.log(str.substring(4, 1));            //结束索引大于起始索引
console.log(str.substring(2, 2));            //结束索引等于起始索引
console.log(str.substring(4, 12));           //索引大于 length
console.log(str.substring(-2));              //索引为负数
console.log(str.substring(4, NaN));          //索引为 NaN
```

输出结果如下：

```
是一个
""
字符串
这是一个字符串
这是一个
```

2. slice()

slice() 与 substring() 的参数列表和使用方法完全相同，但是对于特殊情况下的索引值，它的处理方式与 substring() 有以下不同之处：

（1）起始索引大于结束索引会返回空白字符串。

（2）如果索引为负数，则会从字符串末尾开始算起，例如最后一个字符的索引是-1，倒数第2个为-2，以此类推。

（3）如果结束索引为NaN，则会返回空白字符串。

这些情况的代码如下：

```
//chapter9/string2.js
let str = "这是一个字符串";
console.log(str.slice(1, 4));              //正常情况
console.log(str.slice(4, 1));              //结束索引大于起始索引
console.log(str.slice(-2));               //索引为负数
console.log(str.slice(4, NaN));           //结束索引为 NaN
```

输出结果如下：

```
是一个
""
符串
""
```

9.3.3 搜索

搜索操作可以寻找某个子串是否存在于一个字符串中，并返回判断结果或者起始索引。字符串提供了includes()、indexOf()、lastIndexOf()及search()方法用于搜索，由于search()接收正则表达式作为参数，所以在正则表达式部分再作介绍。

1．includes()

includes()用于判断一个子串是否存在于字符串中，并返回true或false。它接收两个参数，即要判断的子串和搜索起始索引。例如判断"aa"是否存在于"baab"中，可以使用下方代码："baab".includes("aa")，结果为true。

如果从索引2的位置开始判断，则可以给includes()传递第2个参数，例如"baab".includes("aa",2)，由于从索引2开始的字符串为"ab"，不包含"aa"，所以此行代码会返回false。

要注意的是includes()判断子串是区分大小写的，并且当起始索引小于0时会把它转换为0，当大于字符串长度时，会取字符串的长度，即length属性的值。

2．indexOf()

indexOf()可以搜索某个子串在字符串中的索引位置，如果存在则返回第1个字符所在的索引，如果不存在则返回-1。它接收和includes()相同的参数。例如搜索"p"在"apple"中的位置，可以使用"apple".indexOf("p")，它会返回1，如果从索引2开始搜索，"apple".indexOf("p",2)，则它返回的就是2，也就是"apple"中的第2个"p"。如果从索引3开始搜索，"apple".indexOf("p",3)，则会返回-1，因为从索引3开始，后边的字符串并不包括字

符"p"。

利用 indexOf() 和循环可以找出子串在字符串中所有的位置,例如搜索"o"在"hello world"中出现的所有位置,代码如下:

```
//chapter9/string3.js
let str = "hello world";
let search = "o";
let result = [];
let index = str.indexOf(search);
while (index > -1) {
  result.push(index);
  index = str.indexOf(search, index + 1);
}
console.log(result); //[ 4, 7 ]
```

3. lastIndexOf()

lastIndexOf() 与 indexOf() 的搜索方向相反,它是从字符串末尾开始搜索的,并返回搜索到的子串的第 1 个字符的索引位置,例如"baabaa".lastIndexOf("aa")的结果为 4。

9.3.4　分割

字符串可以按照一定的模式分割为字符串数组,使用 split() 方法,它接收两个参数,分别是分割符和分割结果数量限制。分割符可以是任意字符串,也可以是转义字符,还可以是正则表达式,本节先看前两种形式,而第 2 个参数可以限制分割后的数组的长度,超过的部分将不包括在数组中。split() 用法的代码如下:

```
//chapter9/string4.js
let tags = "前端, JavaScript, React, Vue, Angular";
tags.split(", ");                   //[ '前端', 'JavaScript', 'React', 'Vue', 'Angular' ]
tags.split(", ", 2);                //[ '前端', 'JavaScript' ]
let lines = "第一行\n\r第二行\n\r第三行";
lines.split("\n\r");                //[ '第一行', '第二行', '第三行' ]
```

如果没有给 split() 传递参数,则它会返回只有 1 个元素的数组,这个元素是原字符串本身,而如果给 split() 传递了空白字符串,则会把每个字符都分割出来放到数组中,这里需要注意的是,分割结果是按 16 位的代码单元来展示的,如果字符使用了两个代码单元,则会分割成两个,结果数组的长度也会相应地增加,代码如下:

```
//chapter9/string4.js
let str = "hello";
str.split();                   //[ 'hello' ]
str.split("");                 //[ 'h', 'e', 'l', 'l', 'o' ]
"□".split("");                 //['�', '�' ]
```

示例中的"□"被分割为单个的代码单元之后,由于操作系统不支持它的显示,所以出现了乱码,但是可以看出它是被分割成两个了。

与split()相反,在数组中有一个join()方法用于按照一定模式把数组中的每个元素拼接成一个完整的字符串,它接收一个参数,即使用何种字符进行拼接。此外数组中还有reverse()方法可以把数组中的元素顺序进行反转,这两种方法结合使用可以反转一个字符串,代码如下:

```javascript
"hello".split("").reverse().join("");                    //"olleh"
```

9.3.5 其他操作

字符串还提供了一些其他比较简单的API,例如大小写转换和去除空格。

1. 大小写转换

对字符串进行大小写转换可以使用toUpperCase()和toLowerCase(),分别可以把字符串(英文字母)变成大写和小写形式,这两种方法不接收任何参数,只需使用要转换的字符串调用,代码如下:

```javascript
"abc".toUpperCase();                    //"ABC"
"ABC".toLowerCase();                    //"abc"
```

2. 去除空格

去除字符串空格有3种方法:trim()去除首尾空格、trimStart()去除首部空格、trimEnd()去除尾部空格,它们会去除相应位置的全部空格,代码如下:

```javascript
"   字符串   ".trim();                    //"字符串"
"   字符串   ".trimStart();               //"字符串   "
"   字符串   ".trimEnd();                 //"   字符串"
```

9.4 模板字符串

之前在第2章介绍了模板字符串的定义方式和作用,它可以保留字符串的格式并且可以访问变量的值和表达式的结果,就像给一段文本设置占位符,然后用变量的值动态地生成字符串,所以称它为模板字符串(Template Literals)。来回顾一下它的定义方法,代码如下:

```javascript
let isValid = true;
let str = `输入${isValid ? "有效" : "无效"}`;
str;                          //"输入有效"
```

在 ES6 之后，JavaScript 还支持了一种叫作标记化模板（Tagged Templates）的语法形式，它是一个普通函数，但是调用的时候会有所区别，可以在它的名字之后省略小括号并直接传递模板字符串，而这个模板字符串会按 ${} 动态部分进行分割，把得到的静态字符串数组作为第 1 个参数传递给函数，动态部分则以变长参数的形式传递给第 2 个参数，而函数的返回值可以是任何类型。例如下方示例标记化模板函数 reorder() 会改变 ${} 部分的顺序，代码如下：

```
//chapter9/tagged_templates1.js
function reorder(strings, ...exps) {
  console.log(strings);                  //[ '共有 ', '篇文章在 ', '标签下' ]
  return `${exps[1]}: ${exps[0]} 篇文章`;
}


let tag = "JS";
let res = reorder`共有 ${10} 篇文章在 ${tag} 标签下`;
console.log(res);                        //JS:10 篇文章
```

可以看到，strings 参数是按 ${} 进行分割后的数组，exps 则是 ${} 中表达式值的数组，函数里把 ${tag} 放到了前边，把 ${10} 放到了后边，并生成了一个全新的字符串，并且没有使用 strings 所包含的原始字符串的值。在调用的时候直接用函数名加`并在里边写上模板字符串就可以了。

由于标记化模板本身是普通函数，所以可以实现任何业务逻辑。例如前端 React 生态的 styled-components 库，用此语法生成了 React 组件，并把函数名字设置为跟 HTML 标签一致，作为组件底层渲染的 HTML 元素，然后使用传递的模板字符串生成随机的 class 名字，并把 CSS 样式设置到选择器中，代码如下：

```
const StyledDiv = styled.div`
  background: ${props => props.bqColor};
`; //生成了用 div 渲染、可动态设置背景色的 React 组件
```

另外，像 gql 这样的库也会接收一段用模板字符串定义的 GraphQL 查询语句，代码如下（代码示例来自 Apollo 官网）：

```
//https://www.apollographql.com/docs/tutorial/queries/
export const GET_LAUNCHES = gql`
  query GetLaunchList($after: String) {
    launches(after: $after) {
      cursor
      hasMore
      launches {
        ...LaunchTile
```

```
              }
            }
          }
      ${LAUNCH_TILE_DATA}
    `;
```

并返回组装好的查询对象以供在组件中使用,对这些有兴趣的读者可以自行去研究。

9.5 正则表达式介绍

在处理大段文本时,经常会按照一定模式对文本进行搜索或替换,例如找出所有的小括号,并把小括号里的内容去掉等,小括号这种属于比较简单的查找,但是如果要找一段有规律的文本,就不能单纯地使用字面值去搜索了,例如找出所有英文字母、数字或非法字符等,这时候就可以使用一种叫正则表达式(Regular Expression)的语法,定义这些有规律的字符串模式。

正则表达式除了用于搜索和替换外,还能判断一段文本是否符合特定的规则,可以用于验证手机号、邮箱和身份证号等。对于符合正则表达式的字符串,可认为匹配成功,不符合的则匹配失败。

正则表达式不是 JavaScript 中特有的语法,绝大多数编程语言支持正则表达式模块,因为对文本的处理十分重要。在 JavaScript 中,正则可以用于 String 对象的 search()、replace()、split()等方法进行搜索、替换和分割,另外也支持使用 RegExp 对象获取与正则表达式本身相关的信息。接下来先看一下正则表达式的基本语法。

9.6 正则表达式语法

JavaScript 支持使用字面值定义正则表达式,使用//,在中间编写正则表达式,例如/abc/这样就定义了一个正则表达式对象。像这样在正则表达式中直接使用英文字母、数字和一些特殊符号只是单纯地匹配它们的字面值,/abc/会匹配所有包含"abc"字符的字符串,例如"babc"、"123abc456"和"(abc)"。需要注意的是,没指定重复次数的正则表达式只匹配第一次出现的字符,例如/abc/匹配"abcabc"中的第一串"abc",后面的字符串不会匹配到。

正则表达式中还能够使用具有特殊含义的字符,可以用于匹配特殊字符、指定重复次数、创建并引用分组等,这些字符是正则表达式的核心,所以需要掌握它们的具体用法。

9.6.1 特殊字符匹配

特殊字符匹配是指用一些特定的字符去匹配一类字符和不可见的字符,例如所有字母、换行符、制表符等,这些字符又叫作字符类(Character Classes),本节将介绍常用的几种。

1. 空白字符

空白字符指的是不可见的一些字符，例如换行、回车和制表符，在正则表达式中分别使用\n、\r、和\t来表式，可以看到跟字符串中的转义字符类似。对于有换行的模板字符串，以及使用\n进行换行的普通字符串，都可以使用\n来匹配换行符。在下方示例中，使用/\n/可以匹配字符串中的第1个换行符，然后使用正则对象中的test()方法来测试是否匹配成功，代码如下：

```
let str = `你好
世界`;
let str2 = "aa\nbb";
/\n/.test(str);              //true
/\n/.test(str2);             //true
```

还可以使用\s匹配任意一个空白字符，可以是空格、换行、回车、制表符等其中之一，例如使用/a\sb/可以在字符串"a b"和"ca b"中找到匹配的字符"a b"。如果把s大写，变为\S，则可以匹配所有非空白字符。

2. 字母与数字

如果要匹配任意一个字母或数字，可以有简洁的形式。使用\w可以匹配英文字母、数字和_，使用\d则可以只匹配数字。例如/\w\d/可以匹配字符串中包含一个字母紧跟一个数字这种形式的子串，例如"abc1cb"，其中"c1"满足/\w\d/这个模式。

与\s和\S类似的是，使用大写的\W和\D可以进行相反的匹配，例如\D匹配所有非数字字符。

3. 任意字符

匹配任意一个字符可以使用.符号，例如/a.b/可以匹配"acb"、"a b"或"a1b"等字符串，只要满足"a"和"b"中间有任意一个字符即可，无论是字母、数字还是特殊字符。

4. Unicode 字符

正则表达式可以直接匹配16位的代码单元，使用\uhhhh的形式，其中hhhh为4个十六进制的数字。一些不能直接使用键盘打出的特殊字符或符号可以使用unicode形式表示，另外中文既可以直接使用中文的形式表示，如\你好\，也可以使用unicode的形式表示，如/\u4F01/（企）。

正则表达式还提供了Unicode属性转义（Unicode Property Escapes）语法，用于代表一组特殊的Unicode字符，类似\w、\d。它的语法是使用\p{}，在大括号里写上Unicode的属性值或键值对。因为unicode字符都有自己的属性，例如emoji表情有Emoji属性和Emoji_Presentation属性，所以可以根据这些属性来判断一个字符是否属于特定的Unicode字符组。

要使用Unicode属性转义需要给正则表达式开启u标志，标志的含义将在后面小节介绍，现在只需知道它是放置在正则表达式末尾的字母，用于配置正则表达式的行为。例如判

断一个字符串中是否含有 emoji 表情,代码如下:

```
let str = "你好!□";
/\p{Emoji_Presentation}/u.test(str);                //true
```

Emoji_Presentation 只匹配使用表情图标表示的 emoji 表情,有一部分 emoji 表情是使用文字表示的,例如"™",它就不会匹配成功。这种情况可以使用 Emoji 属性表示所有 Emoji 表情,例如/\p{Emoji}/u.test("™")会返回 true。

上边在\p{}中指定的 Emoji_Presentation 属性值是布尔类型的,即只有 true 和 false 两种,使用\p 表示属于,也可以使用\P 把 P 大写代表不属于,与\W 和\S 类似。此外有些属性可能有多个值,所以就需要使用键值对的形式表示,例如可以使用 Script 属性指定语言,它的值有 Latin、Georgian、Han 等,例如使用\p{Script=Han}可以匹配所有简体和繁体汉字,代码如下:

```
/\p{Script = Han}/u.test("我");              //true
/\p{Script = Han}/u.test("abc");            //false
```

更多的 Unicode 转义属性和取值范围可参考:

(1) https://unicode.org/reports/tr18/#General_Category_Property

(2) https://unicode.org/reports/tr24/#Script_Extensions

(3) https://unicode.org/reports/tr24/#Script_Values_Table

最后,对于以上所有的特殊字符,如果要匹配字符本身,例如匹配字符串中的\,可以再加上一个\进行转义,例如匹配字符中的.可以使用/\./,这样"hello."中的"."就可以匹配到了。

9.6.2　匹配次数

正则表达式有一组量词(Quantifiers)用于指定字符的出现次数,放置于指定字符或一段正则表达式的后边,表示该字符应该满足此数量要求才算匹配成功。

表示字符出现 0 或多次,例如使用/ab/可以匹配"abbbb"或"acd",因为 b*代表 b 既可以不出现,也可以出现多次。类似地,使用/.*/则可以匹配任何字符。

+表示字符至少出现 1 次,即 1 到多次,那么使用/ab+/就不能匹配"acd"了。

?表示字符出现 0 到 1 次,例如使用/e?/可以匹配"hello"中的"e",或者使用/l?/可以匹配"hello"中的第 1 个"l"。

此外还可以使用{}精确地指定出现次数或次数区间。

{n}可以精确指定字符出现多少次,n 为大于 0 的正整数,例如/o{2}/可以匹配"hood"中的"oo"。

{n,}可以指定字符至少出现多少次,例如/3{2,}/可以匹配"2333333311"中所有的"3",即"3333333"。需要注意的是,后面不能有空格,下同。

{n,m}可以指定字符出现 n 到 m 次,这时 n 可以取大于或等于 0 的整数,m 需大于 n,例如/a{1,3}/既可以匹配"aab"中的"aa",也可以匹配"ab"中的"a"。

使用量词会匹配尽可能多的字符,例如 /a.＊3/ 可以匹配整个字符串 "abc123abc123",因为.可以代表任意字符,使用＊匹配多次之后可以直接到末尾的 3 结束,这种情况叫作贪婪匹配(Greedy Match),如果想匹配到满足条件的字符时立即停止,则可以在 ＊、＋、?、{}后边再加一个?,例如/a.＊?3/就只会匹配"abc123abc123"中第 1 次出现的"abc123"。

9.6.3　区间、逻辑和界定符

正则表达式提供了区间、逻辑和界定符语法用于匹配在一个区间内的任意字符,还可以使用或和非进行逻辑操作,以及判断字符的左右两边是否满足一定规则。

1. 区间

使用区间语法可以自定义一个字符集,用于匹配其中的任意一个字符,例如/[abc]/可以匹配"a"、"b"、"c" 中的任意一个。还可以使用-定义一个连续的区间,例如/[a-z]/可以匹配小写字母 a 到 z 中的任意一个,即能够匹配"a"、"b"、"c"……"z"等字符。结合量词可以实现对区间内字符的多次匹配,例如/[abc]{3}/可以匹配"aaa"、"acb"、"bbc"等所有"a"、"b"、"c" 3 个字符的排列组合,只要出现 3 次。

之前介绍的\w 就等同于[a-zA-Z0-9_],\d 相当于[0-9]。另外出现在区间内的"."、"＋"、"?"等特殊符号会视为单纯地对字面值进行匹配,即/[.]/可以直接匹配"."。

2. 逻辑

如果要匹配除区间内的任意字符,则可以在区间内部开头使用^代表相反操作,例如/[^a-c]＋/表示除"a"、"b"、"c"之外的任意字符出现 1 次或多次,则它可以匹配"d"、"e"、"z"等,但是不能匹配"a"、"b"、"c"。

正则表达式还支持逻辑或运算,使用|分隔多个正则表达式,表示任何一个成立都可以匹配成功,例如/ab|cd/可以匹配"ab"或"cd"。

3. 界定符

界定符可以匹配字符的边界,即字符的前后需要满足一定的要求才可以匹配成功。

^和 $ 可以匹配字符串的开头和结尾(^和区间的取反逻辑符号相同),表示字符串从开头到结尾必须满足正则表达式规定的模式,如果单用^和 $ 则表示字符串必须以特定模式开头或结尾。例如/^abc $ /只能匹配"abc",其他像"1abc"、"abdc"或"abc2"这种则不能匹配成功,因为它们当中有并非以"a"开头、以"c"结尾或者中间不是一个"b"的情况。如果使用/^a.＊c $ /则可以匹配以"a"开头且以"c"结尾的任何字符串,例如"abbbbc"、"ac"、"a2c"等。

\b 可以匹配英文字母和数字的边界,即两个不相邻的数字、字母之间的任何字符,例如英文单词之间的空格、标点符号等。假设匹配单词"Script",但是不匹配"JavaScript"中的"Script",可以使用/\bScript/,这样像"Script"、"The Script"中的"Script"都可以匹配到,而像"JavaScript"、"TypeScript"中的"Script"就不会匹配到。

x(?=y)可以匹配以 y 结尾的 x,x 和 y 都是正则表达式,例如/App(?=lication)/可以匹配"Application"中的"App",但是不能匹配"Apple"中的"App",因为正则表达式指定了需要以"lication"结尾的"App"字符串。这个与下面要介绍的几种语法相同的是,(?=y)这部分只是用来定位边界,它不会用来匹配字符串,所以/App(?=lication)/只匹配了"App"而不匹配"lication"。

与 x(?=y)作用相反的有 x(?!y),用于匹配不是以 y 结尾的 x,这样/App(?=lication)/就可以匹配"Apple"中的"App"而不能匹配"Application"中的"App"了。

(?<=y)x 与 x(?=y)的判断方向相反,用于匹配以 y 开头的 x,例如/(?<=key)board/可以匹配"keyboard"中的"board",但是不能匹配"cupboard"中的"board",而作用相反的为(?<!y)x,匹配不是以 y 开头的 x。

9.6.4　分组

如果在编写正则表达式时,想记录匹配到的值并在后边引用它,则可以使用()语法对正则表达式进行分组,再使用\加上对应的位置来引用分组匹配到的结果,位置是按小括号的左半边进行计算的,无论是否有嵌套,左边第 1 个位置为 1,剩余的以此类推。

假设匹配一段 HTML 代码,要确保开始标签和结束标签是同一个,可以使用()记录开始标签的值,然后在结束标签中引用它就可以保证它们都是同样的标签,例如使用/^<(\w+)> Test <\/\1>$/可以匹配"Test",在小括号里\w+记录了匹配到的"div",然后在后边的结束标签里使用\1引用了前边匹配到的"div"值,这样就可以匹配完整的<div></div>标签了,注意\1 前边使用了转义字符匹配 HTML 结束标签的/。

如果有多个小括号,则可以分别对它们进行引用,使用/(aa(bb))\1\2/可以匹配到"aabbaabbbb",\1 引用了左边第 1 个括号中匹配到的字符"aabb"(包括嵌套小括号中的字符),\2 引用了嵌套小括号匹配到的字符"bb",而正则表达式里的(aa(bb))部分先匹配"aabb",\1 和\2 分别匹配"aabbbb",合起来就是"aabbaabbbb"。

如果\1、\2 这种名字没有实际的意义,则可以对分组进行命名,使用(?<分组名> x)语法,x 为正则表达式,引用分组的时候使用\k<分组名>,每个小括号形成的分组都可以有单独的名字。例如一个简单的匹配邮箱的正则表达式/(?<name>\w+)[.]@(?<domain>\w+[.]\w+)/将第 1 个分组命名为 name 代表用户名,将第 2 个分组命名为 domain 代表域名,后续就可以使用\k<name>和\k<domain>进行引用了。

9.7　字符串中的正则

在上边介绍了正则表达式的语法规则之后,现在可以通过字符串中提供的方法来使用它了。

1. search()

字符串中提供了 search()方法,用于在搜索到匹配正则表达式的字符串后,返回它的索引。该方法接收 1 个正则表达式作为参数,并返回第 1 次匹配到的字符串的起始索引,如果没有匹配到则返回−1,代码如下:

```
let str = "hello world";
str.search(/e/);                 //1
str.search(/z/);                 //−1;
```

2. match()

match()接收 1 个正则表达式作为参数,并返回匹配到的字符的数组,数组的内容会根据正则表达式的标志而有所不同。这里先看一下正则表达式标志的含义。

正则表达式的标志是在末尾的一些字母,例如/\w+/g,它有 6 种形式,分别为

(1)g:代表全局搜索。如果没有设置 g,正则表达式会在第 1 次匹配到满足的字符串时就会停止;如果设置了 g,则会搜索所有满足的字符串。

(2)i:是否区分大小写。不设置则区分,设置了则不区分。

(3)m:可以改变^和 $ 界定符的行为,在没有设置多行匹配时,^和 $ 会把起始和结束界定在整个字符串的开始和结尾,如果设置了 m,则^和 $ 会界定每行的起始和结束。

(4)s:是否允许.匹配换行符,不设置则不匹配,设置了则匹配。

(5)u:是否把正则表达式全部视为 unicode 代码单元。设置了 u 则可以使用\p Unicode 属性转义和\u{hhhh}、\u{hhhhh}等形式的正则表达式,不过使用不带{}的\uhhhh 形式可以不用设置 u 标志。

(6)y:是否启用粘滞搜索,即是否从正则对象中的 lastIndex 属性开始搜索,这个稍后再作介绍。

标志可以同时设置多个,例如/.*/gi。

在使用 match()时,影响返回结果的标志为 g。如果使用了 g 标志,则 match()方法会返回字符串中所有满足正则表达式的字符数组,代码如下:

```
let str = "This is an apple";
let res = str.match(/is/g);
res;                 //["is", "is"]
```

这里/is/g 匹配到了"This"中的"is"和单独的"is"这两个字符串,并返回了包含它们的数组。

如果没有设置 g,则返回第 1 个匹配到的字符串,例如把上边例子中的 g 去掉会返回下例所示的结果,代码如下:

```
let res = str.match(/is/);
res;                 //["is"]
```

如果正则表达式中有分组,则会把分组记录的值按顺序返回出来,相当于\1、\2 等所引

用的值,例如把上例中的正则表达式改成使用小括号,代码如下:

```
let res = str.match(/This (\w+) an (\w+)/);
res;                        //["This is an apple", "is", "apple"]
```

首先/This(\w+)an(\w+)/匹配了整个字符串,但是使用小括号的两个"\w+"所匹配到的值,也分别按顺序返回了出来。此外,结果数组中还包含额外的信息,可以通过属性进行访问,它有 index 表示匹配到的字符串的起始索引,还有 input 表示进行匹配的原字符串本身,例如访问上方示例中的 res 数组中的属性,代码如下:

```
res.index;                  //0
res.input;                  //"This is an apple",即 str
```

它还有一个 groups 属性,这个用于返回命名分组的信息,包含名字和值的键值对,像上边的分组没有名字,所以它的值是 undefined,如果使用了命名的分组,则会返回包含它们的对象,代码如下:

```
let res = str.match(/(?<start>\w+) is an (?<end>\w+)/);
res.groups;                  //{start: "This", end: "apple"}
```

最后,如果 match()没有匹配到字符串,则会返回 null。

3. matchAll()

matchAll()与 match()类似,接收 1 个正则表达式作为参数,并返回一个迭代器(Iterator),包含所有匹配的字符串,也包括分组,有关迭代器的概念将在第 10 章内置对象中进行介绍。与 match()不同的是,参数中的正则表达式必须使用 g 标志进行全局匹配,而返回的迭代器转换为数组之后,每个元素是一个子数组,与不带 g 的 match()所返回的结果数组一样,包含匹配到的字符串和分组及附加的 index、input 和 groups 信息。matchAll()用法的代码如下:

```
let res = "java and JavaScript".matchAll(/(ja)va(\s+|\w+)/g);
let arr = [...res];          //将迭代器转换为数组
console.log(arr);
```

上述代码中,正则表达式/(ja)va(\s+|\w+)/g 用于匹配 java 或 JavaScript,\s+|\w+表示在"java"后边要么是空格要么是字母,也就是可以匹配"java"和"JavaScript",其中把"ja"放到了小括号中进行分组。接着返回的结果 res 可以直接使用数组 spread 扩展运算符并把结果转换成数组类型,或者使用 Array.from(res)也可以实现同样的效果,打印数组中的内容可以得到的输出结果如下:

```
[
  [
    'java ',
    'ja',
    ' ',
    index: 0,
    input: 'java and JavaScript',
    groups: undefined
  ],
  [
    'JavaScript',
    'ja',
    'script',
    index: 9,
    input: 'java and JavaScript',
    groups: undefined
  ]
]
```

  数组中的第 1 个元素用于匹配开头为"java"及其相关的信息,它是一个子数组,第 1 个元素是匹配到的字符串"java",后续是小括号分组中匹配到的元素,分别是"ja"和""空格(这里的(\s+|\w)分组匹配到的是空格),再后边的 index、input、groups 则是数组的属性,含义与 match()中的一样。在第 2 个元素子数组中,第 1 个元素是匹配到的"JavaScript",第 2 个元素同样是第 1 个分组(ja)匹配到的字符串,第 3 个元素则是(\s+|\w+)匹配到的"script",另外可以看到"JavaScript"是从字符串的索引为 9 的位置匹配到的。最后,因为分组中没有命名的,所以 groups 都是 undefined。可以看到 matchAll()就相当于使用 match()对字符串进行全局匹配。

4. replace()

  replace()方法用于搜索并替换字符串,第 1 个参数可以传递要搜索的字符串或正则表达式,第 2 个参数是要替换成的值,返回值为替换后的新字符串,原字符串并不会被修改。

  如果第 1 个参数传递了字符串,则只有第 1 次被搜索到的字符串可以被替换,例如"aabb". replace("a","b")返回结果为"babb"。如果要全部替换,则可以使用 replaceAll()方法,例如"aabb". replaceAll("a","b")会返回"bbbb"。

  如果传递的是正则表达式,且没有 g 标志,则 replace()也只会替换首次匹配到的字符串,如果有 g 标志,则 replace()会替换所有匹配到的字符,如果使用 replaceAll(),则正则表达式必须有 g 标志,它和 replace()的作用一样。例如"aabb". replace(/a/g,"b")与"aabb". replaceAll(/a/g,"b")都会返回"bbbb"。

  如果正则表达式中有分组,则可以在第 2 个参数中使用 $ 引用分组中匹配到的值,代码如下:

```
let str = "<div>test</div>";
let newStr = str.replace(/<div>(\w+)<\/div>/g, "$1");
newStr;                    //"test"
```

上述代码利用分组去掉了 HTML 标签，从而获得了其中的文本。使用 $ 引用分组时，位置的规律与正则表达式中的\1、\2 是一样的。如果想单纯地替换为字面值"$"，则可以使用"$$"进行转义。另外对于命名的分组可以使用 $<分组名>进行引用。

　　replace()的第 2 个参数还可以是一个函数，匹配到几次字符，函数就会调用几次，函数的返回值就是要替换成的字符串。函数的参数有匹配到的字符串、分组匹配到的字符串（可能有多个，与分组数量相同）、匹配到的字符起始索引、原始字符串、命名的分组结果，代码如下：

```
//chapter9/regexp1.js
function replacer(match, g1, g2, pos, str, group) {
  console.log(match, g1, g2, pos, str, group);
  return match.toUpperCase();
}

let str = "java and JavaScript".replace(/(ja)va(\s+|\w+)/g, replacer);
console.log(str); //JAVA and JAVASCRIPT
```

代码把"java"和"JavaScript"转换成了大写形式，replacer()会针对匹配到的"java"和"JavaScript"分别执行一次，返回把匹配到的字符串大写之后的结果，replacer()函数中打印参数的结果如下：

```
java       ja " "     0 java and JavaScript undefined
JavaScript ja script 9 java and JavaScript undefined
```

5. split()

之前介绍了使用普通字符串的形式调用 split()可将字符串分割为数组，现在来看一下使用正则表达式作为参数的情况，用于定义更复杂的分隔符，代码如下：

```
let str = "This is a ,. random ?#string";
str.split(/\W+/);                  //["This", "is", "a", "random", "string"]
```

示例中使用\W+用于匹配 1 个或多个非字母数字的字符，那么字符串中的空格和特殊符号都会计算在内，这样每个单词就都可以按这个模式分隔开来。如果想让匹配到的分隔符也包括在结果内，则可以把它放到分组中，例如使用 str.split(/(\W+)/)会返回["This","","is","","a",",. ","random","?#","string"]。

4min

9.8　RegExp 对象

之前介绍的正则表达式都使用字面值进行定义,除了这种方式之外还可以使用 RegExp 构造函数创建正则表达式。该构造函数接收两个参数,第 1 个是正则表达式的字符串表示形式,第 2 个是标志的字符串表示形式。例如使用 let re = new RegExp("abc", "g")可以创建一个正则表达式对象。

在使用构造函数传递字符串构建正则表达式时,不需要使用//,另外像\w、\s 中的\需要使用两个\\进行转义。这种使用字符串的形式可以方便构建动态的正则表达式,例如根据变量的值确定其中的一部分。

无论是使用字面值还是使用 RegExp 构造函数创建的正则表达式,都包含同样的属性和方法。在本章的开始,介绍了使用正则对象中的 test()方法判断正则表达式是否匹配到了字符,它还有另一个常用的方法 exec(),与 String 中的 match()类似,用于返回匹配到的字符串数组,代码如下:

```
let re = new RegExp("abc")
re.exec("abc");                    //["abc", index: 0, input: "abc", groups: undefined]
```

同样地,如果正则中有分组,则分组匹配到的字符串也会加入数组中。在介绍 exec() 与 match()的区别前,先看一下正则对象中的 lastIndex 属性。

lastIndex 表示从字符串的哪个索引位置开始进行匹配,只有当设置了 g 或 y 标志时才会生效,它的默认值是 0,即从字符串的起始索引开始匹配,在这两种标志下,lastIndex 是有状态的,即在第 1 次匹配成功之后,会把 lastIndex 移动到匹配到的字符串后面索引加 1 的位置,下一次就在这个位置开始匹配,这种情况在调用 test()或 exec()的时候都会发生,代码如下:

```
//chapter9/regexp2.js
let re = new RegExp("abc", "g");
re.lastIndex;              //0
re.test("abcabc");         //true
re.lastIndex;              //3
re.test("abcabc");         //true
re.lastIndex;              //6
re.test("abcabc");         //false
```

可以看到 re.lastIndex 的值会被记住,所以要注意当需要复用正则表达式对象时,它的 lastIndex 是不是会影响最终结果,如果会,则最好重新创建一个新的正则表达式。虽然也可以直接修改 lastIndex 的值,但是不推荐这样做。

正常情况下,lastIndex 会移动到匹配到的字符串的最后并加 1,但是当 lastIndex 小于

或等于字符串的长度且匹配到空白字符串时,就会一直停留在当时的 lastIndex 中,代码如下:

```
//chapter9/regexp3.js
let re = new RegExp("(abc)?", "g")
re.lastIndex;                //0
re.test("abcabcab");         //true
re.lastIndex;                //3
re.test("abcabcab");         //true
re.lastIndex;                //6
re.test("abcabcab");         //true
re.lastIndex;                //6
//...
```

因为正则表达式匹配(abc)出现 0 次到 1 次,所以在 lastIndex 等于 6 时,就到了最后的"ab"这个子串了,但是由于(abc)? 允许匹配空白字符串,所以按照规则,lastIndex 会一直停留在 6。

再有一种情况,如果 lastIndex 大于字符串长度,或者等于字符串长度且并没有匹配空白字符串,则会把 lastIndex 设置为 0,例如下方的正则表达式在匹配几次超过或等于字符串长度后,就会归 0,这里为了演示代码只调用了一次,可以自行测试在调用多次之后 lastIndex 的变化,代码如下:

```
let re = new RegExp("abc", "g");
re.test("abcabc")              //在调用几次后,lastIndex 变为 6,并在下一次匹配时重置为 0
```

现在,可以通过 lastIndex 属性来掌握 exec()和 match()的区别了,在 g 标志下,match()会返回全部匹配的字符串数组,并且每次都是从 0 开始匹配,而 exec()则是每执行一次就返回当时匹配到的字符串,然后将 lastIndex 移动到下一个位置继续匹配,代码如下:

```
//chapter9/regexp4.js
let re = new RegExp("abc", "g");
"abcabc".match(re);           //["abc", "abc"]
re.lastIndex;                 //0
re.exec("abcabc");            //["abc", index: 0, input: "abcabc", groups: undefined]
re.lastIndex;                 //3
re.exec("abcabc");            //["abc", index: 3, input: "abcabc", groups: undefined]
re.lastIndex;                 //6
```

再来看一下 y 标志的作用,它表示粘滞搜索(Sticky Search),使用它可以通过改变 lastIndex 来决定起始匹配索引,在匹配到字符串后也会移动 lastIndex 的位置(不带 g 或 y 标志的正则表达式每次匹配都是从 0 开始)。另外在指定 lastIndex 之后,正则表达式就只从 lastIndex 指定的位置开始搜索,如果当前位置的字符不符合规则,则它不会从后边的字

符继续搜索,代码如下:

```
let re = new RegExp("abc", "y");
re.lastIndex = 2;
"abcabc".match(re);              //null
re.lastIndex;                    //0
```

示例中把 re.lastIndex 改为了 2,那么下一步的 match 会从"cabc"这个位置开始匹配,由于"cabc"不满足正则表达/abc/,所以返回了 null,后边 lastIndex 则直接重置为 0。

最后正则表达式对象中还有一个 source 属性,用于获取正则表达式的字符串表示。此外,上述所有正则表达式对象中的属性和方法对于用字面值创建的正则表达式同样适用。

9.9　常见的正则表达式

在介绍完正则表达式语法之后,来看一下常见的正则表达式示例。这些表达式在初看时会毫无头绪,但是随着一点一点地拆解,就能逐步理解各部分的含义了。只要按顺序从左到右阅读,必要时作一些记录就能完整地理解整个表达式的规则。

1. 手机号

先来看最常见的手机号匹配,绝大多数应用程序在用户注册的时候需要输入手机号,国内的手机号为 11 位,目前都以 1 开头,且随着号码的不断增加,第 2 位几乎使用了 0～9 所有的数字,剩余的部分则可以是任何数字,这样手机号的匹配规则就简单多了,正则表达式如下:

```
/^1\d{10}$/;                    //不带国际码
/^(\+?86)?1\d{10}$/;            //带国际码
```

不带国际码比较容易阅读,1 后边跟 10 个 0～9 的数字即可,而带国际码的可以看到 \+ 使用了转义匹配字面值"+",并且它是可选的,能出现 0～1 次,后边紧跟 86 中国国际码,而国际码整体也是可选的,把它放到了小括号中:(+?86)?,小括号外边的? 表示它整体为可选的,这样就能匹配+86 或 86 或不写国际码的形式了。^和 $ 则限制了整个字符串从开始到结尾必须符合这个规则,而不是在一段字符串中包含手机号的这种情形。

2. 邮箱

邮箱也是一个常用的用户输入项,正则表达式如下:

```
/^[a-zA-Z0-9._%-]+@[a-zA-Z0-9.-]+\.[a-zA-Z]{2,6}$/
```

邮箱一般是 username@domain.com 这种形式,其中必有@符号,所以这个正则表达式可以先找到@,然后看它前边用户名的规则,只能包含大小写字母、数字、.、_、%、-,并且使用+规定长度至少为 1。后面的域名.号前的规则与此类似,然后使用转义\. 匹配字面值"."，后边的后缀则只能为大小写字符，且长度为 2～6 位。

3. 密码

假设密码要求为至少包括 1 个小写字母、1 个大写字母、1 个数字和一个特殊符号，长度至少为 8 位，正则表达式如下：

```
/(?=.*[0-9])(?=.*[\!@#$%^&*()\\[\]{}\-_+=~`|:;"'<>,./?])(?=.*[a-z])(?=.*[A-Z]).{8,}/
```

这个正则表达式第一眼看起来很复杂，但是拆解出来就很容易明白了：

（1）(?=.*[0-9])使用了(?=)用于判断任意字符后边是否有一个数字。

（2）(?=.*[!@#$%^&*()\[\]{}-_+=~`|:;"'<>,./?])则是判断任意字符后边是否有 [] 里规定的任意一个特殊字符。

（3）(?=.*[a-z])表示任意字符后边是否有一个小写字母。

（4）(?=.*[A-Z])表示任意字符后边是否有一个大写字母。

（5）.{8,}为真正要匹配的字符，至少 8 位。

前边的(?=)都是在寻找整个字符串中是否有规定的字符，它不会包含在最终结果中，只有最后面的.{8,}才是真正用来包含在匹配结果中的字符串。

9.10　小结

本章前半部分介绍了 String 对象更深一层的表示方法，并介绍了常用的 API 对字符串进行操作，后半部分介绍了正则表达式的基础语法和一些常见的例子。因为文本是与用户进行交互的根本，所以熟悉 JavaScript 中对文本的操作十分重要，本章需要重点掌握的内容有以下几点：

（1）字符串采用的是 UTF-16 编码格式，每个字符是由 1～2 个 16 位的代码单元表示的。

（2）字符串常用的操作：拼接、裁切、搜索、匹配和替换。

（3）正则表达式的基础语法：字符匹配、重复次数、区间、逻辑、边界和分组。

（4）正则表达式各标志的含义和作用。

第 10 章

内 置 对 象

本章将介绍 JavaScript 内置的对象,除了之前介绍的 Array、Object、RegExp 之外,还有基本类型的包装对象、Math、Date、JSON 等常用的对象,这些对象可以称为 JavaScript 的标准库,它们可以在全局使用,用于提供一些辅助属性和方法。

后面还会介绍 Map、WeakMap、Set、WeakSet 这些在 ES6 中出现的数据结构,以及面向更底层的 TypedArray。另外对于一些特殊用途的对象和函数也统一放到了本章进行介绍,如迭代器与生成器、Symbol、Console、Reflect 和 Proxy。这些可能在日常开发中用到得比较少,但是在涉及第三方工具库的开发时,这些对象能实现更安全、更复杂的业务逻辑。

10.1 基本类型包装对象

JavaScript 对于 number、bigInt、boolean 和 string 类型提供了包装对象(Wrapper Object),分别是 Number、BigInt、Boolean 和 String,方便在需要使用对象的地方传递基本类型的值。除了直接使用字面值创建基本类型数据之外,还可以使用构造函数的形式(BigInt 除外)创建,这样创建出来的值是对象类型。包装对象中还提供了一些静态的属性,用于获取有关该类型的一些信息和常量。例如使用构造函数的形式创建基本类型数据,代码如下:

```
let num = new Number(10);            //Number{10}
let str = new String("str");         //String{"str"}
let bool = new Boolean(true);        //Boolean{true}
```

可以看到 num、str、bool 都是以对象形式呈现的,其中构造函数中的参数不必是对应的类型,只要能转换为本类型的值都可以,例如 new Number("10") 会自动把字符串的"10"转换为数字 10。要注意的是,如果直接把构造函数当作普通函数进行调用,则它的返回值并非对象形式,而是基本类型,例如 Number(10) 会直接返回 10,而不是 Number 对象,与直接使用字面值的效果一样。

无论是使用构造函数,还是使用字面值创建的基本类型数据,都可以访问包装对象的属性和方法,这是因为在访问它们时,基本类型的数据会自动转换为对应的包装对象,然后访

问其中的属性,代码如下:

```
"JavaScript, react, vue".split(", ");          //["JavaScript", "react", "vue"];
10..toString();                                //"10"
```

注意,10后边的两个 .,并非书写错误,而是数字基本类型的第 1 个 . 会被认为是省略了 0 的小数,第 2 个才是访问对象属性的 . 语法。为了避免这种奇怪的语法,也可以使用小括号,例如(10). toString()。

使用包装对象进行数学计算或拼接操作时,又会把它们自动转换为基本类型再进行操作,代码如下:

```
let a = new Number(5);          //Number {5}
a + 6;                          //11
```

可以看到 a+6 的结果变成了基本类型的 11,而不是对象类型的 Number{11}。这种自动转换操作都由 JavaScript 编译器自动完成,不需要手动进行包装或拆解,这样就使基本类型数据也可以像对象一样使用了,在一些其他面向对象的编程语言中(如 Java),转换为对象形式的过程叫作装箱(Boxing),转换为基本类型的过程叫作拆箱(Unboxing)。

之前详细介绍了 String 对象的属性和方法,而 Boolean 中基本没有可以使用的属性和方法,所以这里单独介绍一下 Number 对象中所提供的属性的方法。

1. parseInt()和 parseFloat()

parseInt()和 parseFloat()是 Number 中的静态方法,分别用来把字符串的值转换为整数或浮点数,如果参数值不是字符串类型,则会先把它们转换为字符串(如调用 toString()),再把字符串转换为数字类型,如果不能转换为数字类型则返回 NaN。另外 parseInt()和 parseFloat()也放到了全局对象中,所以可以不用使用 Number 进行访问,代码如下:

```
Number.parseInt("10");          //10
parseFloat("12.34");            //12.34
parseInt("~");                  //NaN
```

2. isInteger()和 isNaN()

isInteger()和 isNaN()也是 Number 中的静态方法,用于判断一个数字是否为整数或者 NaN,代码如下:

```
Number.isInteger(15);           //true
Number.isNaN(1 + undefined)     //true
```

3. 静态属性

Number 对象中还有一些静态属性,用于表示无法用具体数字表示的值,这些在第 2 章已经介绍过了,这里就不再赘述了。

4. toFixed()

toFixed()是实例方法,即需要使用具体的数字对象或字面值进行调用,它可以规定小数点之后的位数,最小为 0,最大为 20,超过的部分会进行四舍五入,并返回字符串类型的结果,代码如下:

```
let num = 12.3456;
num.toFixed(2);                //"12.35"
```

5. toString()

toString()也是实例方法,可以把数字转换为字符串,例如(5).toString(),会返回"5"。不过 toString()接收一个参数,用于规定底数,即相应的进制,例如(5).toString("2")会把 5 转换为二进制的"101"。

进行数学、拼接操作时会装箱和拆箱。

10.2 Math

Math 对象提供了一组用于数学计算的方法及表示数学常量的属性。它的数学计算方法只能用于 Number 类型的数据,不可以用于 BigInt。另外 Math 只提供静态的属性的方法,因为它本身并不是构造函数,所以也不能使用 new 创建 Math 的实例对象。下面看一下Math 中的属性和方法:

1. PI

表示圆周率,打印它的值为 3.141592653589793。

2. min()和 max()

分别用于求取一组数值中的最小值和最大值,接收变长参数,既可以传递一系列的数字,也可以使用...扩展运算符传递一个数组。如果所有参数都是正常的数字就返回最小值或最大值,若有不能转换为数字的值,则返回 NaN,代码如下:

```
Math.min(1, 3, 5, 8);          //1
Math.max(...[3, 1, 4, 6]);     //6
```

3. floor()和 ceil()

分别代表向下取整和向上取整,对小数进行舍弃并返回与之最接近的整数,如果是floor(),则会返回比当前数字小且最接近的整数。ceil()与 floor()相反,会返回比当前数字大且最接近的整数。如果传递给这两种方法的参数本身是整数,则会返回它本身,代码如下:

```
Math.floor(3.78);              //3
Math.floor(-4.12);             //-5
Math.ceil(6.1);                //7
Math.ceil(-3.4);               //-3
```

4. round()

对小数进行四舍五入,并返回整数结果。例如 Math.round(6.8)的结果为 7,Math.round(-0.6)的结果为-1。注意,如果小数部分恰好是 0.5,则会向正数方向进行四舍五入,例如 Math.round(-6.5)的结果为-6(而不是-7),Math.round(-0.5)的结果为 0。

5. pow()

用于指数运算,它接收两个参数,底数和指数,并返回运算结果。例如 Math.pow(10,2)的结果为 100,与指数运算符的效果一样,即 10 ** 2。

6. sqrt()

平方根运算,接收一个参数,并返回它的平方根,例如 Math.sqrt(2)返回1.4142135623730951。

7. random()

返回一个 0~1 的伪随机小数(由计算机生成的,非严格意义上的真正的随机数),包括 0 但不包括 1。每次调用 Math.random()的返回结果都不同,代码如下:

```
Math.random();              //0.13181115774613095
Math.random();              //0.7047974766925313
```

注意,因为是随机数,所以上述结果仅供参考。如果要返回某个区间内的随机整数,可以参考下方示例,代码如下:

```
//chapter10/random1.js
function generateRandomInt(min, max) {
  min = Math.ceil(min);
  max = Math.floor(max);
  return Math.floor(Math.random() * (max - min) + min);
}

const randomInt = () => generateRandomInt(0, 100);
console.log(randomInt());              //93
console.log(randomInt());              //55
console.log(randomInt());              //38
console.log(randomInt());              //5
```

最后,Math 对象中还有三角函数 sin()、cos()、tan()等其他方法,和相应的数学运算一样,这里可以参考 MDN 文档进行使用。

10.3　Date

Date 对象用于对时间和日期进行操作。JavaScript 中的 Date 对象表示的是自 UTC 时间 1970 年 1 月 1 日 0 点开始所经过的毫秒数，即时间戳（Timestamp），并且提供了获取和修改日期时间的方法。

创建日期对象可以使用 Date() 构造函数，它会返回代码执行时的日期和时间点，如下方代码所示：

```
let date = new Date();
date; //"Sat Nov 28 2020 11:38:02 GMT + 0800 (China Standard Time)"
```

注释中是程序自动调用 date.toString() 之后返回的字符串，它显示了周、月、日、年、时、分、秒和时区信息。

Date() 构造函数还支持带参数的形式，用于创建指定日期的对象。第 1 种可以传递数值型的毫秒数，代码如下：

```
new Date(0);              //"Thu Jan 01 1970 08:00:00 GMT + 0800 (China Standard Time)"
new Date(1522438769523);  //"Sat Mar 31 2018 03:39:29 GMT + 0800 (China Standard Time)"
```

第 2 种是传递多个数值，按顺序分别是年、月、日、时、分、秒和毫秒，这里特别说明一下月份索引，在 JavaScript 中月份是按索引形式进行表示的，即 0 代表 1 月，11 代表 12 月。例如创建 2020 年 1 月 1 日 15 时 23 分 48 秒的日期可以使用 new Date(2020,0,1,15,23,48)，它会返回 "Wed Jan 01 202015:23:48 GMT+0800(China Standard Time)"。

第 3 种是使用日期字符串，例如上边例子 toString() 打印出来的字符串可以直接作为 Date() 构造函数的参数，来创建指定日期的对象，例如：new Date("Sat Mar 31 2018 03:39:29 GMT+0800(China Standard Time)")。如果字符串无法解析为日期，则会返回 Invalid Date。

Date 中还提供了静态的 now() 方法用于直接获取当前日期的时间戳，它会返回类似 1606535112050 的数字，即从 1970 年 1 月 1 日 0 点到现在已经过去了多少毫秒。日期所代表的毫秒数的取值范围为 1970 年 1 月 1 日加减 100000000 天，大约正负 27 万年。

10.3.1　获取日期

上边的例子演示了通过 toString() 获取日期字符串的形式，另外它还有 toDateString() 和 toTimeString() 分别用于获取日期部分和时间部分字符串，例如日期部分 "Sat Nov 28 2020"，时间部分："11:38:02 GMT+0800(China Standard Time)"。

与 toString 类似还有 toLocaleString()、toLocaleDateString() 和 toLocaleTimeString() 用于获取本地化的日期表示格式，方法会获取计算机所设置的语言地区，然后返回相应的字

符串表示,代码如下:

```
date.toLocaleString();          //"11/28/2020, 11:38:02 AM"
date.toLocaleDateString();      //"11/28/2020"
date.toLocaleTimeString();      //"11:38:02 AM"
```

toISOString()会返回 ISO 格式的日期字符串,且是 UTC 时间(无时区)。例如"2020-11-28T03:40:20.362Z",其中 T 之前的部分为日期,之后的部分为时间,"Z"代表 UTC 时间。

Date 中还有一系列获取日期中各部分的方法,它们分别如下:

(1) getFullYear()可以返回 4 位数的年份,例如 2020。

(2) getMonth()获取月份索引,它会返回 0~11 的数字,无前置 0。例如 11 月会返回 10,2 月会返回 1。

(3) getDay()用于获取周,而非日,0 代表周日,1 代表周一,直到 6 代表周六。

(4) getDate()则是用于获取日,返回 1~31 的数字,无前置 0。例如 28 日返回 28,8 日会返回 8。

(5) getHours()返回小时部分,采用 24 小时制,从 0 到 23,无前置 0。例如 10 点会返回 10。

(6) getMinutes()获取分钟数,返回从 0~59 的数字,无前置 0。

(7) getSeconds()获取秒数,返回值同分钟数。

以上各种方法还有获取 UTC 版本,例如 getUTCFullYear()、getUTCHours(),只需要在 get 和相应部分中间加上 UTC,它返回的是无时区的 UTC 时间。例如中国时间(东八区)的 11 点在 UTC 时间为 3 点,那么 getHours()会返回 3。

此外还有 getTime()方法可直接获取日期对象的 UTC 时间戳,例如用它可以记录程序运行了多少秒,代码如下:

```
let start = new Date().getTime();
//执行一段代码
console.log(new Date().getTime() - start);
```

10.3.2 修改日期

上述所有获取日期的方法都有相对应的修改方法,只需把 get 改为 set,不过 getDay()没有相应的 setDay()方法。例如设置年份可以使用 setFullYear(),并传递 4 位数的新年份,代码如下:

```
let date = new Date();                      //2020
date.setFullYear(2022);                     //2022
date.setFullYear(date.getFullYear() + 1);   //2023
```

其他的设置方法与 setFullYear()一样,参数的取值则与相关 get 方法的返回值一样。需要注意的是,如果设置的日期部分溢出了,则会向上进 1,例如把月份设置为 13,则会把年份加 1,此时月份变为 1(二月)。

而通过 setTime()可以把日期设置为时间戳所表示的时间,例如 date.setTime(1522438769523)。

10.3.3 解析日期

Date 对象中还提供了静态的 parse()方法,用于将字符串解析为毫秒数时间戳,它能解析的字符串格式可能会根据浏览器的不同而不同,不过对于 toISOString()所返回的标准 ISO 日期格式都可以进行解析,不能解析的字符串则直接返回 NaN,代码如下:

```
Date.parse("2020 - 02 - 01");                  //1580515200000,只包含日期部分
Date.parse("2020 - 10 - 08T13:05:47.324Z");    //1602162347324,UTC 时间
Date.parse("2020 - 08 - 21T08:12:15.258 + 08:00"); //1597968735258,时区 + 8 后的时间
Date.parse("20200101");                         //NaN,不支持的字符串
```

一般地,对于非标准的 ISO 日期格式,如果是由 toString()、toLocaleString()等返回的日期字符串,则可以进行解析,代码如下:

```
Date.parse("Sat Nov 28 2020 12:57:56");        //1606539476000
Date.parse("Sat Nov 28 2020");                 //1606492800000
```

10.3.4 日期比较

日期之间可以使用>、<、>= ,<= 进行相互比较,它们会先把日期对象转换为数字类型的时间戳,然后再进行比较,代码如下:

```
let date1 =  new Date("2020 - 01 - 01");
let date2 =  new Date("2020 - 05 - 01");
date1 < date2;                      //true
```

10.4 JSON

JSON 在现代 Web 应用程序中已经成为主流的 HTTP 数据交换格式,前端应用会通过 HTTP(S)协议向服务器 API 请求或发送 JSON 格式的数据实现前后端通信,在这种情况下 JSON 的重要性是不言而喻的。不过 JSON 的数据格式比较简单,几乎等同于普通的 JavaScript 对象。

JSON 的全称是 JavaScript Object Notion(JavaScript 对象标记),是 JavaScript 对象的

文本形式的体现,它也可以有对象、数组、String、Boolean、Number 和 Null 类型的值,例如下方示例是一个合法的 JSON 字符串,代表一个 blogPost 博客文章对象,代码如下:

```
//chapter10/json1.json
{
  "id": 1,
  "title": "博客标题",
  "isPublished": true,
  "comments": [
    {
      "id": 1,
      "content": "好"
    },
    {
      "id": 2,
      "content": "赞"
    }
  ],
  "author": null
}
```

可以看到它跟普通的 JavaScript 对象没太大区别,不过要注意的是属性必须使用双引号括起来,并且最后一个属性"author": null 后边不能有逗号。示例中的 JSON 表示了一个单独的对象,在最顶层使用{}对象语法,它也可以在顶层使用数组,里边包括多个对象,像[{},{},{}]这种形式。另外,JSON 中不能有函数、undefined 类型的值,也不能有注释。

因为 JSON 对语法结构要求比较严格,手写代码十分容易出错,一般可以借助网络上的 JSON 生成器,或者使用 JSON 对象中的 stringify()方法把普通 JavaScript 对象转换为 JSON 字符串。

10.4.1　序列化

JSON 对象中提供了静态的 stringify()方法,用于把 JavaScript 对象转换为 JSON 格式的字符串,这个过程也叫作序列化(Serialization),代码如下:

```
const obj = { a: 1, b: false, c: ["str1", "str2"] };
JSON.stringify(obj);                    //{"a":1,"b":false,"c":["str1","str2"]}
```

在序列化的过程中,有以下几点需要注意:

(1) 如果属性的值是 undefined、函数或 Symbol 类型,则这个属性直接会被忽略,例如 JSON.stringify({a: undefined})会返回"{}",但是如果这些类型的值出现在数组中,则会被替换为 null,例如 JSON.stringify({a: [Symbol("a")]})会返回 "{"a":[null]}"。

(2) 如果属性值是 BigInt 类型则会抛出 TypeError 异常。

（3）如果属性值有循环引用的对象则会抛出 TypeError 异常。

（4）如果属性对象中有 toJSON()方法，则会调用此方法转换成 JSON 字符串。例如 Date 对象不能直接转换成字符串 JSON，但是它内部有 toJSON()方法，里边调用了 toISOString()方法返回了 ISO 格式的日期字符串，JSON. stringify(new Date())会返回"2020-11-28T08:58:24.593Z"。

stringify()还可接收第 2 个参数，用于定义 replacer(替换器)，可以自定义序列化过程。它有两种形式，第 1 种是使用字符串数组，第 2 种是使用函数。先看一下使用数组形式，它的含义是选择要包含在最终结果中的属性或元素，如果全部包括则可以传递 null，代码如下：

```
JSON.stringify({a: 1, b: 2, c: 3}, ["a", "b"]);          //"{"a":1,"b":2}"
JSON.stringify({a: 1, b: 2, c: 3}, null);               //"{"a":1,"b":2,"c":3}"
```

再看一下使用函数的形式，函数接收两个参数，key 和 value，分别代表属性名和值，对于对象中的每个属性都会调用一次这个函数，函数需要返回 JSON 支持的类型的值，如 Number、String、Boolean 和 Null，如果返回 undefined、函数、Symbol 类型的值，则该属性就不会包含在结果字符串中。如果返回的是对象，则会递归地调用该函数继续序列化。需要注意，replacer 函数在第 1 次执行时，key 为空，value 为对象本身。例如把 Number 类型的属性排除在外，代码如下：

```
//chapter10/json2.js
function replacer(key, value) {
  if (typeof value === "number") {
    return undefined;
  }
  return value;
}
const post = { id: 1, title: "博客标题", comments: [{ id: 1, content: "好" }] };
JSON.stringify(post, replacer);          //{"title":"博客标题","comments":[{"content":"好"}]}
```

需要注意的是，如果对象中有 toJSON()方法，则它的值会在传递给 replacer()函数前先行调用 toJSON()。

stringify()还可接收第 3 个参数，用于指定缩进，让生成的 JSON 字符串更美观易读。如果传递的是数字，则会在每个嵌套的对象前进行换行并缩进指定数量的空格，如果是字符串，则会使用该字符串作为缩进符号。缩进数量不能大于 10，字符串长度也不能大于 10。该参数用法的代码如下：

```
//chapter10/json3.js
const obj = { a: 1, b: { c: 2 } };
console.log(JSON.stringify(obj, null, 2));          //缩进 2 个空格
console.log(JSON.stringify(obj, null, "\t"));       //使用制表符进行缩进
```

输出结果如下：

```
//空格
{
  "a": 1,
  "b": {
    "c": 2
  }
}
//制表符
{
    "a": 1,
    "b": {
        "c": 2
    }
}
```

10.4.2　反序列化

parse()方法用于反序列化(Deserialization)，即把字符串格式 JSON 数据转换为 JavaScript 对象。其实，任何一段合法的 JSON 数据都是合法的 JavaScript 代码，所以在编写代码时尤其要注意，不要提供恶意代码注入的机会。parse()方法接收字符串类型的 JSON，然后把属性值转换为相应的类型，如 Number、String、Boolean、Null、对象和数组，代码如下：

```
//chapter10/json4.js
const json = `{
  "a": 1,
  "b": true,
  "c": ["d", "e", "f"]
}`;

console.log(JSON.parse(json)); //{ a: 1, b: true, c: [ 'd', 'e', 'f' ] }
```

parse()还可接收一个 reviver()函数，用于自定义反序列化过程，它和 replacer 函数一样，也接收 key 和 value 属性。例如下方代码展示了把 Number 类型的值转换为字符串类型的值的过程，并继续使用上一个示例中的 json 变量，代码如下：

```
JSON.parse(json, (key, value) => typeof value === "number" ? value.toString() : value)
//{ a: '1', b: true, c: [ 'd', 'e', 'f' ] }
```

JSON 中的 stringify()和 parse()也可以实现对象的深度复制，先调用 stringify()转换为字符串，然后通过 parse()解析成新的对象，这样这两个对象中的属性就都互相独立了，包括嵌套的属性,不过使用这种方式的性能比较低。

10.5 Set

Set 是一种集合数据类型,类似于数组,但是不会有重复的元素,并且不能使用索引进行访问,只能通过内置的方法访问。Set 可以存放任何类型的数据。要创建 Set 对象可以使用它的构造函数,构造函数接收一个可选的参数,为可迭代的(Iterable)对象类型。关于可迭代的对象,稍后在后面的章节会介绍,现在只需了解数组、字符串及后面要讲的 Map 等都是可迭代的对象就可以了,参数中的数据会作为 Set 的初始数据,当然也可以不传递参数来初始化一个空的 Set 集合。创建 Set 集合的代码如下:

```
new Set();                    //Set(0){}
new Set([1, 2, 3]);           //Set(3){1, 2, 3}
new Set("hello");             //Set(4){"h", "e", "l", "o"}
```

注意最后一行 new Set("hello")的返回结果,它里边的"l"只有一个,这是因为 Set 中不能有重复元素。Set 会使用严格相等===来判断元素是否重复,另外之前章节介绍过 NaN!==NaN,但是 Set 会视多个 NaN 为相同的元素,所以只保留一个。

要向集合中添加元素可以调用 Set 对象的 add()方法,它接收一个参数,即要添加的数据,并返回原集合,因此也可以实现链式调用。例如创建一个 Set 集合,并添加几个新的元素,代码如下:

```
let set = new Set();          //Set(0){}
set.add(1).add(2).add(3);     //Set(3){1, 2, 3}
set.add(3);                   //Set(3){1, 2, 3},重复元素,不能添加
```

这里需要注意的是,如果给 Set 集合添加两个含有相同属性的字面值对象,则 Set 不会把它们认为是重复的,因为两个对象的引用不同,如果把对象保存到变量中,然后同时添加两次这个变量,则 Set 集合中只能有一个这个变量所指向的对象。

要查看 Set 中元素的数量可以使用 size 属性,例如 new Set(["a", "b", "c"]). size 的值为 3。

如果要判断某个元素是否存在于 Set 中,则可以使用 has()方法,例如集合 let set=new Set([1, 2, 3]),要判断 3 是否在集合中可以使用 set. has(3),它会返回 true,如果判断不存在的值,例如 set. has(4),则会返回 false。

要删除某个元素可以使用 delete()方法,它与 has 方法类似,接收要删除的值作为参数,如果删除成功则返回 true,如果删除失败则返回 false。也可以使用 clear()方法清空整个集合。

Set 中提供了 forEach()方法用于遍历集合,它与数组的 forEach()方法基本一样,接收一个回调函数作为参数,参数分别为遍历到的元素、元素的索引和集合本身,需要注意的是,因为集合本身没有索引,所以第 2 个参数索引跟第 1 个元素的内容相同,即也是元素的值。遍历一个 Set 集合的代码如下:

```
let set = new Set([1, 2, 3]);
set.forEach(ele => { console.log(ele) });              //1, 2, 3
```

遍历的结果顺序和元素的添加顺序保持一致。还有一种方式是使用 for...of 循环,代码如下:

```
for (let ele of set) {
  console.log(ele)
}
//1, 2, 3
```

Set 还可以通过...spread 运算符转换为数组,例如[...new Set(["a", "b", "c"])]会返回数组类型的["a", "b", "c"],利用这个特性可以给数组进行去重,代码如下:

```
let arr = ["a", "b", "b", "c"];
arr = [...new Set(arr)];                    //["a", "b", "c"]
```

上边是一个常见的例子,使用这种方式可以把 Set 用到任何需要数组类型的地方。

JavaScript 有垃圾回收机制,它指的是当一个对象不再被使用或不可及(Unreachable)时,它会被垃圾回收器回收掉以释放内存,但是存放在数组或 Set 中的对象不会被回收,垃圾回收器会一直认为该对象在数组或 Set 中使用,从而造成内存泄漏。为了解决这个问题,可以使用 WeakSet,它与普通 Set 类似,但是它里边的对象可以被垃圾回收器回收。WeakSet 有以下特点:

(1) 只能存放对象数据类型,因为垃圾回收器只针对对象类型,不会对基本类型数据进行回收。

(2) 只实现了 add()、delete()和 has()方法,与 Set 中的用法一样。

(3) 没有 size 属性且不能遍历,因为 WeakSet 中的对象可被回收,所以 size 和元素都是不固定的。

WeakSet 可以作为缓存或者判断对象间是否有循环引用时的临时存储空间,这样可以在缓存失效后或者对某个对象的判断结束后,就可以等垃圾回收器把它们从 WeakSet 中回收了,代码如下:

```
let cache = new WeakSet();
let obj1 = {a: 1};
let obj2 = {b: 2};
cache.add(obj1).add(obj2);
obj1 = null;
cache;
```

10.6 Map

Map 是一种用键值对(Key-Value Pair)存储的数据结构,与对象的存储结构很像,但是有所区别。对象中的 key 只能是 String 或者是 Symbol 类型,而 Map 中的 key 则可以是任何类型,如函数、对象、基本类型等,并且添加到 Map 中的键值对也是有序的,在遍历的时候仍然以原序返回,对象中的键值对顺序则没有绝对的保证。Map 的添加和删除操作比对象的性能也要好一些,并且 Map 可以由 size 属性方便地获取键值对的数量。此外 Map 中只包括添加进去的键值对,而对象中还会有从 prototype 继承下来的其他属性,因此在遍历键值对的时候,Map 不会返回额外的键值对,使代码不易出错。

要创建 Map 对象可以使用它的构造函数,它接收一个可选的参数,参数的类型是数组,且数组中的每个元素必须是两个元素的子数组,分别代表 key 和 value,它会作为 Map 的初始值,如果没有传递参数则会返回空的 Map 集合,后续再通过它的方法进行添加。初始化 Map 集合的代码如下:

```
new Map();                              //{}
new Map([['a', 1], ['b', 2], ['c', 3]]);   //{"a" => 1, "b" => 2, "c" => 3}
```

Map 对象提供了与 Set 类似的方法,包括添加、删除、清空、判存和遍历等操作。首先看一下给 Map 添加键值对的 set()方法,它接收两个参数,第 1 个参数是 key,第 2 个参数是 value,这两个参数都可以是任意类型,如果添加的 key 相同,则后面添加的值会覆盖前边的值。key 的相等性比较也严格使用相等===。给 Map 添加键值对的代码如下:

```
//chapter10/map1.js
let map = new Map();
map.set("a", 1);                        //key 为字符串
map.set(() => {}, true);                //key 为函数
map.set(undefined, "empty");            //key 为 undefined
map.set(null, () => {});                //key 为 null
map.set({prop: "value"}, null);         //key 为 object
map.set("a", 2);                        //覆盖已有的 key "a"
```

最后 map 的内容如下:

```
{"a" => 2, f => true, undefined => "empty", null => f, { prop: 'value' } => null}
```

获取 Map 中键值对的数量可以使用 size 属性,例如上方示例中 map.size 返回的值为 5。

判断某个 Key 是否存在于 Map 中可以使用 has()方法,它接收要判断的 key 作为参数,如果存在则返回 true,如果不存在则返回 false,例如上述的 map,map.has("a")返回 true,map.has("b")返回 false。

删除 map 中的键值对可以使用 delete()方法,它接收要删除的 key 作为参数,那么在搜索到这个 key 时,整个键值对就被删除了,删除成功会返回 true,删除失败(例如 key 不存在)则会返回 false。同时,也可以使用 clear()方法清空整个 Map 集合。

Map 中还提供了 keys()和 values()方法,分别用于获取所有的 key 和 value,它们的返回值是一个迭代器(Iterator)。

要遍历 Map 可以使用 for...of 循环,每个键值对以 entry 结构出现,可以视为两个元素的数组,第 1 个元素是 key,第 2 个元素是 value,在循环中可以直接使用数组解构赋值语法把它们拆解出来,代码如下:

```
for(let [key, value] of map) {
    console.log(key, value)
}
```

遍历 Map 还可以使用 forEach()方法,它接收一个回调函数,参数分别是遍历到的 value、key 和集合本身,代码如下:

```
map.forEach((value, key) => {
  console.log(key, value);
});
```

Map 也可以通过...扩展符转换为数组,与构造函数中所传递的参数一样,转换后的数组是一个二维数组,每个子数组有两个子元素,第 1 个是 key,第 2 个是 value,代码如下:

```
let map = new Map();
map.set("a", 1);
map.set("b", 2);
[...map];                    //[["a", 1], ["b", 2]]
```

WeakMap 与 WeakSet 的功能类似。WeakMap 的 key 可以被垃圾回收器回收,所以它也要求 key 必须是对象类型,而 value 可以是任何类型,在 key 被回收之后相应的 value 也会被回收。与 WeakSet 一样,因为 WeakMap 无法保证集合中键值对的数量和信息,所以它没有 size 属性,也没有 keys()和 values()方法,而只有 get()、set()、has()和 delete()方法。

　　WeakMap 可以作为缓存来保存一些当时有用,但后续会弃用的中间结果,这样就不会因为大量的数据不能被回收而导致内存泄漏。常见的一个用途是给一些对象临时添加额外的属性,把这些对象作为 key,再把要添加的属性或方法作为 value 添加到 WeakMap 中,代码如下:

```
let map = new WeakMap();
let obj = {a: 1};
map.set(obj, {b: 2, f(): {}});
```

　　当某个对象不再使用时,它和与它相关的额外属性都会被回收掉,而当保存在普通的 Map 中时,这些对象永远不会被回收,如果给很多对象添加额外属性,则这个 Map 就会占据大量内存空间而得不到释放。

10.7　迭代器、可迭代对象和生成器

　　数组、字符串、Map 和 Set 等包含一系列元素的集合都可以使用 for...of 进行循环遍历,还可以使用...spread 扩展运算符把它们转换为普通数组,或者使用解构赋值把所有或部分元素同时赋给多个变量。之所以它们有这些共同的特点是因为它们都是可迭代的对象(Iterable Object)。可迭代的对象中包括一个迭代器(Iterator),用于生成一系列的值,每次生成一个,就像遍历数组中的元素,如果给任意一个对象加上迭代器,则它就成为可迭代的对象,也就可以对它使用 for...of 等操作了。生成器(Generator)则是使用生成器函数(Generator Function)创建的一种特殊的迭代器,稍后会进行详细介绍,现在先来看一下什么是迭代器。

10.7.1　迭代器

　　迭代器是一个普通的 JavaScript 对象,但是需要符合一定的格式:
　　(1) 有一个 next()方法用于返回下一次迭代的结果。
　　(2) next()方法的返回值必须是一个对象,对象中需要有 value 和 done 两个属性,该对象可以称为 Iterator Result(迭代结果)对象。
　　(3) 当 next()可以进行迭代时,需要把产生的值放到 value 属性中,且将 done 设置为 false。
　　(4) 当 next()迭代完成时,即全部值已经生成完毕,需要把 done 设置为 true,value 可设置也可不设置。
　　这些格式加起来形成了迭代器协议(Iterator Protocol),即所有迭代器的定义都需要遵

守它。下方代码定义了一个迭代器,用于返回字母表中所有的小写字母 a-z,代码中使用到了字母的 ASCII 编码表示,并调用 String 的 fromCharCode()方法把它转换为字母,因为字母表在 ASCII 中是连续的,所以只需对数字加 1,a 为 97,一直到 z 为 122,代码如下:

```
//chapter10/iterator1.js
const alphabetIterator = {
  charCode: 97,
  next() {
    if (this.charCode < 123) {
      let res = {
        value: String.fromCharCode(this.charCode),
        done: false,
      };
      this.charCode++;
      return res;
    } else {
      return {
        done: true,
      };
    }
  },
};
```

alphabetIterator 内部维护了一个 charCode 属性,用于保存当前迭代到的字母的编码,然后在它里边定义了 next()方法并在里边进行判断,如果 charCode 小于 123,则返回的迭代结果对象中的 value 为当前 charCode 代表的字母,done 为 false,并把 charCode 加 1。如果 charCode 大于或等于 123,则迭代结束,返回 done 属性为 false 的迭代对象。要使用迭代器,可以直接调用它的 next()方法,然后通过 value 属性获取返回的值,例如访问 alphabetIterator 迭代器,代码如下:

```
alphabetIterator.next().value;        //"a"
alphabetIterator.next().value;        //"b"
alphabetIterator.next().value;        //"c"
```

或者使用 for 循环的方式进行遍历,代码如下:

```
//chapter10/iterator2.js
for (let res = alphabetIterator.next(); !res.done; res = alphabetIterator.next()) {
  console.log(res.value);
}
```

它会输出"a"到"z"的所有字母。需要特别注意的是,迭代器只能遍历一次,即当 done 为 true 之后,不会返回开始,之后再访问 next()只会返回最后的值,在上述循环结束之后,它会一直返回迭代器 else 部分的代码，即{done:true}，代码如下：

```
alphabetIterator.next();                //{ done: true }
alphabetIterator.next();                //{ done: true }
alphabetIterator.next();                //{ done: true }
```

10.7.2　可迭代对象

单独使用迭代器看起来似乎并没有什么用处，但是如果把它添加到一个对象中，则这个对象就成了可迭代的对象，可以使用 for...of、...spread 运算符、解构赋值运算符和任何需要一个迭代对象作为参数的地方了。

要给对象添加迭代器，需要添加 Symbol.iterator 方法。Symbol 中提供了一些内置的属性(Well-Known Symbols)用于扩展 JavaScript 内置对象，这些将在 10.9Symbol 小节介绍，这里只需知道给对象添加 Symbol.iterator 的返回值作为属性名，值为一个函数，函数不接收任何参数，之后在函数中返回一个迭代器，这样这个对象就成了可迭代的对象了。Symbol.iterator 方法的这种用法规范也称为可迭代对象协议(Iterable Protocol)，JavaScript 中内置的 Array、Map、Set 等对象都实现了它。

来看一个例子，把 alphabetIterator 迭代器添加到 alphabet 对象中，使之成为可迭代对象，代码如下：

```
//chapter10/iterable1.js
let alphabet = {
  [Symbol.iterator]() {
    return alphabetIterator;
  },
};
```

Symbol.iterator 使用了方括号动态属性名语法是因为 Symbol.iterator 就如同变量一样，具体的值还需要动态地获取出来。在函数体里则直接返回了 alphabetIterator 迭代器，这样 alphabet 就变成了可迭代的对象了。此时可以使用 for...of 等要求可迭代对象作为参数的操作了，代码如下：

```
[...alphabet];                //["a", "b", "c", ..., "z"]
for (let letter of alphabet) {
  console.log(letter);        //"a" "b" "c" ... "z"
}
const [a, b, c] = alphabet;   //a = "a", b = "b", c = "c"
```

注意上述的三段代码需要分别执行，在测试后边的代码时需要注释前边的，因为在迭代开始时会先调用 Symbol.iterator 方法获取迭代器，而这三段代码得到的是同一个

alphabetIterator 对象,所以后续再进行遍历时(如第 2 行的 for...of)获得的就是已遍历完的迭代器,for 循环就不会被执行,后边的解构赋值也是如此。

如果需要遍历多次也很简单,只需要在 Symbol. iterator 方法中每次都返回新的迭代器,这里可以使用...spread 运算符,代码如下:

```
//chapter10/iterable2.js
[Symbol.iterator]() {
    return { ...alphabetIterator };
}
```

这样之前的代码就可以同时执行了,因为每次获取的迭代器对象都是不同的。不过,使用 alphabetIterator 这种迭代器的方式并不是很方便,它需要好多模板代码,需要实现 next()方法并返回{value:..., done:...}这样结构的对象,还需要维护 charCode 这样的属性,并且当多个对象想复用同样的迭代器时,如果忘记使用...扩展符返回全新的迭代器对象,就会影响其他对象的迭代。那么要解决这个问题就可以使用生成器和生成器函数了。

10.7.3　生成器与生成器函数

7min

生成器是一种特殊的迭代器,由生成器函数创建,它有内置的 next()方法,返回{value:..., done:...} 结构的迭代结果对象。之所以说生成器是特殊的迭代器,是因为它自己也实现了 Symbol. iterator 方法,即生成器同时又是一个可迭代的对象,就如同给 10.7.2 节的 alphabetIterator 迭代器再加一个 Symbol. iterator 方法。这样生成器既可以使用 next()逐个进行迭代,也可以使用 for...of 遍历。

首先看一下如何定义生成器函数,它与普通函数的区别是,在 function 关键字后边需要加上一个 * ,而函数体里可以用一个特殊的关键字 yield,用于在调用生成器中的 next()方法时,返回 value 属性的值。例如定义一个简单的生成器函数,代码如下:

```
//chapter10/generator1.js
function * generatorFunc() {
  yield 1;
  yield 2;
}
```

直接调用这个函数它会返回一个生成器,这时与普通函数不同的是,生成器函数中的代码并不会被执行,而处于暂停状态,只有当调用生成器中的 next()方法时,函数的代码才会被执行,直到遇到一个 yield 语句把迭代结果对象返回,然后继续保持暂停,当再调用生成器中的 next()方法时,生成器函数的代码才会继续执行并返回下一个 yield 语句中的结果。例如使用 generatorFunc()创建生成器之后,遍历它所有的值,代码如下:

```
//chapter10/generator1.js
let generator = generatorFunc();
generator.next();                    //{ value: 1, done: false }
generator.next();                    //{ value: 2, done: false }
generator.next();                    //{ value: undefined, done: true }
```

可以看到在第 1 次调用 next()的时候,生成器函数中的代码开始执行,遇到 yield1,返回{value:1,done:false}并暂停,第 2 次调用 next()的时候,遇到 yield2 之后返回{value: 2,done:false}并暂停,第 3 次调用 next()的时候,生成器函数中没有 yield 语句了,所以直接返回了{value: undefined,done:true},表示迭代结束。另外,生成器函数中也可以有 return 语句,它是在执行完最后一个 yield 之后,会把 return 的值赋给 value 属性,而不是把 value 设置为 undefined,例如给 generatorFunc()的最后加上 return 3,那么第 3 次调用 generator.next()的返回值就是{value: 3,done:true},不过以后再调用 next(),value 的值又会变成 undefined。

10.7.2 节中的 alphabetIterator 可以改成使用生成器函数实现相同的功能,代码如下:

```
//chapter10/generator2.js
function * alphabetGenerator() {
  for (let charCode = 97; charCode < 123; charCode++) {
    yield String.fromCharCode(charCode);
  }
}
```

可以看到比使用迭代器的方式简单多了,并且即使在函数体里使用了循环,函数的执行也是暂停的,只有在调用返回的生成器中的 next()方法时,才会被执行,等于说由于 yield 语句的存在,for 循环会在每次 next()调用之后才会执行一次,这样能节省内存。例如使用 alphabetGenerator()创建 alphabet 生成器并访问前 3 个值,代码如下:

```
//chapter10/generator2.js
const alphabetIterator = alphabetGenerator();
console.log(alphabetIterator.next().value);         //"a"
console.log(alphabetIterator.next().value);         //"b"
console.log(alphabetIterator.next().value);         //"c"
```

因为生成器本身也是可迭代对象,所以也可以使用 for...of 遍历,需要注意的是,生成器的 Symbol.iterator 方法会返回它本身,也就是说它只能遍历一次,如果接着上边 alphabet 生成器使用 for...of 进行遍历,则它会打印出"d"到"z"的值,代码如下:

```
//chapter10/generator2.js
console.log("for of ===================== ");
for (let letter of alphabetIterator) {
```

```
    console.log(letter);
  }
```

要想多次遍历生成器,可以把生成器中的 Symbol.iterator 属性指向生成器函数,这样每次遍历前都会生成一个新的生成器,代码如下:

```
//chapter10/generator2.js
alphabetIterator[Symbol.iterator] = alphabetGenerator;
for (let letter of alphabetIterator) {
  console.log(letter); //"a" - "z"
}
for (let letter of alphabetIterator) {
  console.log(letter); //"a" - "z"
}
```

同理,当给对象添加 Symbol.iterator 方法实现可迭代的对象时,也可以让它直接指向生成器函数(或者生成器,如果只想遍历一次),例如 10.7.2 节的 alphabet 对象,修改后的代码如下:

```
//chapter10/generator3.js
let alphabet = {
  [Symbol.iterator]: alphabetGenerator,
};

console.log([...alphabet]);              //["a", "b", ..., "z"]
for (let letter of alphabet) {
  console.log(letter);                   //"a" - "z"
}
```

也可以直接在对象中定义生成器函数,例如[Symbol.iterator]: function * (){},或者使用简写形式 * [Symbol.iterator](){},代码如下:

```
//chapter10/generator4.js
let alphabet = {
  * [Symbol.iterator]() {
    for (let charCode = 97; charCode < 123; charCode++) {
      yield String.fromCharCode(charCode);
    }
  },
};
```

如果想在迭代生成器的过程中立即终止迭代,即使仍然有值还未进行迭代,则可以调用生成器内置的 return()方法,它会返回迭代结果对象,value 是传递给 return()的参数,done

为 true,后续如果再调用 next( )方法则会返回代表迭代已结束的结果对象{ value：undefined，done：true },代码如下(这里使用之前定义的 * alphabetGenerator( )生成器函数作为示例,省略了定义部分)：

```
//chapter10/generator5.js
const alphabetIterator = alphabetGenerator();
alphabetIterator.next().value;              //"a"
alphabetIterator.next().value;              //"b"
alphabetIterator.return("stop");            //{ value: "stop", done: true }
alphabetIterator.next();                    //{ value: undefined, done: true }
```

next( )方法也可以接收一个参数,它会作为 yield 语句的返回值,在生成器函数中获取该值之后可以根据它执行一些逻辑判断、修改内部状态等,但是第 1 次调用 next( )时的参数会被忽略。如果没有传递参数,则 yield 的返回值为 undefined。例如给 next( )传递参数并使用 yield 返回值获取该参数,代码如下：

```
//chapter10/generator6.js
function * generatorFunc() {
  let param1 = yield 1;           //yield 1 返回 "b"
  console.log(param1);
  let param2 = yield 2;           //yield 2 返回 "c"
  console.log(param2);
}
let gen = generatorFunc();
gen.next("a");                    //被忽略
gen.next("b");                    //"b"
gen.next("c");                    //"c"
```

基于这个特性可以修改一下 * alphabetGenerator( )生成器函数,让它内部维护一个步长(Step)状态,默认为 1,即每次对 charCode 加 1 生成连续的字母,然后支持通过 next( )的参数来动态修改它的数值,例如在迭代 2 次之后把步长改为 2,后边的会迭代间隔的字母,如果没有传递参数则又会把步长还原为 1,代码如下：

```
//chapter10/generato7.js
function * alphabetGenerator() {
  let step = 1;
  for (let charCode = 97; charCode < 123; charCode += step) {
    step = (yield String.fromCharCode(charCode)) || 1;
  }
}
let gen = alphabetGenerator();
gen.next().value;           //"a"
gen.next().value;           //"b"
gen.next(2).value;          //"d"
gen.next().value;           //"e"
```

代码中把 charCode++ 改为了 charCode += step 来使用步长状态,然后在循环体中判断如果传递了参数,即 yield String.fromCharCode(charCode) 返回值不为 undefined,则将 step 修改为参数的值,否则还原为 1。注意 yield 语句中的括号是必需的,否则会先行计算 String.fromCharCode(charCode)||1 的值。在结果中可以看到,给 next() 传递 2 时,成功地修改了步长并产生了"d",跳过了"c",在下一次调用没有传递参数的 next() 时,step 又还原成了 1,生成了"e"。

生成器中还有一个 throw() 方法,可以抛出异常,关于异常的内容将在第 11 章进行介绍。通过 throw() 方法可以把异常抛到生成器函数中,而生成器函数可以捕获这个异常并执行一些处理操作,throw() 方法会返回迭代结果对象,如果在生成器函数中捕获了异常,则生成器仍然可以继续迭代,代码如下:

```javascript
//chapter10/generator8.js
function * alphabetGenerator() {
  let step = 1;
  for (let charCode = 97; charCode < 123; charCode += step) {
    try {
      step = (yield String.fromCharCode(charCode)) || 1;
    } catch (error) {
      console.log("捕获了异常:" + error.message);
    }
  }
}
let gen = alphabetGenerator();
console.log(gen.next().value);
console.log(gen.next().value);
console.log(gen.throw(new Error("出错了")));
console.log(gen.next());
```

可以看到输出结果中多了一条异常捕获信息,结果如下:

```
a
b
捕获了异常:出错了
{ value: 'c', done: false }
{ value: 'd', done: false }
```

在生成器函数中还支持使用 yield * 把迭代的任务交给另一个可迭代的对象进行处理,处理完毕之后,如果自身还有 yield 语句则会在调用 next() 的时候继续往下执行,代码如下:

```javascript
//chapter10/generator9.js
function * gf1() {
  yield 1;
  yield * gf2();
```

```
    yield 3;
  }

function * gf2() {
  yield 2;
}

let g = gf1();
g.next();                    //{ value: 1, done: false }
g.next();                    //{ value: 2, done: false }
g.next();                    //{ value: 3, done: false }
g.next();                    //{ value: undefined, done: true }
```

示例中在使用 gf1() 的生成器时，next() 方法首先返回了 1，再次调用 next() 的时候遇到了 yield *，此时的迭代任务开始由它后边的 gf2() 生成器执行，并产生 2，完成之后再调用 next() 的时候 gf1() 中还有值需要 yield，这时就生成了 3，再次调用时生成器已迭代完毕，将 done 设置为了 true，可以看到 gf2() 迭代完成之后 done 并不为 true，只有当最外边的 gf1() 迭代完成时才为 true。由于 yield * 后面可以是任意可迭代的对象，所以也可以使用数组、字符串、Map 和 Set 等，例如 yield * [1, 2, 3]、yield * "abc" 或 yield * new Set([3, 4, 5])。

10.8 TypedArray

随着 JavaScript 语言应用范围的增加，它可以处理图片、视频、声音、压缩包等二进制文件，以及用二进制传输的网络协议数据了（例如 WebSocket、HTTP2），但是在 ES2015 以前并没有特别的数据结构来表示这些二进制数据，而现在 JavaScript 提供了一组 TypedArray（带类型的数组）用于专门处理原始的二进制数据。TypedArray 并不是一个单独的类或者对象，而是一组带类型的数组的集合，它们与普通的数组类似，但是在创建和操作上有一定的区别。TypedArray 包含的数组可以参考表 10-1 列出的类型。

表 10-1 TypedArray 种类

类型	取值范围	长度/字节	描述
Int8Array	−128～127	1	8 位有符号整数
Uint8Array	0～255	1	8 位无符号整数
Uint8ClampedArray	0～255	1	8 位固定无符号整数
Int16Array	−32768～32768	2	16 位有符号整数
Uint16Array	0～65535	2	16 位无符号整数
Int32Array	−2147483648～2147483647	4	32 位有符号整数

续表

类型	取值范围	长度/字节	描述
Uint32Array	0~4294967295	4	32 位无符号整数
Float32Array	$1.2 \times 10^{-38} \sim 3.4 \times 10^{38}$	4	32 位浮点数
Float64Array	$5.0 \times 10^{-324} \sim 1.8 \times 10^{308}$	8	64 位浮点数
BigInt64Array	$-2^{63} \sim 2^{63}-1$	8	64 位有符号整数
BigUint64Array	$0 \sim 2^{64}-1$	8	64 位无符号整数

从表中可以看到,int 类型的数组中,带有 U 的表示是无符号整数,它与带符号的同类型数组所表示的范围大小一致,只是没有单独的符号位,所以只表示正数。后边的位数 8、16、32 则表示数组中每个元素所占的位数,8 位为 1 字节,所以像 Int32Array 这样的类型数组中,它的元素每个占 4 字节,表示的数字范围比 16 位和 8 位的更大。Float 浮点型的数组有 32 位和 64 位两种大小。

Uint8ClampedArray 与其他类型数组有一点区别。其他数组如果数据溢出,则会直接到相反的一端开始进行循环,例如给 Int8Array 数组添加值为 128 的元素,它会直接变成 −128,如果添加 −129 则会变为 127,而当 Uint8ClampedArray 中的数值溢出时,则直接会变成最接近的一端,例如添加 258 会变为 255,添加 −10 会变成 0。Uint8ClampedArray 可以用于在 HTML canvas 中处理图片像素数据,因为它的值刚好可以代表 RGB 颜色的取值范围。

在类型数组中,二进制数据的表示和存储是分开的,如果要对类型数组进行读写,则需要先申请一块内存地址作为缓冲区(Buffer)。缓冲区只能作为存储空间对数据进行存储,它并不知道数据是 int8、int16 还是 int32 类型的,如果要展示缓冲区的数据,则需要使用特定的类型数组来基于缓冲区创建一个视图(View),这样就能对数据进行读写了。这种存储与表示分离的机制可以让同一缓冲区的数据以不同的类型数组展示出来,从而获取不一样的结果。下面来看一下如何创建类型数组。

10.8.1　创建类型数组

创建类型数组可以使用相应的构造函数,每种类型数组的构造函数基本相同,这里以 Int8Array 数组为例,创建一个长度为 4 的 8 位整数类型的数组,代码如下:

```
let int8arr = new Int8Array(4);
```

这是最常见的初始化方式,给构造函数传递一个长度参数,创建一个固定长度的类型数组。在类型数组创建的同时,它也会创建用于存储数据的缓冲区,大小根据数组的长度和每个元素所占的字节数而定,示例的 Int8Array 表示每个元素占 8 位,即 1 字节,那么整个数组共 4 字节,也就是说缓冲区占 4 字节的内存空间。

给类型数组赋值和普通数组一样,使用[]语法,不过需要注意的是,如果给超过长度的索引赋值,则它不会像普通数组一样扩容并把空位使用 empty 填充,而是直接忽略掉这个操作,没有任何效果。另外,如果给元素设置了超过该类型能表示的最大范围则会按相应的溢出操作对数据进行折返。对类型数组进行赋值和访问的代码如下:

```
int8arr[0] = 10;
int8arr;                      //[10, 0, 0, 0]
int8arr[1] = 130;
int8arr[1];                   // - 126
```

类型数组虽然看起来和普通数组一样,但是并不是原生的 Array 对象,使用 Array.isArray(int8arr)会返回 false。

创建类型数组还可以通过给构造函数传递其他类型数组的方式实现,这样参数数组中的每个元素会转换为要创建的类型数组的类型,并对溢出的数值进行折返,然后复制到新的数组中,最后新数组的长度跟参数数组的长度一样,代码如下:

```
//chapter10/typed_array1.js
let int16arr = new Int16Array(2);
int16arr[0] = 236;
int16arr[1] = 13;
int16arr;                     //[236, 13]
let int8arr = new Int8Array(int16arr);
int8arr;                      //[ - 20, 13]
```

1. 缓冲区与视图

上边的两种方式在创建类型数组的时候会自动创建与数组所占字节数相同的缓冲区,也可以反过来,先创建一个缓冲区,然后让类型数组使用这块缓冲区进行数据读写,这样做可以让多种类型数组共享同一块内存,从而分别用不同的类型表示这块内存中的数据。创建缓冲区可以使用 ArrayBuffer 构造函数,它接收一个参数,即缓冲区大小,以字节计。例如创建一个 4 字节大小的缓冲区,代码如下:

```
let buffer = new ArrayBuffer(4);
```

4 字节(32 位)的缓冲区可以存储 1 个 Int32Array 的元素或 2 个 Int16Array 的元素或 4 个 Int8Array 的元素。缓冲区对象不能直接进行读写操作,而需要通过具体的类型数组实现。

类型数组的构造函数还提供第 3 种方式创建类型数组,它接收 3 个参数,第 1 个是缓冲区对象,第 2 个和第 3 个参数分别是要使用的缓冲区的起始位置偏移和长度,均为可选。例如基于上例的 buffer 创建了一个 Int32Array 的数组,可以使用代码:let int32arr = new Int32Array(buffer),这里忽略了偏移和长度,所以使用整个缓冲区。这个数组只能存放 1

个元素,因为 1 个 32 位的整数占满了整个 4 字节的 buffer 空间,超过的部分直接忽略,代码如下:

```
int32arr[0] = 768;              //int32arr: [768]
int32arr[1] = 500;              //int32arr: [768],赋值无效
```

这时缓冲区的数据是 32 位的 768,如果使用相同的 buffer 创建一个 Int16Array 类型的数组,则 buffer 的空间可以存储两个 16 位的整数,所以 Int16Array 类型的数组长度为 2。同理使用 buffer 创建一个 Int8Array 类型的数组,它的长度为 4,溢出部分会折返。使用 Int16Array 和 Int8Array,表示同一 buffer 结果的代码如下:

```
new Int16Array(buffer);         //[768, 0]
new Int8Array(buffer);          //[0, 3, 0, 0]
```

对于有多余空间的类型数组可以指定具体偏移和长度,例如用 Int16Array 将起始缓冲区设置为第 3 字节(偏移为 2),且长度为 1,代码如下:

```
new Int16Array(buffer, 2, 1);    //[0]
```

可以看到它表示了[768,0]中的 0。需要注意的是,因为 Int16Array 的每个元素占用 2 字节,所以偏移只能是 2 的倍数。另外长度也不能超过缓冲区的大小,例如把上边的长度改为 2,就超出了缓冲区 2 字节的长度,会提示 RangeError 错误。

上边的示例还有一个问题,为什么 32 位的 768 在 16 位的数组中变成了 768 和 0? 这个问题需要先知道一个叫字节序的概念(Endianness),它是字节在内存中的存储顺序,分为两种,一种是小字节序(Little Endianness),另一种是大字节序(Big Endianness)。

绝大多数的计算机采用小字节序,而有些网络协议传输的数据是大字节序。小字节序会从低位到高位排列字节,而大字节序则是从高位到低位排列字节。例如 32 位的 768 用十六进制表示为 0x00000300,因为每个十六进制数字占 4 位,即半字节,所以每两个十六进制数字可以作为一字节进行排列,在大字节序中,与上述表示的顺序一致,即 0x00 0x00 0x03 0x00,小字节序中为 0x00 0x03 0x00 0x00。

Int16Array 在本地计算机中采用小字节序,且需要两个元素表示 32 位的整数,所以把 768 分隔成了 0x00 0x03 和 0x00 0x00,在表示十进制数字的时候,还需要把它们转换为正常的顺序,即 0x0300 和 0x0000,在数组中为[768,0],而 Int8Array 则把 768 分成了 4 部分,分别为 0x00、0x03、0x00、0x00,因为这 4 字节都是独立的,所以不用考虑字节序,结果为[0,3,0,0]。因为这种按字节序进行转换比较麻烦,所以 JavaScript 还提供了 DataView 对象用于可自定义字节序的数据读写。

2. DataView

DataView 可以自定义字节序,并同时将多种类型的数据读写到缓冲区中,而使用普通

的类型数组只能同时写入同一种类型的数据，例如 Int8Array。DataView 默认为使用大字节序进行读写，这个虽然跟大多数计算机的存储顺序相反，但是由于存储顺序和表示顺序一致，所以更容易理解。创建 DataView 和使用 buffer 创建类型数组的方式一样，使用 DataView 构造函数并传递一个 buffer 对象和可选的偏移与长度即可。例如使用 4 字节的 buffer 创建一个 DataView，代码如下：

```
//chapter10/typed_array2.js
let buffer = new ArrayBuffer(4);
let dataView = new DataView(buffer);
```

DataView 有一系列的读写数据的方法，如 getInt8()、setInt8()、getUint16()、setUint16()等与类型数组前半部分类型同名的方法。getXXX()方法用于获取指定位置、指定类型的数据，接收位置偏移作为参数。setXXX()方法用于给指定位置写入数据，接收偏移、数值和字节序参数（setInt8()没有字节序参数，因为它的每个元素都只有 1 字节，不需考虑顺序），字节序参数是可选的，默认为 false，即大字节序，true 代表小字节序。

假设写入一个 32 位的数字 0x1F320070（十进制 523370608），按大字节序，即以同样的顺序写入 DataView，之后使用大字节序获取 16 位的表示，则为 0x1F32（7986）和 0x0070（112），而小字节序则为 0x321F（12831）和 0x7000（28672），代码如下：

```
//chapter10/typed_array2.js
dataView.setInt32(0, 0x1F320070);
dataView.getInt16(0);                    //7986
dataView.getInt16(2);                    //112
dataView.getInt16(0, true);              //12831
dataView.getInt16(2, true);              //28672
```

后边使用 true 按小字节序获取数据时，并不是预想的 0x7000 和 0x321F，这是因为在按大字节序 0x1F320070 写入之后，获取 16 位的整数会被分为 0x1F32 和 0x0070，这个元素的顺序不能改变了，改变的只是每个元素中的字节顺序，所以会得到 0x321F 和 0x7000，用小字节序写入并用大字节序读取也是同样的道理。另外，这里获取 16 位整数的偏移也可以是缓冲区字节数内的任意值，例如获取偏移为 1 的 16 位整数，则为 0x3200，即 12800。

之前也介绍了 DataView 可以设置多种类型的数值，根据这个特点，可以使用较短的整数去修改较长整数的部分字节，例如把 0x32 这部分改为 0x11（17），可以通过 setInt8() 和偏移 1 实现，例如 dataView.setInt8(1, 0x11)，这样再获取 32 位整数就变成了 0x1F110070（521207920）。

10.8.2 属性和方法

每种类型数组中都有相同的属性和方法。首先有静态的属性 BYTES_PER_ELEMENT 和 name，分别用于获取每个元素所占的字节数和当前类型数组的名字，例如

Int16Array. BYTES_PER_ELEMENT 为 2,Int16Array. name 为"Int16Array",而在每种类型数组实例中,可以通过 buffer、ByteLength、ByteOffset 和 length 分别获取数组的缓冲区对象、字节长度、在缓冲区的偏移及数组的长度,与构造函数中的参数类似。类型数组实例中的方法则与普通数组大体相同,但是没有 push()、pop()、shift()和 unshift()等添加和删除元素的方法。

10.9　Symbol

Symbol 不是对象类型,而是基本类型,为了方便统一介绍 JavaScript 内置的类型所以放到了本章。之前了解过 Symbol 的特点:每次使用 Symbol()生成的值都是唯一且不重复的,也可以通过 Symbol. for()来把 Symbol 的值添加到全局注册表中,方便后续查询和使用。除了这些之外,Symbol 还提供了一组内置的属性(Well-Known Symbols)用于扩展 JavaScript 对象的功能,这些对于第三方库的开发者来讲非常有帮助,因为它可以覆盖 JavaScript 原本的行为,从而定义特殊的功能逻辑。10. 7. 2 节中已经见到了 Symbol. iterator 的使用方法,它可以把普通的对象变成可迭代的对象,用于 for...of、.... spread 运算符、解构赋值等操作中。本节将简单地介绍一些其他的属性。

10.9.1　Symbol. match

Symbol. match 可以让某个对象变成正则表达式对象,它的值是一个函数,String 对象的 match()方法会使用它,而对象的值则会当作参数传递给 Symbol. match 方法,这样在对象的内部就可以实现自定义的字符串匹配了。例如定义一个匹配文件名是否以". mp3"结尾的表达式对象,代码如下:

```javascript
//chapter10/symbol_match1.js
const mp3FilePattern = {
  [Symbol.match](str) {
    return str.endsWith(".mp3");
  },
};
```

这里在 Symbol. match 方法中只是简单地调用了字符串对象的 endsWith()方法作为演示,后面在匹配文件名时,可以直接使用字符串的 match()方法并传递此对象,代码如下:

```javascript
let res = "song.mp3".match(mp3FilePattern);
let res2 = "text.txt".match(mp3FilePattern);
console.log(res, res2);                    //true false
```

可以看到 mp3FilePattern 在这里可以直接作为 match()的参数,而无须使用正则表达式。相反,也可以把一个真正的正则表达式设置为非正则表达式,只需把 Symbol. match 的值设置为 false,这样在要求非正则表达式的地方,就可以使用正则表达式了,例如字符串的endsWith()不可以把正则表达式作为参数,但是可以经过修改正则表达式的 Symbol. match 之后,就可以当作参数进行传递了,它会被视为普通对象并转换为字符串,代码如下:

```
let re = /Script/;
"JavaScript".endsWith(re);              //TypeError
re[Symbol.match] = false;
"Java/Script/".endsWith(re);           //true
```

与 Symbol. match 类似的还有 Symbol. matchAll、Symbol. replace、Symbol. search 和 Symbol. split,分别在字符串对象的 matchAll()、replace()、search()和 split()方法中调用。通过覆盖这些属性的值,可以实现自定义的匹配、替换、搜索和分隔行为,即可以对正则表达式进行扩展,定义和业务相关的表达式含义。

10.9.2 Symbol. toStringTag

JavaScript 对象在调用 toString()方法时一般会返回"[object Object]" 字样,例如定义一个对象 let obj = {a:1},然后调用 obj. toString(),但是有些内置的对象却可以打印出它们的构造函数或类名,代码如下:

```
new Set().toString();                    //"[object Set]"
new Map().toString();                    //"[object Map]"
```

要实现这种打印结果,可以通过覆盖 Symbol. toStringTag 属性值实现,它的值是一个字符串,在调用对象的 toString()方法时会使用它,例如有一个员工对象,想让它输出 "[object Employee]"可以使用下方代码实现:

```
let emp = { name: "张三", [Symbol.toStringTag]: "Employee" };
emp.toString();                          //"[object Employee]"
```

如果需要对返回的字符串进行一些计算,则可以把它定义为 getter,代码如下:

```
let emp = {
  name: "张三",
  get [Symbol.toStringTag]() {
    return this.name + "Employee"
  }
};
```

这样在调用 emp. toString()的时候就会返回"[object 张三 Employee]"。如果在类中使用 Symbol 内置的属性,则与在对象中的使用方法是一样的,例如在员工类中使用,代码如下:

```
class Employee {
  //... 其他代码
  get [Symbol.toStringTag]() {
    return "Employee";
  }
}
```

10.9.3　Symbol.isConcatSpreadable

在调用 Array 对象的 concat()方法进行数组拼接时,它会把参数数组中的每个元素都取出来并追加到调用数组中,例如[1, 2, 3].concat()[4, 5, 6]会得到[1, 2, 3, 4, 5, 6],这样通过设置 Symbol.isConcatSpreadable 可以控制数组的扩展行为,它的值是一个 boolean 值,如果值为 true 则会扩展数组,如果值为 false 则不扩展数组。在把数组的 Symbol.isConcatSpreadable 设置为 false 后,会作为整体元素追加到前边的数组中,代码如下:

```
let arr = [4, 5, 6];
arr[Symbol.isConcatSpreadable] = false;
[1, 2, 3].concat(arr);                //[1, 2, 3, [4, 5, 6]]
```

而对于自定义的类数组(Array-like)对象,也可以使用此属性控制扩展行为。类数组指的是在普通对象中使用数字作为索引并由 length 属性维护当前元素数量,这样在访问对象属性时,也可以使用和数组一样的[]语法。例如定义一个类数组对象,并把 Symbol.isConcatSpreadable 设置为 true,让它在追加到数组中时扩展所有元素,代码如下:

```
let arrayLike = { 0: "d",1: "e", length: 2, [Symbol.isConcatSpreadable]: true};
["a", "b", "c"].concat(arrayLike);
```

如果没有设置这个属性,或者它的值为 false,则在 concat()的时候会直接把该对象添加到数组中。

10.9.4　Symbol.toPrimitive

对象在进行数据类型转换时,会根据情况调用 toString()和 valueOf(),如果在需要字符串的地方使用了对象,则它会自动调用 toString()方法转换为字符串,例如把对象放到模板字符串的变量中。如果在需要数字的地方使用了对象,则它会自动调用 valueOf()转换为数字,例如进行数学计算时。如果均可以,则对象会视情况调用 toString()或 valueOf()。

Symbol.toPrimitive 方法可以精确地控制什么时候调用 toString()和 valueOf()。它接收一个参数,用于提示当前环境下需要转换为哪种类型,有"string"、"number"和"default" 3 种取值,分别表示该对象需要转换为字符串、数字或均可。例如一个普通的对

象,进行字符串拼接和数学减法时,会返回默认值,代码如下:

```
let obj = {};
"hello " + obj;                      //"hello [object Object]"
obj - 2;                             //NaN
```

而覆盖 Symbol. toPrimitive 方法后,就可以改变这种行为了,代码如下:

```
//chapter10/symbol_toPrimitive1.js
let obj = {
  [Symbol.toPrimitive](t) {
    if(t === "number") return 10;
    if(t === "string") return "10";
    return "";
  }
}
"hello " + obj;                      //"hello ", default
obj - 2;                            //8, number
`${obj}`;                           //"10", string
```

在对 obj 进行字符串拼接时,Symbol. toPrimitive 中 t 参数的值为 default,直接返回了空白字符串。在进行减法操作时,t 的值为"number",obj 转换成了 10,而在最后的模板字符串中,t 的值为"string",对象转换成了字符串"10"。

在使用像<、>、<=、>=之类的比较运算符时,如果两边操作数为对象类型,则 JavaScript 也会调用 Symbol. toPrimitive 所指定的方法,并把参数设置为"number",以此把对象类型的值转换为数字类型的值。

10. 9. 5　Symbol. hasInstance

Symbol. hasInstance 用于自定义 instanceof 运算符的行为,它的值是一个函数,函数接收一个参数,作为要判断的对象,即 instanceof 左边的值,然后返回一个 boolean 的结果,如果为 true 则表明对象是该类或构造函数创建出来的实例。如果在类中添加 Symbol. hasInstance 方法,则需要使用 static 关键字设置为静态方法。例如,让 JavaScript 内置的字符串类型同时也是自定义的 Text 类的实例,代码如下:

```
class Text {
  static [Symbol.hasInstance](instance) { return typeof instance === "string" }
}
"abc" instanceof Text;              //true
```

如果是在普通构造函数中覆盖 Symbol. hasInstance,则需要注意:构造函数中默认已经有 Symbol. hasInstance 这个属性了,且为不可写状态(writable:false),所以不能直接使用 Text[Symbol. hasInstance] = function ( ) { } 的形式进行赋值,而是需要使用 Object. defineProperty ( ),代码如下:

```
function Text() {}
Object.defineProperty(Text, Symbol.hasInstance, {
  value: function (instance) { return typeof instance === "string" }
})
```

10. 9. 6 Symbol. species

Symbol. species 用于覆盖默认的构造函数。例如访问数组的 Symbol. species 属性, Array[Symbol. species]会返回 Array ( )构造函数本身。如果使用自定义的数组类继承 Array,则它也会继承 Symbol. species 这个属性,它指向的构造函数是自定义的数组类型的 构造函数。数组中的 map ( )等方法,会使用 Array[Symbol. species]属性所指向的构造函数 来创建一个新的数组并返回,假设有一个自定义的数组类型 CustomArray 继承自 Array,那 么在调用 CustomArray 实例中的 map ( )方法时,它会使用 CustomArray 构造函数并创建 它的实例返回,代码如下:

```
class CustomArray extends Array {}
let ca = new CustomArray(1, 2, 3);
let squared = ca.map((v) => v ** 2);
```

这时,如果使用 instanceof 判断 squared 是哪个类的实例,则对于 CustomArray 和 Array,它都会返回 true,这个是正常的结果,代码如下:

```
console.log(squared instanceof CustomArray);          //true
console.log(squared instanceof Array);                //true
```

但是如果想让 ca. map ( )后的结果返回 Array 实例而非 CustomArray 的实例,则可以 通过覆盖 Symbol. species 属性的值实现,这样 map ( )在创建新的数组时,会使用 Symbol. species 所指向的新的构造函数来创建实例。Symbol. species 是一个静态的 getter 访问器, 所以需要使用 static 和 get 关键字来覆盖它,假设让 CustomArray 中的 map ( )返回原本的 Array 实例,代码如下:

```
//chapter10/symbol_species1.js
class CustomArray extends Array {
  static get [Symbol.species]() { return Array; }
}
```

这时,squared instanceof CustomArray 这行代码就会返回 false。

10.10　Console

在之前的章节中,已经多次使用过 console.log()打印变量的值了,在浏览器中,它的值
会打印到开发者工具中的 Console 面板,而在 Node.js 环境中则会直接打印到命令行。对
于 Console 面板或命令行(下面统称为控制台),它们在 JavaScript 中对应为 Console 对象,
用于编程式的操作控制台。下面来看一些常见的方法。

10.10.1　调试

Console 最常用的操作就是打印日志方便开发者进行调试,它有下列几种方法。

1. console.log()

console.log()用于把任何类型的值转换为字符串,并输出到控制台。如果传递了多个
参数,则每个结果字符串之间都会以空格分开,代码如下:

```
console.log("str");              //"str"
console.log("str1", "str2");     //"str1 str2"
```

console.log()还支持使用占位符来定义日志模板,通过第 1 个参数进行设置,然后在后
续的参数中依次传递真实值,占位符支持如下几种:

（1）%o 或%O：代表一个对象。

（2）%d 或%i：代表一个数字。

（3）%s：代表字符串。

（4）%f：代表浮点数。

（5）%c：代表 CSS。

其中使用%c 占位符可以编写 CSS 样式,它可以修改后边字符的颜色、边框、背景等属
性(仅在浏览器生效)。占位符用法的代码如下:

```
let obj = {a: "1"};
console.log("%cobj: %o,a: %s", "color: green", obj, obj.a);
```

打印结果如图 10-1 所示。

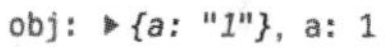

obj: ▶{a: "1"}, a: 1

图 10-1　格式化日志

与 console.log()类似的还有 console.debug()、console.info()、console.warn()和
console.error(),分别代表日志信息的严重级别:调试、信息、警告和错误,它们的用法跟
console.log()一样,但是在显示的时候,会有不同的图标和文本颜色。同时,浏览器的
Console 面板对这些信息有过滤设置,可以只显示某种级别的消息。

2．console.trace()

console.trace()用于打印调用路径（堆栈信息），也就是说在console.trace()执行时，经过了哪些函数的调用才达到了console.trace()这条语句，代码如下：

```
function func() { function f() { console.trace("调用信息") }; f() };
func();
```

显示结果如图10-2所示。

```
▼调用信息                    react_devtools_backend.js:2430
overrideMethod @ react_devtools_backend.js:2430
f                    @ VM1326:1
func                 @ VM1326:1
(anonymous)          @ VM1326:2
```

图 10-2　调用路径

3．console.assert()

console.assert()则是根据断言的结果，失败会打印失败信息，成功则不执行任何操作。第1个参数需要是能转换为 true 或 false 的表达式，后边的参数则是要打印的信息，与console.log()保持一致，例如代码 console.assert(1＞2，"错误")会显示"Assertion failed：错误"。

10.10.2　显示

Console 还提供了跟控制台显示有关的操作。

1．console.clear()

用于清空控制台。

2．console.table()

以表格形式显示日志结果，它接收两个参数，第1个参数是要打印的值，可以是数组，也可以是对象。第2个参数用于指定要打印的列，使用数组形式指定。如果第1个参数传递的是一个数组，则打印出来的表格的第一列是数组的索引，第二列是当前索引对应的元素值，每个元素为一行。如果传递的是一个对象，则第一列是对象的属性名，第二列是属性值，每个属性为一行。

例如打印一个对象 console.table({a：1，b：2})，会输出如图10-3所示的表格，左边为key，右边为 value。

(index)	Value
a	1
b	2

图 10-3　表格化日志

3．分组

Console 提供了一系列的方法用于给日志信息进行分组。分组后的日志可以单击三角按钮进行展开和折叠操作，并且分组也支持嵌套。console.group()用于表示分组的开始，console.groupCollapsed()也表示分组的开始，但是默认为折叠的，console.groupEnd()用于表示分组的结束。例如使用分组给日志分成嵌套的两组，第2组默认为折叠，代码如下：

```
console.group("第一组");
console.log("第一组的日志");
console.groupCollapsed("第二组");
console.log("第二组的日志");
console.groupEnd();                    //第二组结束
console.groupEnd();                    //第一组结束
```

打印结果如图 10-4 所示。

图 10-4　分组日志

10.10.3　记录

Console 还提供了一组 API 对代码进行记录，包括用于记录执行次数的 console.count()和 console.countReset()，以及记录时间的 console.time()、console.timeLog()和 console.timeEnd()。

1．次数

console.count()和 console.countReset()分别用于记录和重置某个标记的执行次数。它们都接收 1 个参数，作为标记。每当使用同样的标记执行 console.count()的时候，计数加 1，调用 console.countReset()则会把计数还原为 0，代码如下：

```
function func() { console.count("func") };
func();                                //"func: 1"
func();                                //"func: 2"
console.countReset("func");
func();                                //"func: 1"
```

2．计时

使用 console.time()可以开启计时，并记录当前时间戳，然后使用 console.timeLog()可以获取距离执行 console.time()之后过去了多少毫秒，console.timeEnd()用于结束计时，返回时间的总和。这几种方法都可接收一个标记参数，用于给计时器命名。console.time()、console.timeLog()和 console.timeEnd()的用法的代码如下：

```
console.time("timer");
for(let i = 0; i < 999; i++) {}
console.timeLog("timer");                    //timer: 0.01806640625 ms
for(let i = 0; i < 1200; i++) {}
console.timeEnd("timer");                    //timer: 0.151123046875 ms
```

10.11　Reflect

Reflect(反射)对象是对现有的 Object 对象及其 prototype 中方法的包装,用于操作、访问和修改对象及其属性,目的是和 10.12 节要介绍的 Proxy 进行无缝结合。Reflect 中的方法使用了和 Proxy handler 对象中相同的名字和参数结构,方便进行调用,本节先简单介绍一下 Reflect 中的方法跟 Object 中所对应方法的区别。

1. Reflect.get(target，propName，receiver)

用于获取对象中的属性值,它接收 3 个参数,第 1 个参数是要获取属性值的对象,第 2 个参数是属性名,第 3 个参数是 receiver,关于 receiver,如果访问对象的属性是一个 getter 方法,则 this 指向的就是 receiver 参数对象。使用 Reflect.get()与直接使用[]访问对象属性的效果基本一样,只是这里改成了函数的形式。如果给它传递的第 1 个参数不是对象类型,则它会抛出 TypeError 异常。

2. Reflect.set(target，propName，value，receiver)

用于给对象添加或修改属性值,接收 4 个参数,分别是要添加或修改属性的对象、属性名、属性值和 receiver。这里的 receiver 具有同样性质,如果访问对象的 setters,则 this 指向的是 receiver。Reflect.set()与直接使用[]=赋值的作用相同。同样地,如果第 1 个参数并非对象类型,它也会抛出 TypeError 异常,其他情况下如果设置属性值成功则返回 true,如果失败则返回 false。

3. Reflect.defineProperty(target，propName，descriptors)

与 Object.defineProperty()类似,但不同的是,使用 Reflect.defineProperty()会返回 true 和 false,根据属性值是否成功地添加到对象中判断,而 Object.defineProperty()则在添加成功时会返回原对象,添加失败则会抛出 TypeError 异常。

4. Reflect.deleteProperty(target，propName)

相当于 delete 运算符的函数版本,用于删除对象中的属性,它接收两个参数,分别为要删除属性的对象和属性的名字,如果删除成功则返回 true,如果删除失败则返回 false。

5. Reflect.has(target，propName)

与使用 in 运算符判断某个属性是否存在于对象中的作用一样。Reflect.has()接收两个参数,分别是要判断的对象和属性的名字,如果存在则返回 true,如果不存在就返回 false。

6. Reflect. ownKeys(target)

用于获取对象自有的属性,不包含继承自原型链上的属性,接收 1 个参数,即要获取属性的对象,然后返回对象自有属性的数组,它除了返回字符串类型的属性外还能返回 Symbol 类型的属性,相当于 Object. getOwnPropertyNames( ) 和 Object. getOwnPropertySymobls 的集合。

7. Reflect. getPrototypeOf(target)

跟 Object. getPrototypeOf( ) 基本一样,用于获取对象的 prototype 原型对象,接收 1 个对象作为参数,如果对象没有继承自任何原型则返回 null。不过,如果传递给 Object. getPrototypeOf( ) 的参数是基本类型,则它们会自动转换为相应的包装对象,如 Number、String 和 Boolean,而如果给 Reflect. getPrototypeOf( ) 传递非对象类型的参数则会抛出 TypeError。

8. Reflect. setPrototypeOf(target,prototype)

跟 Object. setPrototypeOf( ) 基本一样,用于设置对象的 prototype 原型对象,接收 2 个参数,分别是目标对象和原型对象,如果设置成功则返回 true,如果失败则返回 false。Object. setPrototypeOf( ) 在设置成功之后会返回目标对象,失败则抛出 TypeError 异常。

9. Reflect. preventExtensions(target)

用于阻止给对象添加新的属性,与 Object. preventExtensions( ) 类似,接收 1 个目标对象作为参数,如果设置成功则返回 true,如果失败则返回 false。如果传递给 Reflect. preventExtensions( ) 的参数是非对象类型,则会抛出 TypeError 异常。Object. preventExtensions( ) 会原样返回参数值,无论是对象类型还是基本类型。

10. Reflect. isExtensible(target)

判断对象是否可扩展,即是否可以添加新属性,接收 1 个目标对象作为参数,如果可扩展则返回 true,否则返回 false,与 Object. isExtensible( ) 类似,但不同的是,如果传递给 Object. isExtensible( ) 的参数是基本类型,则它会返回 false,而 Reflect. isExtensible( ) 会抛出 TypeError 异常。

11. Reflcct. getOwnPropertyDescriptor(target,propName)

与 Object. getOwnPropertyDescriptor( ) 类似,用于获取对象属性的描述符,接收 2 个参数,分别是目标对象和属性名,如果获取了则返回相应的描述符对象,如果不存在则返回 undefined。如果传递给 Reflect. getOwnPropertyDescriptor( ) 的参数为基本类型,则会抛出 TypeError 异常,Object. getOwnPropertyDescriptor( ) 则会先把基本类型转换为包装对象再去获取描述符。

12. Reflect. apply(target,thisArg,args)

Reflect. apply( ) 与 Function 对象中的 apply( ) 类似,不过写法有所区别。例如,要直接调用 Array prototype 中的 slice( ) 方法,需要使用如 Array. prototype. slice. apply([1,2,3],[1]) 这样的代码,而使用 Reflect. apply( ) 可以改写成 Reflect. apply(Array. prototype. slice,[1,2,3],[1]),它的参数分别为要调用的函数、this 指向的对象和函数参数,这样的

代码比之前的代码要更易读一些。

13. Reflect.construct(target, args, newTarget)

跟使用 new 加构造函数名创建对象的操作类似,Reflect.construct()使用函数式的方式创建对象,它接收 3 个参数,第 1 个参数是要调用的构造函数,第 2 个参数是数组类型的参数,第 3 个参数则用于设置构造函数中 new.target 的值,默认为第 1 个参数指定的构造函数。

最后要注意的是,跟 Math 对象一样,Reflect 也只是一个普通对象,并不是构造函数,所以不能使用 new 创建它的对象,它里边的方法全部是静态的。

▶ 6min

10.12　Proxy

Proxy(代理)对象可以把目标对象包装后生成一个新的代理对象,代理对象可以通过一系列的陷阱(Traps)来拦截对目标对象的访问和修改,从而在某些时机提供自定义的行为或保护原对象。利用 Proxy 可以实现观察者设计模式,这样在通过代理修改原对象中的某个属性时,可以通知所有"观察"了这个对象的其他对象。

使用 Proxy 构造函数可以创建一个代理对象,它接收两个参数,分别是要创建代理的目标对象和处理对象,在后者中可以定义方法拦截对目标对象的操作,它所支持的方法名和结构跟 Reflect 中的一模一样。如果给第 2 个参数传递空的处理对象,则创建了一个目标对象的透明代理,即对代理的任何操作都会反映到目标对象上,代码如下:

```
//chapter10/proxy1.js
let obj = { a: 1, b: 2 };
let proxy = new Proxy(obj, {});
console.log(proxy);              //{ a: 1, b: 2 }
proxy.a = 2;                     //obj 中的 a 也会被修改
console.log(proxy.a);            //2
console.log(obj.a);              //2
delete proxy.b;                  //obj 中的 b 也会被删除
console.log(obj.b);              //undefined
```

可以看到创建的 proxy 对象和目标对象的内容一样,且当修改 proxy 时,obj 对象的内容也会被修改。

10.12.1　处理对象

接下来看一下处理对象(Handler Object)中的方法的使用方式和简单的示例。

1. 设置默认值

由之前介绍的有关对象的知识可以知道,在获取对象中没有的属性时,默认会返回 undefined,这时可以在 Proxy 的处理对象中通过 get()方法(或称为 trap)来拦截并修改这

个操作,使之在访问不存在的属性时返回指定的默认值,代码如下:

```
//chapter10/proxy2.js
let config = { env: "dev" };
config = new Proxy(config, {
  get(target, propName) {
      if(propName in target) {
          return target[propName]
      }
      return "default";
  }
});
config.env;              //"dev"
config.version;          //"default"
```

　　代码中直接把 config 变量重新赋值为代理对象,这是因为在创建目标对象的代理之后,一般就不再需要直接操作目标对象了,把变量重新赋值就可以保护目标对象不被修改。当然,如果有需要的时候则可以创建一个新的变量保存代理对象。

　　在处理对象中,添加了 get()方法,用于编写属性访问时的自定义逻辑,判断如果属性名 propName 存在于目标对象中,则返回它的值,如果不存在则返回默认值"default"。在访问 config 代理对象中的 env 时,会返回它原本的值,但是访问 version 时,由于它不存在,所以会返回"default"。示例 get()中的代码也可以使用 Reflect API 实现,代码如下:

```
config = new Proxy(config, {
  get(target, propName) {
    if (Reflect.has(target, propName)) {
      return Reflect.get(target, propName);
    }
    return "default";
  },
});
```

　　这时 Reflect.get()与 Proxy 处理对象中的 get()方法结构是一样的,所以可以很方便地进行调用。同样地,对于 set()方法,它可以拦截对目标对象属性的修改操作,例如编写数据验证逻辑,以保证属性值符合要求。

2. 控制属性枚举

　　在使用 Object.keys()或 for..in 循环时,默认会列举可枚举的属性,这时可以通过处理对象中的 ownKeys()来改变它的行为,进而返回自定义的属性列表,例如隐藏 user 对象中的 password 属性,代码如下:

```
//chapter10/proxy3.js
let user = { username: "user", password: 123456 };
```

```
Object.keys(user); //['username', 'password']
user = new Proxy(user, {
  ownKeys(target) {
    return Reflect.ownKeys(target).filter(propName => propName !== "password");
  }
});
Object.keys(user);        //['username']
```

代码中使用 Reflect.ownKeys() 获取了目标对象中的属性数组,然后使用了 filter() 方法对数组进行过滤,去掉了名为 password 的属性,最后把结果作为返回值返回,后边再使用 Object.keys() 时就能避免列出 password 属性了。

3. 防止删除属性

当要防止使用 delete 运算符或 Reflect.deleteProperty() 删除对象中的属性时,可以让处理对象中的 deleteProperty() 无论在什么情况下都返回 false,代码如下:

```
//chapter10/proxy4.js
let user = { username: "user", password: 123456 };
user = new Proxy(user, {
  deleteProperty() {
    return false;
  },
});
console.log(delete user.username);                      //false
console.log(Reflect.deleteProperty(user, "password"));  //false
console.log(user);            //{ username: 'user', password: 123456 }
```

4. 监听函数调用

对于函数,也可以创建它的代理对象,再利用 apply() 方法对函数的调用进行拦截,这样可以在调用函数前做一些特别的操作。例如,给传递给数组 filter() 方法的回调函数创建一个代理,然后通过处理对象中的 apply() 方法,添加打印调用日志功能,代码如下:

```
//chapter10/proxy5.js
let findTwo = (x) => x === 2;
findTwo = new Proxy(findTwo, {
  apply(target, thisArg, args) {
    console.log(`调用了函数 ${target},this 为 ${thisArg},参数为 ${args}`);
    return Reflect.apply(target, thisArg, args);
  },
});
[1, 2, 3].find(findTwo);
```

输出结果如下：

```
调用了函数 (x) => x === 2,this 为 undefined,参数为 1,0,1,2,3
调用了函数 (x) => x === 2,this 为 undefined,参数为 2,1,1,2,3
```

可以看到 find()方法在找到元素 2 的时候就停止了对 findTwo()的调用，每次调用时的 this 为 undefined,参数中的前两个分别为当前遍历到的元素和索引，剩下的为原数组中的元素，find()方法会把这些参数传递给 findTwo()回调函数。

利用 Proxy 的这些特性可以实现对象操作日志记录、观察者模式等所有需要在对象内部进行监听的行为。不过处理对象中的方法的实现有一定的限制，例如不变性。

10.12.2　不变性

对于代理中的方法，它必须遵守目标对象中已有的一些规范，这种规范叫作不变性（Invariants），如果不遵守，则处理对象的方法会抛出 TypeError 异常。例如 Object.getPrototypeOf( )用于返回原型对象，但如果目标对象是不可扩展的，则 Object.getPrototypeOf(proxy) 获取代理的 prototype 的返回值必须和 Object.getPrototypeOf(target)获取目标对象 prototype 的返回值保持一致，同理 Reflect.getPrototypeOf()也是如此。同样地，对于目标对象是否可扩展，即 Object/Reflect.isExtensible()的返回值为 true 还是 false,也要求代理和目标对象的返回结果保持一致。其他的处理方法也有相应的不变性要求，这些可以查看 MDN 文档上的详细说明。

10.12.3　可回收代理

Proxy 还支持创建可回收的代理对象，这样在特定情况下就可以撤销代理并回收，代理在回收以后就不能进行操作了，否则会抛出 TypeError 异常。要创建可回收的代理对象，可以使用 Proxy.revocable()方法，接收的参数和构造函数相同，它会返回一个对象，内容分别是代理对象和 revoke()方法，其中 revoke()方法可以用于回收代理对象。例如创建一个可回收代理，在调用 revoke()之后再访问它里边的属性，此时就会抛出 TypeError 异常，代码如下：

```
let { proxy, revoke } = Proxy.revocable({}, {});        //简单包装了一下空对象
proxy.a = 5;
revoke();
proxy.a;                //TypeError,无法在已回收的代理对象中执行 'get'
```

10.13　小结

本章介绍了常见的 JavaScript 内置对象，因为大部分内置对象之间没有什么关联性，所以内容比较零散。这些内置对象可以说组成了 JavaScript 的标准库（Standard Library），覆

盖了日常编程开发中的常用功能逻辑和数据结构,例如数学计算、JSON 序列化与反序列化、日期操作、集合操作及扩展 JavaScript 语言本身的能力。对于每种对象,应该重点掌握的内容有以下几点:

(1) Math 对象中常用的数学计算方法。

(2) 通过 Date 对象获取当前日期、时间戳及修改时间,以及月份的表示方式。

(3) 序列化与反序列化 JSON 对象。

(4) Set、Map、WeakSet 和 WeakMap 集合的特点、区别和使用方法。

(5) 迭代器、可迭代对象、生成器函数和生成器的概念及区别。

(6) 使用 Symbol 内置属性扩展普通对象。

(7) Console 常用的打印日志的方式。

(8) Reflect 和 Proxy 的概念、用途和两者之间结合使用的方式。

第 11 章

异 常 处 理

程序在执行的过程中难免会出现异常,这些异常有可能是由语法使用不当导致的,也可能是由开发者编写的业务逻辑出现漏洞导致的,例如访问了值为 undefined 的对象中的属性,没有处理的异常会影响代码的正常执行,只有在正确处理之后才能保证程序稳定地运行。有些异常可能显而易见,而有些则深藏不露,需要在极端的测试条件下才会出现,这些都很考验开发者的编码水平。本章将介绍如何在 JavaScript 中捕获、抛出和自定义异常。

11.1 捕获异常

在编写代码时,经常在控制台看到 TypeError、RangeError、ReferenceError 等开头的红色错误信息,这些都是程序发出的警告,告知开发者出现了什么问题,并附加与代码有关的信息,例如出错的位置。这时可以在代码出错的地方使用 try...catch 语句块对异常进行捕获和处理。

try{}语句块用于监控内部的代码,catch{}语句块用于捕获到异常后编写异常处理语句。假设如果一个值应该为对象的变量,而实际上其值为 undefined,则调用它的方法就会抛出 TypeError 异常,代码如下:

```
let obj = undefined;
obj.method();          //Uncaught TypeError: Cannot read property 'method' of undefined
                       //未捕获的类型异常:不能访问 undefined 的 method 属性
console.log("这行代码不会被执行");
```

在异常抛出后,它后边的代码便不会被执行了,如果 obj.method()后边还有其他代码,则它们永远不会被执行,使用 try...catch 把异常捕获之后就能解决这个问题了,代码如下:

```
//chapter11/exception1.js
try {
  let obj = undefined;
  obj.method();
} catch(e) {
```

```
    console.error(e.name);
    console.error("不能访问 undefined 中的方法");
}
console.log("此行能正常执行");
```

输出结果如下：

```
TypeError
不能访问 undefined 中的方法
此行能正常执行
```

catch 语句块中的小括号接收一个可选的参数(如果不接收则不写小括号)，是 try 中代码抛出来的 Error 对象，稍后再介绍有关 Error 的内容，这里访问了它的 name 属性，打印出了具体的 Error 对象名字，后面打印了自定义的异常信息，提示不能访问 undefined 中的方法。这样异常就被捕获住了，并且后边的代码还会正常执行。在 catch 语句块打印日志时，可以使用 console.error()以让控制台的显示格式为错误信息。

如果只想捕获异常但不处理，则也可以省略 catch 语句块的参数和其中的内容，代码如下：

```
try {
    let obj = undefined;
    obj.method();
} catch {}
```

11.2　throw 抛出异常

有时候可能明确知道需要在什么地方抛出异常，而不是仅靠 JavaScript 运行时自动判断，例如判断函数参数是否符合规则，如果不符合就抛出异常，这时可以通过 throw 关键字自行抛出异常。如果后续使用 catch 语句块捕获了该异常，则 throw 后边的表达式会传递给 catch 的参数，如果没有捕获异常，则会直接将异常打印到控制台。另外，throw 后边的代码不会被执行。throw 关键字用法的代码如下：

```
//chapter11/exception2.js
function setName(name) {
    if(!name) throw "name 不能为空";
    console.log("这行代码不会被执行");
}
//未捕获异常
setName();                      //name 不能为空
```

捕获异常:

```
try {
  setName();
} catch (e) {
  console.error(e);                //name 不能为空
}
```

它会打印出"name 不能为空",e 参数的值就是 throw 后边抛出的字符串。

throw 关键字后边可以是任何类型的值或表达式,例如下方的 throw 语句都是合法的:

```
throw 10;                   //抛出数字
throw false;                //抛出布尔值
throw [];                   //抛出数组
throw {};                   //抛出对象
```

throw 语句几乎可以用在任何地方。可以在全局代码中、普通函数中、构造函数中、对象或类的方法中,但是不能用在需要表达式的地方,例如数组元素、函数参数、对象属性值等当中。

如果 throw 语句嵌套的层次比较深,则可以在任何一层进行异常处理,例如当编写后端 Web 应用程序时,一般会在处理请求和响应的控制器中统一处理用户输入错误、数据库错误和业务逻辑错误等,这样下层的代码可以直接抛出异常,然后在最上层统一进行处理,代码如下:

```
function mapArr(arr) {
  arr.map((v) => {
    if (v === 2) {
      throw "error";
    }
    console.log(v);
  });
}

try {
  mapArr([1, 2, 3]);              //1 error
} catch (error) {
  console.log(error);
}
```

mapArr 使用数组的 map() 方法遍历参数数组,在 map() 的回调函数中,判断如果遍历到的值为 2 就抛出异常,其他值则直接打印出来。代码的输出结果为 1error,这是因为 throw 语句后边的代码不会被执行,所以在遍历数组元素 2 时,map() 回调函数就停止执行了。

这时 throw 语句在 map() 的回调函数中，后边可以在调用 mapArr() 的时候再去捕获异常，就像上方代码一般。另外也可以在 mapArr() 函数中捕获异常，代码如下：

```javascript
function mapArr(arr) {
  try {
    arr.map((v) => {
      if (v === 2) {
        throw "error";
      }
      console.log(v);
    });
  } catch (error) {
    console.log(error);
  }
}
```

具体在何时处理异常，就要看具体的业务需求和对代码的影响。

如果在一段代码中使用了可能抛出异常的代码，并且想做一些处理操作之后把相同的异常再次抛出，则可以直接在 catch {} 语句块中使用 throw 语句把 catch 的参数抛出。假设有一系列处理用户请求的函数，在收到查询某个特定用户信息的请求之后，由控制器交给业务逻辑层处理，再由业务逻辑层去查询数据库，当数据库出错时，在业务逻辑层做一些处理操作（例如记录日志），然后直接把异常抛给控制器处理，这时就可以使用再抛出（Rethrow）来把异常原样交给上层去处理，代码如下：

```javascript
function queryDb(id) {
  throw "未在数据库中找到该条记录";
}
function getUserByIdService(id) {
  try {
    queryDb(id);
  } catch (error) {
    //一些其他操作
    throw error;
  }
}
function getUserController(id) {
  try {
    getUserByIdService(id);
  } catch (error) {
    console.log(error);
  }
}
getUserController(1);
```

在 getUserByIdService()函数中,当在 catch 里处理完其他操作之后,使用了 throw 把 error 参数抛出,之后在 getUserController()中处理了这个异常。

throw 后边也可以抛出更具有实际意义的 Error 对象,11.3 节来看一下它的用法。

11.3　Error 对象

Error 是 JavaScript 内置的对象,用于表示异常信息,它有 name 和 message 两个属性,分别为异常的名字和消息,它还有一个 toString()方法,用于把异常信息转换为字符串。这些属性和方法是浏览器和 Node.js 都支持的,不过对于不同的浏览器,Error 还会有更多的属性,例如 lineNumber 异常出现的行号、columnNumber 异常出现的列号和 stack 异常的堆栈信息。

不过,Error 对象是基础对象,一般需要通过继承的方式来定义更明确的异常对象。JavaScript 根据 Error 对象扩展出了如下几种内置的异常对象。

(1) TypeError:表示变量或参数不是正确的类型,例如访问 undefined 中的方法。

(2) RangeError:表示数字类型的变量或参数超出了指定范围或无效。例如 new Array(NaN)。

(3) ReferenceError:在引用不存在的变量时抛出,例如 console.log(a)。

(4) SyntaxError:在使用错误的语法时抛出。例如 let 32 = 5(使用了数字作为变量名)。

这些异常的 name 属性值就是各自的构造函数的名字,如 TypeError、RangeError。

在使用 throw 语句时,可以在它后边的表达式中直接创建 Error 对象,或创建上述内置的其他异常对象,这样可以让异常包含更丰富的信息,以便于开发者根据提示处理异常。要创建这些异常对象,可以直接使用它们的构造函数,并传递一个 message 参数表示错误消息,代码如下:

```
//chapter11/exception3.js
function division(a, b) {
  if(b === 0) throw new Error("除数不能为 0");
  return a / b;
}
division(5, 0);          //Error: 除数不能为 0
                         //at division (< anonymous >:2:21)
                         //at < anonymous >:1:1
```

示例中的 division()函数用于除法计算,如果除数为 0 就抛出异常。当后边给参数 b 传递值 0 时,该异常就会抛出,控制台会打印出"Error:除数不能为 0"的异常消息和堆栈信息。异常消息是通过调用 Error 中的 toString()转换成的字符串,其中冒号前边为 Error 对象中 name 属性的值,即异常的名字,后边是 message 属性的值。上述 throw 语句也可以抛出一个更明确的 RangeError：throw new RangeError("除数不能为 0")，这样异常对象的 name 属性就会变为 RangeError，打印出来的信息会变为"RangeError：除数不能为 0"。

11.4　自定义异常

大部分情况下 JavaScript 内置的异常对象不能满足业务的要求，一般的程序中都应该定义自己的异常对象来生成更具有业务意义上的异常对象，例如 RESTful API 请求异常、数据验证异常等。通过继承 Error 对象，然后修改其中默认的错误消息和处理方式，并添加自定义的异常信息和业务逻辑，就可以快速创建自定义的异常对象。

假设程序在接收到用户输入之后需要判断数据是否符合验证规则，如果不符合则抛出异常，那么这个异常可以定义为 ValidationError，它除了包括既有的 name 和 message 属性之外，还包括用户原始输入信息，要创建它，可以通过原型方式或 class 方式，由于 class 方式比较直观，所以本示例使用 class 实现继承，代码如下：

```javascript
//chapter11/exception4.js
class ValidationError extends Error {
  constructor(message, input) {
    super(message + ",用户输入:" + input);
    this.name = ValidationError.name;
    this.input = input;
  }
}

function validatePassword(pwd) {
  if (!pwd || pwd.length < 8)
    throw new ValidationError("密码不能小于 8 位", pwd);
  return true;
}

try {
  validatePassword("123456");
} catch (e) {
  console.log(e instanceof ValidationError);
  console.log(e.name);
  console.log(e.message);
  console.log(e.input);
}
```

ValidationError 继承了 Error 对象，在构造函数中首先调用父类 Error 的构造函数，使用 super(message + ",用户输入：" + input)，初始化了 message 属性，并在 message 属性值的基础上加上了用户输入的值。后边给 ValidationError 类新添加了一个 input 属性，用于保存用户原始输入信息，name 属性则设置为当前类的 name 属性值，即 ValidationError。

validatePassword()函数用于简单地判断密码是否大于或等于 8 位,如果不是则抛出 ValidationError,并分别设置异常消息和用户原始输入。在调用这种方法时,使用 try… catch 捕获了这个异常,并打印了异常的信息,判断它是不是 ValidationError 类的实例、异常的名字、消息和用户输入。上述代码的输出结果如下:

```
true
ValidationError
密码不能小于 8 位,用户输入:123456
123456
```

在日常开发中应尽量使用自定义的异常,这样能够使异常信息更具体,更符合实际的业务逻辑。

11.5　finally

在 try…catch 语句块中,还可以添加可选的 finally 语句块,一般用于在抛出异常后执行一些收尾和清理操作,例如关闭数据库或文件访问句柄。finally 语句块的代码里边的语句必定会被执行,无论 try 或 catch 是否执行。如果有 catch 语句块,则 finally 语句块会在 catch 语句块之后被执行,如果没有 catch 语句块则会在 try 语句块之后被执行。finally 语句用法的代码如下:

```
//chapter11/exception5.js
try {
  console.log("获取数据库连接对象");
  throw "出现错误"
} catch {
  console.log("不能获取连接");
} finally {
  console.log("关闭数据库对象")
}
```

上述代码会输出的结果如下:

```
获取数据库连接对象
不能获取连接
关闭数据库对象
```

可以看到 try、catch 和 finally 的语句块都按顺序执行了,这时如果把 try 中的 throw 注释掉,则 catch 中的"不能获取连接"就不会打印,但是 finally 中的"关闭数据库对象"仍然会打印。

不过需要注意的是,如果 try 中有 return 语句,则 finally 语句仍然会被执行,且在 return 语句后被执行,例如把上方代码稍做改动,放到函数中,并添加一个 conn 变量和 return 语句,来测试一下 finally 和 return 的执行顺序,代码如下:

```javascript
//chapter11/exception6.js
function getConnection() {
  let conn = null;
  try {
    console.log("获取数据库连接对象");
    conn = "连接对象";
    return conn;
  } catch {
    console.log("不能获取连接");
  } finally {
    console.log("关闭数据库对象");
    conn = "连接已关闭";
  }
}
let conn = getConnection();
console.log(conn);                    //"连接对象"
```

可以看到 conn 先于 return 被执行出来了,console.log(conn)打印出了 finally 对 conn 进行修改前的值,为了进一步验证可以在 finally 再加上一个 return 语句,代码如下:

```javascript
finally {
  console.log("关闭数据库对象");
  conn = "连接已关闭";
  return conn;
}
```

这次打印出来了"连接已关闭",因为 finally 语句块最后被执行,所以它里边的 return 覆盖掉了 try 中的 return 语句。当然这里只是为了演示它们的顺序,在实际开发中不应该在同一函数中有两个 return 语句。

在捕获异常时,catch 和 finally 语句块至少需要存在一个,要么是 try...catch,要么是 try...finally,要么是 try...catch...finally,如果只有一个 try{}语句,则程序会抛出语法错误,提示 try 后边缺少 catch 或 finally 语句,代码如下:

```javascript
try {
  throw "异常"
}
//语法错误: try 后边缺少 catch 或 finally 语句
```

11.6　捕获多个异常

　　有些程序代码可能会同时抛出多个异常,在常见的后端开发中,数据库的访问、业务逻辑的处理、用户请求的处理等都有可能抛出异常,然后在控制器(最上层处理用户请求的地方)中统一进行异常处理,这时需要根据不同的异常类型来响应不同的 HTTP 状态码。

　　不过,JavaScript 不像 Java 中可以用多个 catch 语句块捕获多种不同类型的异常,它只支持一个 catch 语句块,在里边可以通过 if/else 语句进行异常判断。例如下方示例在一个函数中返回了不同类型的异常,并且在 catch 语句块中同时处理,代码如下:

```
//chapter11/exception7.js
function division(a, b) {
  if (typeof a !== "number") throw new TypeError("a 必须为数字");
  if (typeof b !== "number") throw new TypeError("b 必须为数字");
  if (b === 0) throw new RangeError("除数不能为 0");
  return a / b;
}

try {
  division(1, "a");
  //division(1, 0);
} catch (e) {
  if (e instanceof TypeError) {
    console.log("类型不正确");
  } else if (e instanceof RangeError) {
    console.log("取值不正确");
  } else {
    console.log(e);
  }
}
```

　　上述代码会输出"类型不正确",如果把 division(1, "a")注释掉,并取消 division(1,0)的注释,则会打印出"取值不正确"。

11.7　小结

　　异常在任何应用程序中都很重要,用户的体验、程序的稳定性全部在于对异常情况的处理。如果处理得当,程序就会运行稳定;如果处理不当,程序就随时有可能崩溃。JavaScript 中的异常处理比较简单,使用 try…catch…finally 可以监控代码并捕获异常,最后执行一些收尾操作。JavaScript 内置了 Error 对象和基于它衍生的子对象,不过应该尽可能自定义和业务相关的异常对象。本章应重点掌握的内容有以下几点：

（1）如何使用 try...catch...finally 对异常进行处理。

（2）finally 语句块的用途和执行时机。

（3）Error 及其衍生对象的含义，以及其中的属性和方法。

（4）创建自定义的异常对象。

（5）处理多个异常。

第 12 章

异 步 编 程

程序的执行有同步(Synchronous)和异步(Asynchronous)两种形式。异步是相对于同步定义的。同步执行指的是代码会按顺序一行一行地执行,直到结束,之前章节的代码全部是同步的。异步代码的执行没有特定的顺序,而是要看各自的执行时间。

同步代码虽然理解起来容易,但是有一定的问题,如果遇到一段耗时的操作,例如连接数据库、请求网络或打开文件等,则在这些操作完成之前,后面的代码永远得不到执行,而异步代码就能解决这个问题,它可以把需要长时间执行的代码放到单独的执行环境中,例如另外的线程,等到执行完毕之后再返回结果,这样就不影响后面代码的执行。

JavaScript 提供了 setTimeout()、setInterval()、Promise 等 API 用于进行异步编程,而由于 JavaScript 本身是单线程的语言,这些异步的操作会由 Event Loop 机制进行管理。本章将分别介绍异步编程的 API 和 Event Loop 的大体执行过程。

12.1 setTimeout()

JavaScript 中最基本的异步实现方式是使用 setTimeout()定时器,把一个函数延迟若干毫秒后执行。setTimeout()是 JavaScript 全局对象中的方法,可以直接进行使用。在设置好延迟时间后,传给 setTimeout()的回调函数就会等待执行,setTimeout()后面的代码会继续执行。当时间到后,setTimeout()里的函数就会尽快开始执行。

要创建一个定时器,可以给 setTimeout()传递两个参数,分别是定时结束后要执行的函数和延迟时间毫秒数,例如下方示例在 3 秒后打印"hello world",且在 setTimeout()下方打印了一行测试字符串,代码如下:

```javascript
function log() { console.log("hello world") }
setTimeout(log, 1000 * 3);
console.log("开始");
```

执行代码会先打印出"开始"字符串,然后过 3 秒后会打印出"hello world"。需要注意的是,即使把 setTimeout()的延迟时间设置为 0,它里边的函数也不会立即执行,而是同样的在打印"开始"之后才执行,这个原因将在后面的 12.6 Event Loop 小节中再解释。

如果想给 setTimeout() 中的函数传递参数,可以通过第 3 个参数传递,它是一个变长参数,需要多少参数就传递多少个,例如 setTimeout(func,100, arg1, arg2)。

setTimeout() 有一个返回值,是随机生成的定时器 ID,把它保存下来之后,后边可以通过 clearTimeout() 取消定时,只需把 ID 传递给它。例如下方创建了一个 3 秒的定时器,但是在 2 秒后把它取消了,代码如下:

```
let timer = setTimeout(() => console.log("不会执行"), 1000 * 3);
setTimeout(() => clearTimeout(timer), 1000 * 2);
```

上边的代码没有任何输出,因为创建的 timer 定时器还没执行就被取消了。

12.2 setInterval()

setInterval() 与 setTimeout() 类似,不同的是,setTimeout() 在定时结束后只执行一次,而 setInterval() 可以根据设置的时间间隔反复执行,例如下方示例把 setInterval() 的时间间隔设置为 1s,然后打印当前时间,代码如下:

```
setInterval(() => {
  let date = new Date();
  console.log(date.toLocaleTimeString());
}, 1000);
```

setInterval() 如果不取消则会一直执行,取消的方式和 setTimeout() 一样,setInterval() 也会返回一个 ID,后续可以通过 clearInterval() 取消。setInterval() 同样可接收第 3 个变长参数用于给其中的回调函数传递参数。

▶ 10min

12.3 Promise

在介绍 Promise 之前,先了解一下传统的、使用回调函数实现异步的方式。

JavaScript 是事件驱动(Event-Driven)的编程模型,也就是说它会通过监听事件的触发,来执行指定的代码。在浏览器中可以给 HTML 元素添加事件监听器,当用户使用鼠标单击或触发其他事件时,事件监听中的回调函数就会执行,且事件对象会作为参数传递给回调函数。这个过程是异步的,事件监听不会阻塞线程,从而不影响 HTML 的解析,以及页面元素的响应。

在 Node.js 中,文件的读写都是异步的,例如使用 File API 读取文件时,它接收一个回调函数,当文件读取完成之后,会把数据传递给回调函数。这些事件监听回调和文件读取回调都不会立即执行,而是会一直等待用户的行为和数据读取的进度,当完成之后才执行回调函数,同时在等待的过程中也不会影响其他代码的执行。

不过使用回调函数编写的代码非常不容易阅读,如果有多个嵌套的回调,在视觉上就会形成回调地狱(Callback Hell),例如下方的伪代码:

```
Database.connect(config, (err) => {
  if(error) {/* 处理错误 */}
  const db = Database.db(dbName);
  db.insert(data, (err, result) => {
    if(error) {/* 处理错误 */}
    db.find({}, (err, data) => {
      if(error) {/* 处理错误 */}
      data.forEach(item => {
        item.collection.map(col => {
          const [id, ...rest] = col;
          return rest;
        })
      })
    })
  })
})
```

可以看到上方代码非常难以阅读,回调函数嵌套了很多层级,并且有很多缩进。另外在处理异常情况时,error 对象中的错误信息也需要在每个回调中进行处理。

在 ES6 中出现的 Promise 对象解决了这个问题,使用它可以编写更清晰易读的异步代码。Promise 对象改变了回调的传递方式,改为使用平行的方式来处理回调,因而不会形成回调地狱。这一点需要特别注意,Promise 只是单纯地改变了现有异步操作的处理方式,并不是创建了一个新的异步操作。JavaScript 自身不能像 Java 等语言一样开启新的线程,以便异步执行里边的代码,这是因为 JavaScript 是单线程的,需要使用 JavaScript 运行环境所提供的、已编写好的异步 API 实现异步操作,例如发送网络请求的 fetch()方法、Node.js 中文件的读取、数据库的操作等。使用 Promise 不能实现这种异步操作,只是对异步操作进行了包装。

那么 Promise 到底是什么呢?JavaScript 中的大部分异步操作使用回调函数来处理异步结果,可以从上边的例子中看出来,回调函数的形式难以阅读,并且难以集中处理错误,所以 Promise 就对这种回调函数的形式进行了改良,支持链式调用,让代码从嵌套关系变为平行关系,并提供了统一处理错误的机制。Promise 本身代表着一项异步操作的执行状态,这个操作随时可能会完成或出错停止,需要通过 Promise 提供的 API 来处理完成后或出错后的处理逻辑。

12.3.1 创建 Promise

一般地,在开发过程中绝大多数情况下会调用已经封装好的异步操作的 Promise 版本,例如使用 fetch()加载远程服务器数据,在很少的情况下需要自己创建 Promise,除非现有的异步操作只支持 callback 形式,此时需要把它转换为 Promise 形式。不过,通过自行创建 Promise 可以了解它的底层是怎么运作的。

之前介绍过了 setTimeout() 的用法,用于把某个函数延迟若干毫秒后执行,这里利用它模拟耗时的操作,在等待 1s 之后返回数据 5,并使用 Promise 包装这个操作,代码如下:

```javascript
//chapter12/promise1.js
const p = new Promise((resolve) => {
  setTimeout(() => {
    resolve(5);
  }, 1000);
});
```

上述代码使用 Promise 构造函数创建了一个 Promise 对象,构造函数接收 1 个回调函数作为参数,这个回调函数又被称为执行器(Executor),它接收两个参数,分别为 resolve() 和 reject() 函数,示例中只用到了 resolve(),稍后再介绍 reject() 的用法。在介绍 resolve() 的含义之前,先了解一下 Promise 的 3 种状态。

(1) fulfilled:表示操作已经成功完成,并准备返回结果。

(2) rejected:表示操作执行失败,代码可能有异常或人为地调用了 reject()。

(3) pending:如果状态既不是 fulfilled 也不是 rejected,则为 pending 状态,表示操作执行中。

使用 new 创建 Promise 对象之后,执行器中的代码会立即执行,此时 Promise 为 pending 状态,当调用 resolve() 函数之后,会把 Promise 的 pending 状态改为 fulfilled 状态,类似地,reject() 函数会把它从 pending 改为 rejected 状态。fulfilled 和 rejected 状态统称为 settled,可以认为是完成状态(无论是成功还是失败)。

示例中执行器的代码使用了 setTimeout() 把 resolve() 的调用延后了 1s,所以此 Promise 的执行时长大约为 1s。resolve() 函数接收 1 个参数,用于表示 Promise 的返回值,这样在调用 resolve() 并返回执行结果之后,就可以在后边获取这个结果并执行一些其他操作了。resolve() 可以接收任何类型的值,包括另一个 Promise 对象。

获取返回结果可以使用 Promise 对象暴露出来的 then() 方法,它接收一个回调函数,回调函数的参数即为 Promise 返回的结果。例如获得 Promise 返回的 5 并打印到命令行,代码如下:

```javascript
//chapter12/promise1.js
p.then((value) => console.log(value));          //在 1s 后打印出结果 5.
```

传给 then() 的回调函数中的 value 即为 Promise 对象中 resolve() 参数的值:5。如果不需要在 then() 的回调中使用返回值,则可以省略参数。上述的代码也可以直接跟在 Promise 对象后边,代码如下:

```
new Promise((resolve) => { / * ... * /}).then((value => { / * ... * / }))
```

在这个例子中,setTimeout()才是真正的异步操作,它是浏览器或 Node.js 运行环境提供给开发者使用的,而这里的 Promise 只是对 setTimeout()进行了包装,这样可以用 Promise 的方式执行 setTimeout()。其他的异步操作,例如旧版的 fetch();XMLHttpRequest,以及 Node.js 中的大部分 API,都可以用这种方式封装为 Promise 版本。

基于 Promise 的这个特点,Promise 执行器中的代码是同步执行的,如果在执行器中编写了同步代码,例如使用超大数字的 for 循环,它同样会阻塞(Block)代码的执行,代码如下:

```
//chapter12/promise2.js
const p = new Promise((resolve) => {
  console.log("in promise...");
  for (let i = 0; i < 10000000000; i++) {}
  resolve();
})
console.log("start");
```

代码输出结果如下:

```
in promise...
start
```

可以看到在 for 循环结束之前,最外层的 console.log("start")不会被执行。

12.3.2 链式调用

如果异步代码需要分多步才能完成任务,且每个任务都互相依赖,则使用普通回调函数的形式需要嵌套多层,而使用 Promise 的链式调用方式可以把嵌套的回调函数改成平行关系。传递给 Promise 的 then()方法的回调函数会返回一个全新的 Promise,可以在它的基础上继续调用 Promise 中的方法。如果 then()中的回调函数有 return 语句,则它的返回值就会作为新的 Promise 执行器中的 resolve()参数的值,后边可以继续使用 then()获取这个值并执行其他的操作。后面的 then()在获取之前 then()的返回值时有 3 种情况:

(1) 如果返回值是普通类型的值,则这个新的 Promise 会立即完成(Resolved),后边 then 中的代码也会立即执行。

(2) 如果返回的是一个 Promise 对象,则会等待该 Promise 执行完成之后再执行它后边 then()中的回调函数。

(3) 如果 then()中的回调函数里没有 return 语句或返回 undefined,则仍然会返回新的 Promise,这样下一个 then()中的回调函数的参数就没有值了。

　　这里需要提一下,Promise 除了这 3 种状态之外,还有两种执行结果:已完成(Resolved)和未完成(Unresolved)。一个已完成的 Promise 可能是任何一种状态,fulfilled、rejected 或 pending。当 Promise 调用 resolve()或 reject()时,就代表该 Promise 的执行结果是已完成,它们会分别把 Promise 的状态设置为 fulfilled 或 rejected。当 Promise 本身已完成,但是还需要等待其他 Promise 执行时,例如给 resolve()传递另一个 Promise 作为参数,那么第 1 个 Promise 为 pending 状态,但是本身是已完成的(Resolved)。另一个未完成的 Promise 则只可能是 pending 状态,后续随时可能通过调用 resolve()或 reject()把它变为已完成状态。

　　来看一个链式调用的例子,代码如下:

```javascript
//chapter12/promise3.js
new Promise((resolve) => {
  setTimeout(() => {
    resolve(5);
  }, 1000);
})
  .then((value) => {                 //第 1 个 then
    console.log(value);
    return 10;
  })
  .then((value) => {                 //第 2 个 then
    console.log(value);
    return new Promise((resolve) => {
      setTimeout(() => {
        resolve(15);
      }, 3 * 1000);
    });
  })
  .then((value) => {                 //第 3 个 then
    console.log(value);
  })
  .then(() => {                      //第 4 个 then
    console.log("done");
  });
```

　　代码中首先创建了一个 Promise,1s 后返回 5,之后分别使用了 4 个 then()进行链式调用:

　　(1) 第 1 个 then()打印了 Promise 返回的 5 并返回了一个普通的数字类型的值 10。相当于返回了 new Promise(resolve => resolve(10))。

　　(2) 第 2 个 then()打印了第 1 个 then()的 10,然后返回了一个新的 Promise,该 Promise 会在 3s 后返回 15。

　　(3) 第 3 个 then()在 3s 后,即第 2 个 then()返回的 Promise 完成之后打印出 15。这个

then()中没有返回值。

(4) 第 4 个 then()因为第 3 个 then()没有返回值,所以传递给它的回调函数没有参数,它直接打印出"done"。

这样在输出结果时,首先等待 1s 打印出 5,并紧接着打印出 10,再过 3s 打印出 15 并紧接着打印出"done",到这里全部的 Promise 就完成了。这里需要注意的是,链式调用的每个 then()返回的都是全新的 Promise 对象,并不是最开始的 Promise。

这个示例可以看到使用 then()链式调用的操作跟嵌套多个回调函数的操作是一样的,只是形式上有很大区别,这里的 then()的调用是平行的,且通过返回值的形式把值传递给下一个 then(),这种流程就清晰了很多。

再看一个比较实际的例子,假设某个应用需要请求远程服务器上的博客列表 JSON 数据,地址为"/api/posts",这时可以使用浏览器内置的 fetch()方法,它接收一个 URL 作为参数,在请求结束后返回一个 Promise 对象,用于获取请求返回的响应数据,代码如下:

```
//chapter12/promise4.js
fetch("/api/posts")
  .then((res) => res.json())
  .then((posts) => {
    console.log(posts);
  });
```

代码首先使用了 fetch()发送请求,当请求返回时(时间不确定),第 1 个 then()中的回调函数会获得响应数据,此时它是一个响应对象,需要调用它的 json()方法才能把原始数据转换为 JavaScript 对象,res.json()会返回一个新的 Promise,当它完成时,会执行第 2 个 then(),打印出解析后的文章列表对象,这时整个任务就执行完成了。

注意这个"/api/posts"并非真实的地址,如果想成功运行代码则可以把地址改为公开的 JSON API 示例:https://jsonplaceholder.typicode.com/posts,并且此代码只能在浏览器中执行,因为 fetch()是浏览器内置的 API。Node.js 下可以安装 isomorphic-fetch 库支持 fetch API。

12.3.3 处理异常

上边的例子都没有处理异常情况,本节来看一下当 Promise 中的代码抛出异常时,该怎么处理。如果使用的是 Promise 构造函数创建的自定义 Promise 对象,则首先有可能在执行器中抛出异常,例如下方示例,为了演示,在 setTimeout 中有意编写了会抛出异常的代码,代码如下:

```
//chapter12/promise5.js
new Promise((resolve) => {
  setTimeout(() => {
    new Array(NaN);
```

```
    resolve(5);
  }, 1000);
}).then((value) => {
  console.log(value);
});
```

给 Array 构造函数传递 NaN 会抛出 RangeError 异常,因为它不是有效的数字,不能作为数组的长度。这种在 setTimeout() 内部出现的异常是无法在 Promise 外边使用 try...catch 进行捕获的,只能在 setTimeout() 内部进行捕获。在有异常抛出之后,resolve() 方法就得不到执行了,进而后边的 then() 也无法执行,但是正常的逻辑应该是在 Promise 抛出异常后,能够在后边的 then() 中去处理。

为了达到这个目的,可以使用执行器的第 2 个参数,即 reject() 方法,它可以把 Promise 的状态改为 rejected,提示 Promise 运行失败,并通过 reject() 的参数传递自定义的失败原因,例如 error 对象或者错误提示字符串。这时可以在 setTimeout() 中捕获异常并在 catch 语句块中调用 reject() 函数。例如,在上方示例的执行器函数中加上 reject 参数,并把 setTimeout() 中的代码改为下例所示,代码如下:

```
//chapter12/promise5.js
try {
  new Array(NaN);
  resolve(5);
} catch {
  reject("指定数组长度时必须是有效数字");
}
```

这时再运行代码会提示:未处理的 Promise 异常:指定数组长度时必须是有效数字,未处理的异常是因为此 Promise 的异常还没进行捕获并处理。这时可以使用 then() 中回调函数的第 2 个参数处理错误,值为 reject() 中所定义的错误原因,代码如下:

```
//chapter12/promise5.js
.then(
  (value) => {
    console.log(value);
  },
  (error) => {
    console.log(error);
  }
);
```

当 Promise 出现异常时,then() 就会执行第 2 个回调函数,这里打印出了之前传递的原因:"指定数组长度时必须是有效数字",而且控制台也不提示未处理的 Promise 异常了。

不过,这样使用 then()中第 2 个回调函数处理错误的形式会使代码变得不易阅读,所以 Promise 提供了 catch()方法专门用于处理异常,它接收 1 个回调函数作为参数,回调函数的结构与 then()的第 2 个参数一样,相当于 then(null, errorHandler),由于 new Promise()和 then()等返回的都是 Promise 对象,所以都可以调用 catch()。例如使用 catch()捕获异常,代码如下:

```
//chapter12/promise5.js
.then(
  (value) => {
    console.log(value);
  }
)
.catch((error) => {
  console.log(error);
});
```

代码的输出结果与使用 then()处理异常的结果一样。这里应该注意到 catch()放到了 then()的后边,但是 then()中的代码没有执行,反而 catch()先执行了,这也是使用 catch()的另一个好处,如果 Promise 中抛出了异常,则这个异常会传播(Propagate)到离它最近的一个 catch()中,中间所有的 then()都不会执行,而当 catch()捕获异常之后,它返回的又是一个全新的 Promise,后续又可以使用 then()处理 catch()中的返回值,例如上方示例把 catch()和 then()的顺序换个位置,并在 catch()中返回 10,最后 then()就能打印出 10 了,代码如下:

```
//chapter12/promise5_1.js
.catch((error) => {
  console.log(error);
  return 10;
})
.then((value) => {
  console.log(value);
});
```

输出结果如下:

```
指定数组长度时必须是有效数字
10
```

可以看到后边 then()中回调函数的参数是 catch()的返回值。基于这个特性,可以在 Promise 的调用链中间使用 catch()处理特殊的错误,并在最后使用一个 catch()统一处理其他错误,例如使用 fetch()加载远程服务器数据时,有可能出现网络错误、请求错误(404、500)等,所以可以根据情况处理这些错误,对于其他错误在最后的 catch()中统一处理,代码如下：

```
//chapter12/promise6.js
fetch("https://jsonplaceholder.typicode.com/posts")
  .then((res) => {
    const status = res.status;
    if (status >= 400) {
      throw status;
    }
    return res.json();
  })
  .catch((error) => {
    if (error === 404) {
      console.log("未请求到数据");
      return [];
    }
    throw error;
  })
  .then((posts) => {
    console.log(posts);
  })
  .catch((error) => {
    console.log(error);
  });
```

代码中使用 fetch() 请求博客列表数据，当返回响应对象时，这里首先通过它的 status 属性获取 HTTP 响应码，如果是大于 400 的响应码，则直接把它们作为异常抛出，并针对 404 这种异常进行特殊处理。在第 1 个 catch() 中先判断异常是不是 404，如果是则打印"未请求到数据"，并返回空的博客列表数组，如果是其他情况，则再次把异常抛出。之后在下一个 then() 中，打印出博客列表数组，这里如果请求成功则会打印出有数据的数组。如果是 404 状态，则会打印出空数组，其他异常情况则会跳过这个 then() 而运行到最后一个 catch() 中，它简单地打印了 error 参数的值。该代码如果正常执行会打印出博客列表数组 [{...}, {...}, {...}]，如果把 const status = res.status 改为 const status = 404 测试一下，则它会打印出如下结果：

```
未请求到数据
[]
```

这是因为第 1 个 then() 抛出了 404 异常，第 1 个 catch() 捕获住了该异常并返回了空的数组，第 2 个 then() 打印出了空数组的值，最后一个 catch() 由于没有异常所以没有执行。如果改为 500，则会打印出 500，因为第 1 个 then() 中抛出了 500，而第 1 个 catch() 中又继续把 500 抛出，传播到了最后的 catch() 中并打印了出来，中间第 2 个 then() 不会执行。

利用 Promise 异常传播特性和 catch()方法,可以有针对性地处理单个异常或者多个异常,无论是从哪里抛出来的,而使用传统回调函数的方式只能在每一层分别处理异常。

最后,Promise 对象中还有 finally()方法,如同 try…catch…finally 中的 finally,可以放在最后执行一些清理和收尾操作,finally()只要 Promise 的状态为 settled,即无论是 fulfilled 还是 rejected 都会执行,一般放到调用链的最后边。

12.3.4 执行多个 Promise

如果有多个 Promise 需要同时执行,例如同时发起多个网络请求、执行多个动画、批量数据库操作等,则根据所要求的返回结果的不同,Promise 提供了 4 种方式执行多个 Promise,分别是 Promise. all()、Promise. allSettled()、Promise. any()和 Promise. race()。接下来分别看一下它们的作用和区别。

1. Promise. all()

接收一个可迭代的对象(例如数组)作为参数,每个元素为要执行的 Promise。Promise. all()会返回一个新的 Promise,如果参数中所有的 Promise 都变为 fulfilled,这个新的 Promise 就会变为 resolved,它会把所有的结果按元素的顺序放到数组中并返回。参数数组中的元素也可以是普通的 JavaScript 数据类型,这样它的值会原样返回结果数组中。Promise. all()用法的代码如下:

```javascript
//chapter12/promise_all1.js
const promise1 = new Promise(resolve => setTimeout(resolve, 300, 1));
const promise2 = new Promise(resolve => setTimeout(resolve, 100, 2));
const promise3 = 3;
Promise.all([promise1, promise2, promise3]).then(values => { console.log(values)});
```

promise1 会在 300ms 后返回 1,这里使用 setTimeout()中的第 3 个参数来给 resolve()函数传递参数,promise2 会在 100ms 后返回 2,promise3 是基本类型数据,会立即返回,虽然这 3 个 promise 的执行顺序是 promise3、promise2、promise1,但是因为 Promise. all()的返回值是按数组中元素的顺序返回的,即 promise1、promise2、promise3,所以上述代码的输出结果为[1,2,3]。

如果有任意一个 Promise 发生错误或状态变为 rejected,则后续的 Promise 会停止执行,Promise. all()返回的 Promise 会变为 rejected,并且 catch 语句中的错误信息,为第 1 个出错的 Promise 的原因。例如把 promise1 改为 rejected: const promise1 = new Promise((resolve,reject)=> setTimeout(reject,300,"失败")),这时如果运行代码会抛出未捕获的 Promise 异常,在 Promise. all()后边使用 catch()可以捕获该异常,代码如下:

```javascript
//chapter12/promise_all2.js
Promise.all([promise1, promise2, promise3])
  .then((values) => { console.log(values) })
  .catch((error) => { console.log(error) });
```

输出结果为"失败"。

2. Promise.allSettled()

与 Promise.all()类似,只是无论 Promise 是 fulfilled 还是 rejected(Settled)都会返回结果数组中,fulfilled 会把结果放入数组中,rejected 会把原因放入数组中,且不会影响其他 Promise 的执行。Promise.allSettled()适合需要知道每个 Promise 的执行情况的场景,例如把上一小节最后的 Promise.all 改为使用 Promise.allSettled(),代码如下:

```
//chapter12/promise_allSettled1.js
Promise.allSettled([promise1, promise2, promise3]).then((values) => {
  console.log(values);
});
```

它返回的数组如下:

```
[
  { status: 'rejected', reason: '失败' },
  { status: 'fulfilled', value: 2 },
  { status: 'fulfilled', value: 3 }
]
```

数组中的每个元素都是一个对象,status 表示 Promise 的最终状态,value 为正常执行的 Promise 的结果,reason 为发生异常的 Promise 的原因。

3. Promise.any()

与 Promise.all()不同的是,参数数组中的 Promise 只要有 1 种状态变为 fulfilled,就会把该 Promise 的结果返回。Promise.any()返回的 Promise 中只有单一的结果。如果所有的 Promise 的状态都为 rejected,则 Promise.any()会抛出 AggregateError,代码如下:

```
//chapter12/promise_any1.js
const promise1 = new Promise(resolve => setTimeout(resolve, 300, 1));
const promise2 = new Promise(resolve => setTimeout(resolve, 100, 2));
const promise3 = 3;
Promise.any([promise1, promise2, promise3]).then(value => { console.log(value)});
   //3
```

需要注意,在本书截稿前,只有 Chrome 85 和 Node.js15.0 以上版本支持 Promise.any(),它是 ES2021 发布的新特性。

4. Promise.race()

相当于是 any()版的 allSettled(),参数数组中的 Promise 只要有 1 个 Promise 状态变为 fulfilled 或 rejected,就会返回它的结果或异常原因。

5. 顺序执行

如果想执行一系列互相依赖的 Promise,并使用最后一个 Promise 的返回值,一般的写

法则会在每个 Promise 后的 then() 中执行下一个 Promise,代码如下:

```
//chapter12/promise_sequential1.js
const promise1 = new Promise((resolve) => setTimeout(resolve, 300, 3));
const promise2 = new Promise((resolve) => setTimeout(resolve, 200, 2));
const promise3 = new Promise((resolve) => setTimeout(resolve, 400, 1));

promise1.then(() => promise2).then(() => promise3).then((value) => {
  console.log(value); //1
});
```

代码中每个 then() 中的回调函数只是简单地返回了下一个要执行的 Promise,实际的场景可能有其他业务逻辑代码。不过,12.4 节将要介绍的 async/await 关键字可以更直观地实现顺序执行。

12.4　async/await

async/await 是继 Promise 之后在 ES2017 中新定义的关键字。async 用于定义异步函数,await 用于获取异步函数的执行结果,它们在语法形式上对 Promise 进行了修改,使代码编写起来更像是同步式的,阅读起来更加直观,但是底层还是基于 Promise 实现的。

12.4.1　定义异步函数

异步函数是使用 async 关键字定义的函数,除了函数名前边需要加上 async 之外,在定义上与普通的函数没有什么区别,不过它的返回值会包装成 Promise 对象。例如定义一个异步函数,代码如下:

```
async function getTitle() {
  return "标题"
}
```

如果直接调用这个函数并打印返回值,则会输出:Promise {< fulfilled >:"标题"},如果想要访问返回值,则需要像 Promise 一样使用 then(),代码如下:

```
getTitle().then(title => console.log(title));
```

除此之外,在异步函数中可以使用 await 关键字获取其他 Promise 或异步函数的执行结果。

12.4.2　使用 await

await 关键字的作用相当于 then(),Promise 完成之后的值会作为 await 关键字的返回

值,可以把它保存到变量中再进行后续操作,代码如下:

```
//chapter12/async1.js
const promise = new Promise(resolve => setTimeout(resolve, 3 * 1000, "done"));
async function logResult() {
  const result = await promise;
  console.log(result);
}
logResult();
```

代码中定义了一个 promise,在 3s 后打印出"done"字符串,之后在一个 async 函数 logResult()中,使用了 await 等待 promise 的执行结果,并打印出来,代码的最后直接调用了 logResult()这个 async 函数,它没有返回值,所以不需要在后边使用 then()。运行代码并等待 3s 后,控制台就会打印出"done"。这里的 await 和后边的代码相当于 then()中的回调函数,类似下例,代码如下:

```
promise.then(result => console.log(result));
```

只不过使用 await 这种方式更符合同步代码的风格。需要注意的是,await 只能在异步函数中使用,类似于必须先有 Promise 才能有 then(),如果忘记写 async,则程序会抛出异常。

再来看一个例子,之前使用 fetch()获取博客文章列表的代码,如果使用 async/await 则可以使用下方示例的形式,代码如下:

```
//chapter12/async2.js
async function getPosts() {
  const res = await fetch("/api/posts");
  const posts = await res.json();
  return posts;
}
getPosts().then(posts => console.log(posts));
```

代码最后同样会打印出获取的文章列表数组,不过这里可以看到,之前使用了两个 then()分别获取 res 对象和 posts 数组,而这里使用 await 则更像是同步的代码,且两个 await 是按顺序执行的,也就是说第 1 个 await 会等待 fetch()的返回结果,在得到结果之后,第 2 个 await 才会执行,如果后边有更多的 await 关键字,则它们都会等待前一个执行完毕之后才会执行。再看 12.3.4 节顺序执行 Promise 的例子,这里同样使用之前定义的 3 个 promise,改成使用 await 的形式顺序执行,代码如下:

```
async function execPromises() {
  await promise1;
  await promise2;
```

```
    const value3 = await promise3;
    return value3;
  }
execPromises().then(value => console.log(value));
```

这里最后打印出的结果同样也是 promise3 的返回值:1。这种方式就比使用 then() 的方式清晰了很多。不过,要想使 await 同时开始执行所有的 promise 或 async 函数,可以借助 Promise.all() 实现,例如使用代码:await Promise.all([promise, asyncFunc1(), asyncFunc2()])。

12.4.3 处理异常

使用 async/await 处理异常的方式也相当直观,可以使用 try...catch 语句块包裹 await 语句,任何一条 await 抛出异常,都能够被 try 捕获,并在 catch 语句块中处理。例如使用 fetch() 处理网络和请求错误,可以使用下方示例的形式,代码如下:

```
//chapter12/async3.js
async function getPosts() {
  try {
    const res = await fetch("/api/posts");
    if (res.status >= 400) {
      throw res.status;
    }
    const posts = await res.json();
    return posts;
  } catch (error) {
    if (error === 404) {
      return [];
    } else {
      console.log(error);
    }
  }
}
getPosts().then(posts => console.log(posts));
```

如果响应状态码是 404,则 getPosts() 会返回空数组,其他状态码则直接使用 console.log() 打印了出来。如果想分别捕获 fetch() 和 res.json() 的异常,则可以把它们分别放到两个 try...catch() 语句块中。同样地,也可以使用 finally() 执行一些收尾操作。

12.5 异步迭代

之前在介绍迭代器和生成器时,了解到迭代器是一个有 next() 方法的对象,next() 方法会返回包含 value 和 done 属性的迭代结果对象,如果给一个对象或迭代器设置[Symbol.

iterator]属性,则它们就可以使用 for...of 进行迭代,而生成器是由生成器函数返回的,本身也是可迭代的对象,用于简化迭代器的定义。生成器函数使用 yield 关键字来产生迭代结果对象。迭代器和生成器函数也支持异步的形式,这样它们的 next()方法返回的是一个 Promise,后续可以使用 forawait...of 进行迭代,每次迭代时会在 Promise 执行完成之后返回迭代到的数据。

给对象定义异步的迭代器可以使用[Symbol. asyncIterator]属性,并给它设置一个迭代器对象,这里继续以生成连续的小写英文字母为例,不过这里设置为每隔 1s 生成一个字母,代码如下:

```javascript
//chapter12/async_iterator1.js
const alphabet = {
  [Symbol.asyncIterator]() {
    return {
      charCode: 97,
      async next() {
        await new Promise((resolve) => setTimeout(resolve, 1000));
        if (this.charCode < 123) {
          let res = {
            value: String.fromCharCode(this.charCode++),
            done: false,
          };
          return res;
        } else {
          return { done: true };
        }
      },
    };
  },
};
```

因为 next()需要返回一个 Promise,所以这里直接使用 async 关键字把它定义成异步函数,这样它的返回值会自动包装成 Promise 对象,在异步函数中,可以使用 await 关键字等待 Promise 的执行,这里的 Promise 中使用了 setTimeout()让后边的代码延迟 1s 执行。之后可以使用 for await...of 来迭代 alphabet 对象,代码如下:

```javascript
(async function () {
  for await (let letter of alphabet) {
    console.log(letter);
  }
})();
```

因为 for await...of 也必须在异步函数中使用,所以这里使用了自执行函数来简化代码,在 for await 后边的小括号中,of 后边是要迭代的对象,前边是保存迭代结果的变量。这段代码会每隔 1s 打印出一个字母,直到打印出"z"。

异步生成器函数与普通生成器函数的作用一样,只是使用 yield 返回的值是 Promise,并且需要使用 async 关键字定义。下面的代码使用异步生成器函数生成 a~z 的小写字母,代码如下:

```
//chapter12/async_generator1.js
async function * asyncAlphabetGen() {
  for (let charCode = 97; charCode < 123; charCode++) {
    await new Promise((resolve) => setTimeout(resolve, 1000));
    yield String.fromCharCode(charCode);
  }
}

(async function () {
  for await (let letter of asyncAlphabetGen()) {
    console.log(letter);
  }
})();
```

这段代码的输出结果与上一个示例的输出结果相同,需要注意,在遍历时 of 后边调用了 asyncAlphabetGen()函数,用于迭代它返回的生成器对象,因为生成器本身也是可迭代的对象,所以可以直接对它进行迭代。asyncAlphabetGen()异步生成器函数与普通生成器函数唯一不同的是使用了 async 关键字,在它内部也可以使用 await 关键字。

因为生成器函数用于简化迭代器的定义,所以也可以把它作为[Symbol.asyncIterator]的返回值,代码如下:

```
//chapter12/async_generator2.js
[Symbol.asyncIterator]() {
  return asyncAlphabetGen();
}
```

或者,异步生成器函数的代码也可以直接作为[Symbol.asyncIterator]属性值,代码如下:

```
//chapter12/async_generator3.js
const alphabet = {
  async * [Symbol.asyncIterator]() {
    for (let charCode = 97; charCode < 123; charCode++) {
      await new Promise((resolve) => setTimeout(resolve, 1000));
      yield String.fromCharCode(charCode);
    }
  },
};
```

注意[Symbol. asyncIterator]前边的 async 和 *，这是异步生成器函数在对象中的简写形式，相当于[Symbol. asyncIterator]：async function * (){}。

异步迭代器和生成器函数适合用于在网络请求中连续获取按块进行传递的数据，例如流数据或分页数据。假设获取博客列表的 API 支持分页的形式查询，每次最多返回 20 条，现在想要获取前 50 条博客，如果通过普通的 async 异步函数获取，则需要调用 3 次，并在异步函数外部组合最终结果，但是使用异步生成器函数的形式可以直接在内部管理数据，然后在外边使用 for await....of 就可以实现获取任意数量的博客文章了，代码如下：

```javascript
//chapter12/async_generator4.js
//需要在浏览器中执行
async function * fetchPosts() {
  let page = 1;
  while (true) {
    try {
      const res = await fetch(
        `/api/posts?_page = ${page}&_limit = 20`
      );
      const posts = await res.json();
      if (posts && posts.length > 0) {
        //使用 yield * 逐一返回 posts 中的每个元素
        yield * posts;
        page++;
      } else {
        break;
      }
    } catch (error) {
      break;
    }
  }
}
```

代码中定义了 fetchPosts() 异步生成器函数，在里边使用 page 变量保存页码状态，然后在一个死循环中使用 fetch() 加载数据，URL 中的_page 用于指定当前页码，_limit 用于指定每页加载多少条数据。由于在迭代之前，生成器中的代码会暂停执行，所以 while 循环也会暂停，而不会占用资源。如果获取的博客列表数组不为空，则直接使用 yield * 把数组中的元素取出来逐一返回，如果为空（已获取全部博客文章），或者请求出现异常，则中断循环，迭代结束。在使用的时候，可以使用 for await...of 获取想要的数量，代码如下：

```javascript
(async function () {
  let posts = [];
  for await (let post of fetchPosts()) {
    if (posts.length < 50) {
      posts.push(post);
```

```
    }
  }
  console.log(posts);
})();
```

代码中定义了 posts 结果数组,只要它的长度在 50 以内,就继续添加博客文章对象,最后打印 posts 就可以看到加载的 50 条数据了,这里通过修改 if 语句的判断就能够获取任意数量的博客文章了。

12.6 Event Loop

13min

在本章的开头提到了 JavaScript 是单线程的语言,但它是如何对事件监听、setTimeout() 和 Promise 等异步的操作进行调度的呢?要解答这个问题需要先了解一下 JavaScript 运行时相关的概念。

12.6.1 调用栈

之前在介绍递归的时候了解到调用栈的概念。首先 JavaScript 的代码是按顺序从上到下执行的,在 JavaScript 开始执行全局代码和函数中的代码时,都会创建一个执行上下文 (Execution Context),它里边包含要执行的代码和运行时所需要的信息(词法环境)。执行全局代码所创建的上下文称为全局执行上下文(Global Execution Context)。

执行上下文会先压入调用栈中(或称为执行上下文栈,Execution Context Stack),然后执行它里边的代码,如果代码中调用了其他函数,则被调用的函数又会创建一个新的执行上下文,并压入栈顶,并执行它里边的代码,直到当没有其他函数调用时,JavaScript 便会从调用栈的顶部开始顺序返回函数的执行结果,每当一个函数执行完毕,和它相关的执行上下文也就从栈中弹出并销毁了。全局执行上下文相当于一个大的函数,可以认为它总是第 1 个压入调用栈中,并最后一个执行完毕。来看一个例子,代码如下:

```
let a = 10;
function func1() {
  let b = 5;
  return func2(b);
}
function func2(b) {
    return a + b;
}
func1();                    //15
```

代码在运行的时候,会有以下执行过程:

(1) 先创建全局上下文,然后开始执行全局代码:let a = 10,定义变量 a。

（2）定义函数 func1()和 func2()，执行 func1()。

（3）此时有了函数的调用，对于 fun1()的调用会创建和它相关的执行上下文，然后压入调用栈中，并开始执行它里边的代码。

（4）fun1()中的代码定义了变量 b，并将它赋值为 5。

（5）在 return 语句中调用了 func2()。

（6）这时就会创建与 func2()相关的执行上下文并压入栈中，开始执行 func2()中的代码。

（7）func2()中的代码里只有一行 return a ＋ b 且没有其他函数的调用，在 return 执行完毕之后，func2()会从调用栈中弹出并销毁，然后把返回值传给 func1()。

（8）func1()在返回 func2()的调用结果之后也会从调用栈中弹出并销毁。

（9）此时调用栈为空，全局执行上下文中的 func1()的调用会得到结果 15，程序运行就结束了。

12.6.2　Event Loop

除了调用栈之外，JavaScript 还包含了 Event Loop 这样一条消息处理队列，它会一直等待接收消息并放入队列中，然后在适当的时间执行这些消息。它的概略结构代码如下：

```
while (queue.waitForMessage()) {
  queue.processNextMessage()
}
```

消息可以认为是异步的操作，像是 setTimeout()、HTML DOM 事件、Node.js 事件和 Promise 等，并分为两种，一种是任务（Task），另一种是微任务（Microtask），它们会分别入队到任务队列（Task Queue）和微任务队列（Microtask Queue）中。

程序执行的开始、setTimeout()、触发的 DOM 事件、Node.js 事件及全局代码的执行都会入队到任务队列中，而与 Promise 相关的操作会入队到微任务队列中。Event Loop 会在调用栈清空且微任务队列中的任务全部执行完毕后进行一次循环，每次循环会按先进先出的顺序处理任务队列中最先入队的一条消息，处理完毕之后如果有新消息添加进来，则会在下一次循环中处理新加入的消息。关于微任务的执行时机稍后再作介绍。

先看一下任务队列的处理流程，这里以 setTimeout()为例，它会在计时结束之后把回调函数入队到任务队列。之前在介绍 setTimeout()时知道它的第 2 个参数用于指定要延迟的毫秒数，但是这只是最低的保证，setTimeout()会在指定的延迟时间把回调函数入队到任务队列中，而任务队列需要在当前调用栈中的代码执行完毕之后才进行处理。来看一个例子，代码如下：

```
setTimeout(() => { console.log("done") }, 0);
for(let i = 0; i < 10000000000; i++) {}
```

代码中使用 setTimeout() 推迟了一个回调函数的调用,回调函数执行时会简单地打印出"done",第 2 个参数将延迟设置为 0ms,但是后面使用了一个耗时的 for 循环来长时间占用调用栈。代码在执行时,虽然将 setTimeout() 延迟设置为 0,但仍然会等 for 循环执行结束后才会执行它的回调,下面来看一下它的执行过程。

首先程序将开始执行的任务加入任务队列中并开始处理,执行全局代码,此时会遇到 setTimeout(),它的延迟为 0,所以直接把它的回调函数作为消息入队到任务队列中。接下来执行 for 循环,它需要运行一段时间,此时全局代码的执行任务仍未结束,任务队列中的下一条消息 console.log("done") 无法处理。在 for 循环执行完毕之后,Event Loop 开始处理任务队列中的消息,把 console.log("done") 放入调用栈中执行并打印出"done",之后把它弹出,程序运行结束。

当使用 Promise 时,then() 中的回调函数会在 Promise 执行完毕并返回结果后入队到微任务队列中。每当任务队列中的一条消息处理完毕之后,如果调用栈为空,则 Event Loop 会检查微任务队列中是否有消息,如果有,则会按先进先出的顺序处理所有消息,需要注意的是这里会处理微任务队列中的所有消息,如果在处理过程中又有新的微任务加进来,则新加入的微任务也会被处理,这里与任务队列的执行逻辑不同。当微任务队列清空之后,Event Loop 才会进入下一次循环并处理任务队列中的下一条消息(如果有)。下例演示了任务队列和微任务队列的处理顺序,代码如下:

```
//chapter12/event_loop1.js
setTimeout(() => {
  console.log(1);
}, 0);
new Promise((resolve) => {
  resolve(2);
}).then((value) => console.log(value));
```

代码输出结果会先打印 2,再打印 1,来看一下执行过程。

(1) Event Loop 首先执行全局代码,setTimeout() 的延迟为 0,所以直接入队到任务队列中。

(2) new Promise() 构造函数会压入调用栈并执行它里边的 resolve(2) 函数,当然 resolve() 函数的调用也需要入栈到调用栈中执行,但是不太相关的函数调用这里就不单独描述了,后边的例子也是如此。

(3) 创建完 Promise 对象之后,调用它的 then() 方法并传递回调函数,此时 Promise 已经使用 resolve() 返回了执行结果,所以 then() 中的回调函数入队到微任务队列中。

(4) 调用栈中的代码到现在已执行完毕,且任务队列中的执行全局代码的任务也已完成,接下来微任务中的回调函数会压入调用栈中开始执行,所以先打印出了 2。

(5) 在微任务中的回调函数执行完毕并弹出后,微任务队列和调用栈均清空,任务队列中的回调函数压入调用栈执行并打印出 1,最后弹出,程序运行结束。

如果把 Promise 中的 resolve 延迟 10ms 执行,使用 setTimeout(resolve,10,2),则结果的打印顺序就是"1"."2"。因为 Promise()在 10ms 之后才能执行完毕,then()中的回调函数还没入队到微任务队列,所以 Event Loop 在查检微任务队列中的消息时,如果发现没有要处理的消息,就会去处理任务队列中的消息。

如果上例中的 Promise 中有多个 then(),且每个 then()都立即返回一个值,则 setTimeout 中的代码会在所有 then()执行完之后再执行,因为每个 then()在执行完毕后,后边的 then()会立即入队到微任务队列中,导致微任务队列仍有任务,代码如下:

```
//chapter12/event_loop2.js
setTimeout(() => {
  console.log(1);
}, 0);
new Promise((resolve) => {
  resolve(2);
})
  .then((value) => {
    console.log(value);
    return 3;
  })
  .then((value) => console.log(value));
```

输出结果为 2 31。

对于 async/await,因为它底层也是使用 Promise 实现的,使用 async 定义的异步函数相当于 Promise 中的执行器,它里边的代码也会在调用异步函数时立即执行,而 await 关键字就相当于使用 then(),await 下边的代码就相当于 then()回调函数中的代码。async/await 和 promise 结合使用的代码如下:

```
//chapter12/event_loop3.js
console.log(1);
setTimeout(() => {
  console.log(2);
}, 0);

let p = new Promise((resolve) => {
  setTimeout(resolve, 100, 3);
});

async function asyncFunc() {
  console.log(4);
  const value = await asyncFunc2();
  console.log(value);
  console.log(5);
```

```
}
asyncFunc();

async function asyncFunc2() {
  const value = await p;
  console.log(value);
  return 6;
}
console.log(7);
```

这段代码的输出结果为 1 4 7 2 3 6 5。乍一看代码比较复杂,不过按照 Event Loop 的执行顺序和逻辑一点一点拆分出来就不难了。

(1) 首先全局执行上下文的代码先执行,即先执行最外层的代码。第一行 console.log(1) 会打印出 1。

(2) 接着 setTimeout()中的 console.log(2)被放入任务队列中。

(3) Promise p 执行器中的代码开始执行,启动定时器,3s 后把 resolve()放入任务队列中。

(4) 调用 asyncFunc(),按顺序执行里边的代码,首先打印出 4,然后使用了 await 关键字调用 asyncFunc2()函数。

(5) asyncFunc2()中的代码开始按顺序执行,它里边的 await 和后边的代码相当于 p.then(value => { console.log(value); return 6 })。由于 p 还没有执行完成,所以 await 后边的代码不会入队到微任务队列中。

(6) 同时 asyncFunc()里 await asyncFunc2()后边的代码也不会入队到微任务队列中。

(7) 接下来执行全局执行上下文中的 console.log(7),并打印出 7。

(8) 现在输出结果是 1 4 7,全局上下文执行完毕。

(9) 判断微任务队列是否有任务,因为 asyncFunc()需等待 asyncFunc2(),而 asyncFunc2()需等待 p,p 在 3s 后才能解析,所以此时微任务队列为空。

(10) 微任务队列为空,所以判断任务队列是否有任务,发现有 console.log(2),这时会打印出 2。

(11) 等 3s 后,p 执行完毕返回 3。asyncFunc2()中的 await p 得到结果并把后边的代码入队到微任务队列,此时调用栈为空,它会立即开始执行,打印出 3,然后返回一个可立即完成的 Promise。

(12) 在 asyncFunc()中获得 await asyncFunc2()执行结果,后边的代码入队到微任务队列执行并打印出 asyncFunc2()的结果 6,最后打印出 5。

最终结果就是 1 4 7 2 3 6 5。

再来看一个比较复杂的例子,代码如下:

```
//chapter12/event_loop4.js
console.log(1);
setTimeout(() => {
```

```javascript
    console.log(2);
}, 1000);

new Promise((resolve) => {
  setTimeout(resolve, 1000, 3);
})
  .then((value) => {
    console.log(value);
  })
  .then(() => {
    console.log(4);
  });

async function asyncFunc1() {
  try {
    const v1 = await new Promise((resolve) => resolve(7));
    console.log(v1);
    await asyncFunc2();
  } catch (error) {
    console.log(error);
  } finally {
    console.log(8);
  }

  console.log(9);
}

asyncFunc1();

async function asyncFunc2() {
  console.log(5);
  throw 6;
}

console.log(10);
```

输出结果为 1 1 0 7 5 6 8 9 2 3 4。

有了前边的解释,现在应该会发现 Event Loop 的执行规律:

(1) 首先看最外层代码,先执行 console.log(1)并打印出 1,后边 new Promise()中没有能立即执行的代码,接下来 asyncFunc1()的调用一开始就使用了 await,且后边的 Promise 能够立即完成,因此 console.log(v1)加入了微任务队列,最后执行 console.log(10)并打印出 10。此时调用栈为空。

(2) 全局代码执行完毕后,接下来查看微任务队列。发现有一个 console.log(v1),执行它并打印出 7。

（3）紧接着 await asyncFunc2() 先执行 asyncFunc2() 的代码，打印出 5，然后抛出了错误 6，接着回到 asyncFunc1() 中，因为 try…catch…finally 相当于调用 Promise.then().catch().finally() 且代码中都返回了可立即完成的 Promise，所以按顺序放入微任务队列，等调用栈清空后开始按顺序执行，打印出 6、8、9。最后一个 console.log(9) 相当于 finally().then()。

（4）立即可执行的 Promise() 已经执行完毕，接着看稍晚一点的任务，任务队列中的 console.log(2) 需要等待 1s，而它下边定义的 Promise 需要 3s 才能执行完成，微任务队列暂时没有任务，所以在 1s 后 console.log(2) 入队到任务队列中并执行，打印出 2。

（5）最后 3s 的 Promise 执行完成，没有比它更晚的了，所以它后边的 then() 按顺序执行并打印出 3 和 4。

（6）到这里程序就运行结束了。

可以看到，对于 Event Loop 的执行顺序，只需按代码执行顺序先找到全局执行的代码、函数的调用及 Promise 执行器中能立即执行的代码，再把这些 Promise 的回调函数按完成顺序添加到微任务队列中。计时未结束的 setTimeout() 会在计时结束时把回调函数入队到任务队列，未完成的 Promise 会在完成后把 then() 中的回调函数入队到微任务队列。待全局代码执行完毕、调用栈清空后查看微任务队列有没有任务，如果有就先执行其中所有的任务，如果没有就看任务队列是否有可执行的任务，后边重复这个操作，直到最后的任务执行完成为止。

12.7 小结

异步编程是编写高可用、高性能的应用程序的基础。JavaScript 虽然是单线程的语言，但是随着它编程地位的提高，现在其内部也可以利用多核 CPU、多线程执行代码了，这时就需要使用异步编程实现非阻塞（Non-Blocking）的编程模型，这样在异步操作执行时，不会影响其他代码的执行。在底层，JavaScript 使用了 Event Loop 来管理同步代码和异步代码的执行顺序，由于浏览器环境和 Node.js 环境对于 Event Loop 的实现各不相同，所以这里介绍的是宏观角度的运行机制。通过本章的学习，应该重点掌握的内容有以下几点：

（1）使用 setTimeout() 和 setInterval() 创建、取消定时器任务，以及这两种定时器的区别。

（2）使用 Promise API 完成异步编程，并熟练掌握 async/await 关键字的使用方式。

（3）Event Loop 的概念和运行机制。

第 13 章

模 块 化

以往 JavaScript 作为脚本语言给网页添加交互时并没有大规模的代码,所以很多时候这些代码都会写在同一个文件里,这样同时也能减少网络请求次数,加快网页的加载。

在使用其他开发者开发的插件时,则使用多个< script/>标签加载多个 JS 文件,不过通过这样的方式加载的代码都共享同一个命名空间,即全局对象、自定义的变量、常量、函数、对象等都是共享的,如果不同的 JS 文件给变量定义了相同的名字,则会引起冲突。再加上现在网络速度的提升和前端的工程化,代码量越来越大,写在同一个文件会难以阅读和维护,而且由于 Node.js 的出现,JavaScript 可以用在更多的平台上,导致更加需要解决多文件管理、命名空间、屏蔽实现细节和保护代码的问题,即模块化。

在 ES6 出现之前,有一部分模块化是基于 JavaScript 语言特性实现的,例如自执行函数、闭包、对象等,也有一部分使用了实现第三方规范(例如 AMD、CMD、CommonJS)的工具库,例如 require.js、sea.js,不过这些随着 ES6 规范中的模块化被浏览器、构建工具(Webpack 等)和最新的 Node.js 实现之后,JavaScript 的模块化管理现在已经逐渐统一使用 ES6 规范了。

13.1 实现模块化的方式

在介绍 ES6 的模块化语法之前,有几个比较老式、初级的模块化的方式需要介绍一下,因为它们定义起来比较简单,而且仍然会有不少开发者和第三方库在使用,且可以兼容旧版的浏览器,如 IE 等。

1. 自执行函数

自执行函数可以形成一个闭包,外部的代码无法访问它里边的变量、函数等,这样可以把自执行函数作为一个模块,在里边定义私有的变量和函数等,把需要暴露给外界的部分通过返回值返回,然后在外部使用变量保存自执行函数的返回值,这样就可以访问它提供的功能了。

假设有一个轮播图插件,它有一个 init()方法用于接收要进行轮播的图片数据,有 next()和 prev()方法用于播放上一张和下一张图片,还有 getCurrent()获取当前播放的图片索引,除此之外,它还有内部需要使用的图片数据及改变当前播放索引的方法,这些内部的属性不对外公开,只暴露 init()、next()、prev()和 getCurrent(),那么使用自执行函数的方式定义的代码如下:

```
//chapter13/module1.js
const slider = (function () {
  let _data = [];
  let current = 0;

  function getCurrentInRange(current) {
    return ((current % _data.length) + _data.length) % _data.length;
  }

  return {
    init(data) {
      _data = data;
    },
    next() {
      current = getCurrentInRange(current + 1);
    },
    prev() {
      current = getCurrentInRange(current - 1);
    },
    getCurrent() {
      return current;
    },
  };
})();
```

这个自执行函数在执行后会把结果赋给 slider 变量,而 slider 只能访问自执行函数返回的那几种方法,这样就保护了_data 和 current 属性,防止被篡改。

2. 对象或类

使用对象或者 ES6 的 class 也可以创建模块化的代码。JavaScript 的 Math、Reflect 对象就采用这种方式,把一系列的方法放到对象的内部,作为静态成员,在使用的时候,需要加上 Math 和 Reflect 这个对象名,相当于定义了命名空间,避免了不同命名空间中的命名冲突。另外通过将对象描述符的 writable 属性设置为 false,或者使用 class 的私有成员,也可以阻止对属性和方法的访问及修改。

3. ES6 模块

ES6 规范中定义了与模块化相关的语法,一开始浏览器和 Node.js 并未实现它们,但是在编写本书之时,主流浏览器和 Node.js 最新版已经支持 ES6 的模块化语法了。之前在开发前端应用程序时,都使用像 Webpack 这样的打包工具所提供的 ES6 模块化实现,来整合分散的 JavaScript 文件,而 Node.js 则使用了 CommonJS 规范,使用不同的语法实现了模块化,由于这种模块化方式仍然广泛地在 Node.js 应用程序中使用,所以稍后会简单介绍一下它的使用方法。另外需要注意模块化中的代码默认为严格模式。

13.2 模块化配置

在使用 ES6 模块化之前,针对浏览器和 Node.js 需要做一些配置,这样才能将 JS 文件视为模块并使用 ES6 模块化语法。

1. 浏览器

在浏览器环境下,需要在< script >标签中添加 type＝"module"的属性配置,一般只需给入口 JS 文件设置,再在里边统一导入其他模块。例如假设有模块 add.js 和 print.js,以及入口文件 index.js。在 index.js 中使用了 add.js 和 print.js 导出的内容,那么在相应的 index.html 文件中导入 index.js 的代码如下:

```
//chapter13/example2/index.html
< script src = "index.js" type = "module"></script >
```

这样 index.js 就被视为模块化的 JS 文件,它导入的其他文件也会自动加载进来,这个示例可以在 chapter13/example2 中找到。需要注意的是,index.html 不能直接双击进行打开,这样它的 URL 会是 file://开头的,而这种形式浏览器是不支持加载模块化的 JS 文件的,因为有 CORS(Cross-Origin Resource Sharing,跨域资源共享)保护,因此只能运行在 Web 服务器上。VS Code 有一个插件叫作 Live Server 可以方便地把 HTML 文件运行在服务器上,安装之后只需要在打开的 HTML 文件中右击,选择 Open with Live Server(用 Live Server 打开)选项就可以了。

2. Node.js

在 Node.js 中使用 ES6 需要先创建 Node.js 项目,并将类型设置为 module。在安装 Node.js 后会附带 npm 命令行工具,在一个空的文件夹下使用命令 npm init -y 可以生成一个 package.json 文件,-y 会让里边的配置项全部采用默认配置,有了这个文件,Node.js 会把这个文件夹当作一个完整的项目。打开生成的 package.json 文件,里边是 JSON 格式的配置项,可以看到项目的名字、版本号、入口文件(main 选项)等配置信息,接下来需要添加一个"type"选项,并将它的值设置为"module"。这个项目的示例也在 chapter13/example2 中,与浏览器配置示例共用一个,如果需要测试 Node.js 环境,则只需要在项目根目录下运行命令 node index.js。

13.2.1 导出模块

如果.js 文件是作为模块使用的,则它里边所定义的变量、函数、对象等都只能在本模块中使用,如果想让其他模块也能够使用,则需要把它们导出。导出变量等只需要在它们定义的前边加上 export 关键字,代码如下:

```
//chapter13/example3/module1.js
export const a = 1;
export function add(a, b) { return a + b };
export const obj = { prop: "value" }
```

这里直接导出了 3 项内容，分别是变量 a、函数 add() 和对象 obj。更常用的用法是在文件的末尾统一导出，在 export 后边使用{}，并在里边写上要导出的内容，上例也可以使用这种形式，代码如下：

```
const a = 1;
function add(a, b) { return a + b };
const obj = { prop: "value" }
export { a, add, obj };
```

这两种导出方式的结果是一样的，它们叫作命名导出，在导入的时候也必须使用相同的名字，例如 a、add 和 obj。另外导出语句只能在顶级代码中，不能在函数或对象里边。

13.2.2 导入模块

导入由其他模块导出的内容应使用 import 关键字，后边使用{}在里边写上要导入的内容，最后使用 from 关键字加上要导入的模块路径。例如，在 module2.js 文件中，导入之前例子中的 a、add 和 obj 的代码如下：

```
//chapter13/example3/index.js
import { a, add, obj } from "./module1.js";
```

这里需要注意的是，使用 ES6 语法导入模块需要加上 .js 扩展名，目录最好使用相对路径，这里的 ./ 代表当前目录，../ 代表上级目录，如果使用绝对路径的形式，则在更换部署环境后可能会引发问题，例如改为使用子域名访问网站。另外导入的变量、函数、对象等相当于赋值给了常量，所以无法重新给它们赋值，但是可以改变对象中的属性（与常量规则保持一致）。最后，导入语句也必须在顶级代码中。

13.2.3 默认导出

还有一种导出方式叫作默认导出，它只能导出一项内容，但可以省略名字，之后在导入的时候才需指定一个名字。默认导出使用 export 关键字加上 default，后边跟上要导出的表达式，要注意这里不能导出像 const a =1 这种定义语句。默认导出用法的代码如下：

```
//chapter13/example3/sum.js
function sum(a, b) {
  return a + b;
}
export default sum;
```

例子中默认导出了 sum()这个函数,也可以直接使用函数表达式作为 export default 的值,代码如下:

```
export default function (a, b) {
  return a + b;
}
```

这时,在使用 import 导入其他模块的默认导出时,就不需要再使用{}了,而是可直接指定一个名字,这里的名字可以和默认导出的名字保持一致,也可以使用任何名字,因为默认导出只有一条,所以并不限制名字,代码如下:

```
//chapter13/example3/index.js
import sum from "./sum.js";
//或
import plus from "./sum.js";
```

有时候,一个模块可能同时有命名导出和默认导出,这是允许的,但是要记住默认导出只能有一个,而命名导出则可以有多个,代码如下:

```
//chapter13/example3/button.js
export function ButtonCircle() {
  console.log("圆形按钮");
}
export function ButtonRect() {
  console.log("矩形按钮");
}
export default function Button() {
  console.log("普通按钮");
}
```

假设 button.js 包含了与按钮组件相关的代码,分别使用命名的方式导出了圆形按钮和矩形按钮,使用默认导出的方式导出了普通按钮,其他模块在导入时,可以根据需要导入相关的组件,或者全部导入。全部导入时,可以把默认导入放在前边,然后使用逗号加上{}导入命名导出的部分,代码如下:

```
//chapter13/example3/index.js
import Button, { ButtonCircle, ButtonRect } from "./button.js";
```

13.2.4 别名导入

有时候不同模块的命名导出会有相同的名字,这时可以使用 as 关键字给其中一个或者全部设置别名。或者想给某个模块的导出项另起一个有意义的名字,也可以使用同样的方式。

假设 module2.js 同样导出了一个 add()函数,但是它接收 3 个参数,用于计算它们的和,如果要导入 index.js 中,这时就会有两个名为 add 的导入(与 module1.js 导出的同名),可以把第 2 个 add 另起一个名字,如 addForThree,代码如下:

```
//chapter13/example3/module2.js
export function add(a, b, c) {
  return a + b + c;
}
//chapter13/example3/index.js
import { add as addForThree } from "./module2.js";
```

有一种比较少见的情况,利用别名导入,可以把默认导入也写在{}中,只是由于默认导出没有名字,在{}里边需要使用 default 关键字代替,这时需要使用 as 关键字给它起一个别名,例如对于 button.js 的导入语句也可以写成下方示例的形式,代码如下:

```
import { default as Button, ButtonCircle, ButtonRect } from "./button.js";
```

另外,如果想要导入一个模块中的所有导出项目,并放到一个统一的变量中,则可以使用 * 并在后边使用 as 关键字定义存放变量的名字,例如导入 button.js 中的所有项目,代码如下:

```
import * as Button from "./button.js";
Button.default;                //默认导出
Button.ButtonCircle;           //命名导出
Button.ButtonRect;             //命名导出
```

最后关于 import,有时可能只想执行某个模块中的一段代码,这个模块可能本身没有导出内容,或者即使有也不想导入它,那么可以直接使用 import 并在后边加上模块路径,这时导入的模块代码就会并且只会执行一次,也不会导入任何内容。例如假设 module3.js 中有一行打印日志的代码,在 index.js 中可以直接把它导入并执行,代码如下:

```
//chapter13/example3/module3.js
console.log("hello world");

//chapter13/example3/index.js
import "./module3.js";
```

这时在运行 index.js 时,就会打印出"hello world"。

13.2.5　再导出

有一些模块本身可能会有很多相关的子模块,一般放在单独的文件夹中,为了让其他模块方便导入,通常会在某个模块的根目录下创建一个 index.js,然后把其中子模块的导出项目全部导入再导出,这样在其他模块中,只需导入 index.js 就可以导入其中的所有模块,这样可以方便第三方库的开发者集中导出库中所提供的 API。

假设有一个 Form 表单组件模块,它里边有 input、radio 和 select 共 3 个子组件需要导出,除了可以让需要导入它们的模块分别使用 import 导入之外,也可以在表单组件中统一对它们进行再导出,然后在导入组件中统一导入,代码如下:

```javascript
//chapter13/example3/form/radio.js
export function Radio() { return "单选按钮" }
//chapter13/example3/form/select.js
export function Select() { return "下拉选项" }
//chapter13/example3/form/input.js
export function InputPwd() { return "密码输入框" }
export function InputCheckbox() { return "复选框" }
export default function InputText() { return "文本输出框" }
//chapter13/example3/form/index.js
export { Select } from "./select.js";
export { Radio } from "./radio.js";
export { default as InputText, InputPwd, InputCheckbox } from "./input.js";
//chapter13/example3/index.js
import { InputText, InputPwd, InputCheckbox, Select, Radio } from "./form/index.js";
```

示例中,radio.js 和 select.js 分别导出了命名的 Radio 和 Select 函数(组件),input.js 导出了默认的 InputText() 和命名的 InputPwd() 和 InputCheckBox()。在 form 文件夹下有一个 index.js 文件,里边使用了 export … from 的语法对 3 个子模块分别进行了再导出。这里的用法跟 import 基本一样,只是换成了 export 关键字。最后在入口的 index.js 文件中可以直接从 form/index.js 中导入组件,还可以利用 * 导入全部组件:import * as form from "./form/index.js"。

13.2.6 动态导入

使用 import 导入语句会在代码开始执行之前先行加载对应的模块,如果加载了太多模块就会影响代码的执行速度,因为有些导入并不需要立即使用,而是在触发一定的事件或者执行某个函数的时候才去加载,这时可以使用 import() 函数动态导入相关的模块,它会返回一个 Promise,当导入模块代码时,会通过参数传递给 then() 的回调函数,然后可以使用它的属性访问该模块导出的项目,代码如下:

```javascript
function handleClickEvent() {
    import("./button.js").then((button) => {
        button.default;
        button.ButtonCircle;
        button.ButtonRect;
    });
}
```

或者也可以使用 async/await 的形式,代码如下:

```
async function handleClickEvent() {
  let button = await import("./button.js");
}
```

13.3 Node.js 原生模块管理

Node.js 原生的模块管理与 ES6 的有所不同,它使用了 commonJS 规范,本节来看一下它的用法。

1. 导出模块

在 Node.js 环境中,每个 JavaScript 文件都内置了 module 对象,通过给 module.exports 属性值设置一个对象,并在里边写上要导出的项目就可以进行导出了,代码如下:

```
//chapter13/example4/posts.js
const posts = [
  { id: 1, title: "标题 1", content: "内容 1" },
  { id: 2, title: "标题 2", content: "内容 2" },
  { id: 3, title: "标题 3", content: "内容 3" },
];
const getAllTitle = () => {
  return posts.map((post) => post.title);
};
const getAllContent = () => {
  return posts.map((post) => post.content);
};
module.exports = { getAllTitle, getAllContent };
```

posts.js 模块导出了用于获取全部博客标题和内容的函数,通过给 module.exports 设置值为{ getAllTitle, getAllContent } 这样的对象,就可以实现命名导出了,名字就是对象的属性。还有一种简写形式,可以直接使用 exports 分别导出每个项目,代码如下:

```
exports.getAllTitle = getAllTitle;
exports.getAllContent = getAllContent;
```

exports 和 module.exports 指向的是同一个对象,这里可以分别给 exports 添加属性,这样方便直接导出表达式,例如上边的 getAllTitle 和 getAllContent 也可以像下方示例一样进行导出,代码如下:

```
exports.getAllTitle = () => {
  return posts.map((post) => post.title);
};
```

```
exports.getAllContent = () => {
  return posts.map((post) => post.content);
};
```

2. 导入模块

导入模块使用 require() 方法,并在里边写上要导入的文件路径,与 ES6 语法不同的是,路径中的 .js 后缀名可以省略,在 index.js 中导入 posts.js 的代码如下:

```
//chapter13/example4/index.js
const posts = require("./posts");
```

如果只想导入其中的某个项目,则可以直接在 require() 后边访问要导入的属性,代码如下:

```
const getAllContent = require("./posts").getAllContent;
```

或者使用解构赋值语句,代码如下:

```
const { getAllTitle } = require("./posts");
```

通过这种形式也可以在解构赋值时给导入的项目起一个别名。

一般地,在开发 Node.js 项目时,经常会使用 npm 安装一些依赖库,这些依赖库会保存到 node_modules 目录中,如果要导入它们,则可以忽略相对路径部分,直接使用库名进行导入。另外对于 Node.js 内置的模块,也可以通过这种方式进行导入,代码如下:

```
const http = require("http");              //导入内置 HTTP 模块
const express = require("express");        //导入 express 库
```

13.4　小结

在大型项目中,使用模块化的开发方式能够减少每个文件的代码量,从而提高可阅读性,并且能够隔离作用域和命名空间,防止因变量名污染而导致的 Bug。ES6 和 Node.js 原生的模块化管理都比较重要,两者统一还需要一定的时间,后端的代码中基本上使用 require() 函数,而前端则更多地使用由 Webpack 提供的 ES6 模块化的支持。本章应该重点掌握的内容有以下几点:

(1)ES6 命名导出、默认导出及相应的导入语法。

(2)给命名有冲突的导入项目进行重命名。

(3)使用 * 将全部的项目导入一个对象中。

(4)再导出的语法和使用场景。

(5)动态导入的语法及使用场景。

(6)Node.js 原生模块的管理方式。

第 14 章

案例与总结

在学完 JavaScript 基础之后,就需要多加练习进行掌握了,本章将以两个 JavaScript 基础语法综合案例和对未来的发展方向的介绍,来结束本书的内容。两个案例分别对 JavaScript 面向对象风格编程和函数式风格编程进行展示,目的是把之前学到的知识综合起来,并掌握 JavaScript 开发的核心部分,其他的内容就需要在日常开发中多加积累,来达到精通的目的。

后半部分在介绍完案例之后,笔者会根据自身经验、市场需求及 JavaScript 的发展方向给出一些职业规划上的建议,帮助大家从前端、后端或其他领域的就业方向中做出选择,最重要的是从自身兴趣上进行考量,这里的建议只用作参考。

接下来先看两个案例。

14.1 面向对象设计示例:线上服装商城

16min

这个案例是一个模拟用户在网上下单购买衣服的过程,其目的是展示使用 JavaScript 进行面向对象设计和编程的方式。因为 ES6 加入了对面向对象编程风格的支持,常用的 JS 库大多数使用了面向对象的设计,无论是前端还是后端。面向对象风格清晰易读且写法简单,所以掌握它是非常有必要的。

在面向对象编程中,设计实体之间的联系是最重要的,从需求中把最主要的实体抽象出来,并把所需要关注的属性和方法映射到 class 中,然后仔细研究实体之间的关系,是继承、包含,是一对一、一对多还是多对多,只有把这些关系理清楚了才能设计出低耦合(Loose Coupling)、高内聚(High Cohesion)的代码。

耦合指的是类之间的依赖程度,如果修改一个类的内容对其他类的影响非常大,则说它的耦合度非常高,反之就非常低。内聚是说一个类或模块中的代码都是相关联的,且每个部分都应该完成特定的一个任务,最后组成的类或模块也有专一的用途,也就是说越专一则内聚程度就越高,越散漫则内聚程度就越低。面向对象的最终目标就应该是设计出低耦合、高内聚的类。

14.1.1　需求

现在,来看一下服装商城的需求。

(1) 商城中有可供用户选择的衣服列表,并且可以添加及删除衣服。

(2) 用户选中衣服之后可以添加到购物车。

(3) 待全部衣服都挑选完毕之后,用户可以查看购物车的内容,以及总价。

(4) 确认之后填写收货地址,进行下单。

(5) 下单完成之后会显示订单详情。

根据这个需求,可以先确定该系统所涉及的实体类。

(1) 商城类,展示衣服列表、选择衣服、查看订单等。

(2) 衣服类,是一个抽象类,定义了衣服通用的一些属性,例如商品名、价格、颜色、尺寸等,具体品类的衣服需要继承它。

(3) T恤类,继承自衣服类,包含胸围和袖长属性。

(4) 牛仔裤类,继承自衣服类,包含了腰围和裤长属性。

(5) 用户类,将衣服添加到自己专属的购物车、添加收货地址、下单等。

(6) 地址类,用于存放结构化的地址数据,例如省份、城市、详细地址、电话、收货人等。

(7) 购物车类,保存用户当前所选择的衣服,以及显示购物车内容和总价。

这些类之间的关系如下:

(1) 一个商城可以有多款衣服和多个订单。

(2) T恤和牛仔裤都属于衣服。

(3) 一个用户包含一个购物车和多个收货地址。

(4) 一个购物车可以有多款衣服。

(5) 一个订单包含多款衣服、一个用户和一个收货地址。

接下来看一下各个类的代码实现,这里只关注面向对象设计本身,不涉及前端、后端等内容,所以只是一些基本的属性和方法描述,实现都比较简单,后边会编写一些示例代码进行测试。

14.1.2　Clothing 衣服类

Clothing 衣服类定义了不同衣服品类的通用属性,代码如下:

```javascript
//chapter14/online-clothing-store/Clothing.js
class Clothing {
  constructor({ id = 0, name = "", price = 0.0, color = "", size = "",
              material = "", } = {}) {
    this.id = id;
    this.name = name;
    this.price = price;
    this.color = color;
```

```
    this.size = size;
    this.material = material;
  }
}
export default Clothing;
```

id 为衣服的唯一标识，用于唯一地确定一件衣服，根据 id 可以找到具体的衣服信息；name 为衣服的商品名称，例如"短袖 T 恤"；price 为价格；color 为颜色；size 为尺寸；material 为材质，例如"纯棉""涤纶"。

这些属性是通过构造函数中的对象参数传递进来的。为什么要用对象，而不是直接把属性写在参数列表呢？因为这么做的好处是，对象中的属性不限制顺序，对于这种属性比较多的函数来讲，传递参数非常方便。另外在传递参数的时候，需要指定属性名，这样就相当于命名参数，可以明确地知道给哪个属性传了值。

在解构赋值的同时，也可以给每个属性赋上默认值，这样可以任意省略部分参数，相当于是无顺序的默认参数。注意最后边有一个＝{}，这个用于给对象参数设置默认值，避免在没有给构造函数传递参数时，对象解构赋值语法提示无法对 undefined 进行解构赋值的错误。

最后导出这个类。

接下来看与 Clothing 相关的子类。TShirt T 恤类，代码如下：

```
//chapter14/online-clothing-store/TShirt.js
import Clothing from "./Clothing.js";
class TShirt extends Clothing {
  constructor({id = "", name = "", price = 0.0, color = "", size = "", material = "",
              chest = 0, sleeve = 0,} = {}) {
    super({ id, name, price, color, size, material });
    this.chest = chest;
    this.sleeve = sleeve;
  }
}
export default TShirt;
```

与 Clothing 类的代码基本一样，但多了两个特有的属性：chest 胸围和 sleeve 袖长。

在构造函数中，对于通用部分的属性，直接使用了 super() 调用父类的构造函数来初始化这些属性，然后对自己特有的属性进行初始化。

类似地，牛仔裤类（Jeans）的代码也与 TShirt 类的代码类似，只是特有的属性变成了 waist 腰围和 inseam 裤长，关键代码如下：

```
//chapter14/online-clothing-store/Jeans.js
class Jeans extends Clothing {
  constructor({ /* 通用属性 */ waist = 0, inseam = 0, } = {}) {
```

```
        //调用父类构造函数
        this.waist = waist;
        this.inseam = inseam;
    }
}
```

14.1.3 Store 商城类

根据商城的描述和类之间的关系可以知道,它应该包含衣服列表和订单列表,这里使用数组来表示,代码如下:

```
//chapter14/online-clothing-store/Store.js
class Store {
    #list = [];
    #orders = [];
}
```

list 保存了衣服列表,orders 保存了订单列表。这里使用了私有成员变量的语法,这样就无法在 Store 类的外部访问和修改它们了,防止被恶意篡改。

商城类所包含的方法的代码如下:

```
//chapter14/online-clothing-store/Store.js
class Store {
    init() {}
    #addToList(...clothes) {}
    displayAllClothes() {}
    selectClothes(index) {}
    addNewOrder(order) {}
    displayAllOrders() {}
}
```

init()方法用于初始化衣服列表,可以添加一些示例数据以方便测试,在内部它会调用私有方法 addToList()把示例数据追加到 list 中,代码如下:

```
//chapter14/online-clothing-store/Store.js
init() {
    const tshirt1 = new TShirt({ id: generateId(), name: "纯棉宽松 T 恤", price: 99.0,
                                color: "黑色", size: "XL", material: "纯棉", chest: 116,
                                sleeve: 30,});
    //下边的创建过程与上边类似,只是修改了一些属性,这里省略了过程
    const tshirt2 = new TShirt({});
    const jeans1 = new Jeans({});
    const jeans2 = new Jeans({});
    this.#addToList(tshirt1, tshirt2, jeans1, jeans2);
}
```

代码中使用了 generateId()函数生成随机的 id,这个在 utils.js 文件中,简单地使用了随机数来生成一定范围内相同长度的数字,代码如下:

```
//chapter14/online-clothing-store/utils.js
//生成随机 id
export function generateId() {
  return Math.floor(Math.random() * (10000000 - 100000) + 100000);
}
```

addToList()的实现代码比较简单,给现有的衣服列表 list 追加新的元素,这里注意使用了函数的可变参数语法和数组扩展(Spread)语法,代码如下:

```
//chapter14/online-clothing-store/Store.js
#addToList(...clothes) {
    this.#list.push(...clothes);
}
```

displayAllClothes()用于显示商城中所有的衣服列表,供用户进行选择。代码中使用了 console.table()以表格形式打印出衣服列表,方便在控制台查看和测试。在打印的时候,由于 T 恤和牛仔裤的属性不同,所以分开进行打印,代码如下:

```
//chapter14/online-clothing-store/Store.js
displayAllClothes() {
  const tshirts = [];
  const jeans = [];
  this.#list.forEach((clothes) => {
    if (clothes instanceof TShirt) {
      tshirts.push(clothes);
    } else if (clothes instanceof Jeans) {
      jeans.push(clothes);
    }
  });
  console.log("上装");
  console.table(tshirts);
  console.log("下装");
  console.table(jeans);
}
```

selectClothes(index)用户可以根据 index 选择对应的衣服,并返回相应的衣服实例,以便于加入购入车,代码如下:

```
//chapter14/online-clothing-store/Store.js
selectClothes(index) {
  return this.#list[index];
}
```

addNewOrder(order)把新创建的订单追加到 orders 订单列表中,代码如下:

```
//chapter14/online-clothing-store/Store.js
addNewOrder(order) {
  this.#orders.push(order);
}
```

displayAllOrders()用于显示所有订单,对于订单类(Order)中的 displayOrder()方法的实现,在后边介绍 Order 类时再展示。displayAllOrders()中的代码如下:

```
//chapter14/online-clothing-store/Store.js
displayAllOrders() {
    this.#orders.forEach((order) => {
      order.displayOrder();
    });
}
```

14.1.4 User 用户类

User 用户类定义了商城客户的账号信息、购物车信息、收货地址,以及添加收货地址和进行结算的行为。账号信息包含用户名、密码和手机号,每位用户还有自己专属的购物车,User 类的构造方法的定义代码如下:

```
//chapter14/online-clothing-store/User.js
class User {
  #cart = new Cart();
  #shippingAddresses = [];
  constructor({ username = "", password = "", mobilePhone = "" }) {
    this.username = username;
    this.password = password;
    this.mobilePhone = mobilePhone;
  }
}
```

这里的 cart 被定义成了私有成员变量,外部代码不能直接访问和修改用户的购物车信息,需要通过公开的方法访问。Cart 购物车类的代码在后面相关小节再介绍。另外,代码中也初始化了收货地址列表数组 shippingAddresses。

用户类中所包含的方法的代码如下:

```
//chapter14/online-clothing-store/User.js
class User {
  getCurrentCart() {}
  getShippingAddresses() { }
```

```
addShippingAddress({ name, province, city, address, mobilePhone }) {}
checkout(store, address) {}
}
```

getCurrentCart()会返回购物车实例,可以对购物车进行相关操作,这里因为没有暴露修改购物车相关的方法,所以外部代码就无法把购物车实例 cart 重新初始化为新的实例,因此能保护购物车中的内容,cart 这个成员变量就拥有了只读的属性。getCurrentCart()中的代码比较简单,用于返回 cart 的值,代码如下:

```
//chapter14/online - clothing - store/User.js
getCurrentCart() {
  return this.#cart;
}
```

getShippingAddresses()也是同样的道理,代码如下:

```
//chapter14/online - clothing - store/User.js
getShippingAddresses() {
    return this.#shippingAddresses;
}
```

addShippingAddress({ name, province, city, address, mobilePhone })方法用于将一条收货地址追加到收货地址列表数组中,它接收的参数是 Address 地址类所需要的,关于地址类将在下面介绍,然后把这些参数传递给 Address 类的构造函数创建新的地址实例,并把创建出来的新地址实例追加到 this.#shippingAddresses 中,代码如下:

```
//chapter14/online - clothing - store/User.js
addShippingAddress({ name, province, city, address, mobilePhone }) {
  this.#shippingAddresses.push(
      new Address({ id: generateId(), name, province, city, address, mobilePhone,})
  );
}
```

checkout()用于对购物车进行结算,由于主要使用购物车里所保存的衣服信息,所以这里直接把结算功能委托给购物车类进行处理,代码如下:

```
//chapter14/online - clothing - store/User.js
checkout(store, address) {
  this.#cart.checkout(store, address, this);
}
```

14.1.5　Address 地址类

Address 地址类保存了用户收货地址结构化的数据,包括省份、城市、详细地址、收货人、联系电话信息,整体代码比较简单,代码如下:

```javascript
//chapter14/online-clothing-store/User.js
class Address {
  constructor({ name = "", province = "", city = "", address = "",
             mobilePhone = "",} = {}) {
    this.name = name;
    this.province = province;
    this.city = city;
    this.address = address;
    this.mobilePhone = mobilePhone;
  }
  get fullAddress() {
    return `${this.province} ${this.city} ${this.address}`;
  }
}
export default Address;
```

在代码中还定义了 fullAddress 这个 getters 方法,用于方便地获取完整的地址信息。

14.1.6　Cart 购物车类

Cart 购物车类保存了用户挑选的衣服,并且能够将新的衣服添加到购物车中。用户可以查看购物车的内容、所有衣服的总价,并进行结算。购物车类会把衣服信息保存到 Map 数据结构中,衣服的 id 作为 key,把衣服信息和数量所组成的对象作为 value,这样的好处是可以根据 id 快速查找购物车中的某件衣服,对其进行一些操作(示例中没有实现修改衣服数量的方法,读者可以根据所学知识自行实现)。最后,购物车类没有其他公开属性,所以不需要构造函数,代码如下:

```javascript
//chapter14/online-clothing-store/Cart.js
class Cart {
  #items = new Map();
  addToCart(clothes) {}
  displayCartContent() {}
  getTotalPrice() {}
  checkout(store, address, user) {}
}
export default Cart;
```

来看一下每种方法的作用和代码。addToCart()把用户选中的衣服添加到购物车中,如果同款衣服(id 相同)存在,则对原有数量加 1,如果不存在,就把数量设置为 1,代码如下:

```
//chapter14/online-clothing-store/Cart.js
addToCart(clothes) {
  if (this.#items.has(clothes.id)) {
    this.#items.get(clothes.id).count++;
  } else {
    this.#items.set(clothes.id, { item: clothes, count: 1 });
  }
}
```

displayCartContent()用于显示购物车中所有的内容,使用 console.table()来以表格形式进行打印,并且只打印衣服中的 name、price、color 和 size 属性,因为 T 恤和牛仔裤有不同的属性,如果全部打印,则会有一部分空白,代码如下:

```
//chapter14/online-clothing-store/Cart.js
displayCartContent() {
  console.table(
    [...this.#items.values()].map((item) => ({
      ...item.item,
      count: item.count,
    })),
    ["name", "price", "color", "size"]
  );
}
```

代码中使用了数组扩展(Spread)把 Map 中的值转换为数组形式,因为 values()返回的是一个 iterator。之后遍历这个数组,获取 item 属性所保存的衣服信息和 count 属性保存的数量信息。

getTotalPrice()用于获取购物车衣服的总价,使用了 reduce()方法对每件衣服的 price 属性进行求和操作,代码如下:

```
//chapter14/online-clothing-store/Cart.js
getTotalPrice() {
  return [...this.#items.values()].reduce(
      (acc, curr) => acc + curr.item.price * curr.count,
        0
  );
}
```

checkout(store, address, user)结算方法会根据购物车中的内容生成订单,在代码中会创建一个 Order 订单类的实例,因为需要保存购买者(用户)的信息、衣服信息、总价和收货地址信息,并把订单追加到商城订单列表中,所以它需要接收 store、address 和 user 共 3 个参数,代码如下:

```
//chapter14/online-clothing-store/Cart.js
checkout(store, address, user) {
  const newOrder = new Order({
    id: generateId(),
    items: [...this.#items.values()],
    totalPrice: this.getTotalPrice(),
    address,
    user,
  });
  store.addNewOrder(newOrder);
}
```

14.1.7　Order 订单类

Order 订单类保存了用户购买的衣服、收货地址、客户信息及总价,构造函数的代码如下:

```
//chapter14/online-clothing-store/Order.js
class Order {
  constructor({ id = 0, items = [], totalPrice, address, user } = {}) {
    this.id = id;
    this.items = items;
    this.totalPrice = totalPrice;
    this.address = address;
    this.user = user;
  }
export default Order;
```

另外它还有显示订单详情 displayOrder()方法,它会显示订单 id、商品列表、配送地址、收货人、电话和总价信息,代码如下:

```
//chapter14/online-clothing-store/Order.js
displayOrder() {
    console.log(`id:\t\t$ {this.id},
商品:\t\t$ {this.#getOrderItemsDesc(this.items).join("\n\t\t")}
配送地址:\t$ {this.address.fullAddress}
收货人: \t$ {this.address.name}
电话: \t$ {this.address.mobilePhone}

总价:\t\t¥ $ {this.totalPrice}
        `);
}
```

注意这里使用了模板字符串,在换行的时候需要顶格,避免前边有空白。\t 是制表符,用于把属性名和值隔开一段空白,并进行对齐,不过浏览器和 Node.js 对于\t 的显示不太一样,上述代码在 Node.js 下显示美观,但在浏览器下可能需要多加或减少几个\t 才能对齐。

函数中调用了私有的方法 getOrderItemsDesc()用于获取衣服详情数组,因为这种方法只在 Order 订单类中使用,所以无须把它设置为公开的,以起到保护作用,代码如下:

```
//chapter14/online-clothing-store/Order.js
#getOrderItemsDesc(orderItems) {
  return orderItems.map(
    (orderItem) =>
      `名称: ${orderItem.item.name}\t 尺码: ${orderItem.item.size}\t 数量: ${orderItem.count}`
  );
}
```

现在与商城系统相关的类到这里就定义完成了,因为真实的电商项目非常庞大,所以会有更多的实体类和相关的属性、方法,并且还会有处理后端业务逻辑和前端展示逻辑的代码。接下来用一个简单的命令行程序来编写一个运行示例。

14.1.8 示例

在项目的 index.js 入口文件中编写示例,首先创建一个 Store 类的实例并初始化衣服列表,以此来展示该商店的衣服,也就是模拟开店过程,代码如下:

```
//chapter14/online-clothing-store/index.js
import Store from "./Store.js";
const store = new Store();
store.init();
console.log("=================================");
console.log("本店所有衣服列表:");
console.log("=================================");
store.displayAllClothes();
```

代码中导入了 Store 类,并调用 init()方法来添加示例数据,之后调用 displayAllClothes()来显示所有的衣服列表,显示效果如下:

```
=================================
本店所有衣服列表:
=================================
上装
```

(index)	id	name	price	color	size	material	chest	sleeve
0	6368905	'纯棉宽松 T恤'	99	'黑色'	'XL'	'纯棉'	116	30
1	8246942	'纯棉修身 T恤'	89	'白色'	'L'	'涤纶'	112	28

下装

(index)	id	name	price	color	size	material	waist	inseam
0	9541752	'水洗牛仔裤'	129	'蓝色'	'30'	'纯棉'	77	99
1	5961075	'修身牛仔裤'	159	'黑色'	'31'	'纯棉'	79	101

接下来创建一个新的用户,模拟用户注册,代码如下:

```
//chapter14/online-clothing-store/index.js
import User from "./User.js";
//初始化商城
const user = new User({
  username: "test",
  password: "123456",
  mobilePhone: "12345678901",
});
```

用户可以把衣服添加到购物车中,这里购买两件列表中的第一种衣服,然后购买列表中的第三种衣服,代码如下:

```
//chapter14/online-clothing-store/index.js
const myCart = user.getCurrentCart();
myCart.addToCart(store.selectClothes(0));
myCart.addToCart(store.selectClothes(0));
myCart.addToCart(store.selectClothes(2));
```

代码中把 user.getCurrentCart() 获取的购物车实例保存到了 myCart 常量中,这样可以避免反复编写 user.getCurrentCart(),之后调用购物车中的 addToCart() 把选择的衣服添加到购物车中。接下来打印购物车中的内容和总价,代码如下:

```
//chapter14/online-clothing-store/index.js
console.log("\n=========================================");
console.log("购物车内容:");
console.log("=========================================");
myCart.displayCartContent();
console.log("=========================================");
console.log(`总计:¥${myCart.getTotalPrice()}`);
console.log("=========================================");
```

输出结果如下:

```
=========================================
购物车内容:
=========================================
```

(index)	name	price	color	size
0	'纯棉宽松 T 恤'	99	'黑色'	'XL'
1	'水洗牛仔裤'	129	'蓝色'	'30'

```
==============================================
总计：¥ 327
==============================================
```

接下来用户可以添加收获地址并进行下单操作，代码如下：

```
//chapter14/online - clothing - store/index.js
user.addShippingAddress({
    name: "张三",
    province: "河北省",
    city: "石家庄市",
    address: "×× 路 ×× 街 ×× 号",
    mobilePhone: "1350××××××",
});
user.checkout(store, user.getShippingAddresses()[0]);
```

最后打印商城中的订单信息，代码如下：

```
//chapter14/online - clothing - store/index.js
console.log("\n\n 订单信息");
console.log("------------------------------------------- ");
store.displayAllOrders();
```

输出结果如下：

```
订单信息
---------------------------------------------
id:          286716,
商品：      名称:纯棉宽松 T 恤    尺码:XL    数量:2
            名称:水洗牛仔裤      尺码:30    数量:1
配送地址：  河北省石家庄市 ×× 路 ×× 街 ×× 号
收货人：    张三
电话：      1350××××××

总价：      ¥ 327
```

现在，示例就编写完了，这个示例展示了面向对象设计和编程的基本方法和过程，主要演示了 ECMAScript 规范中的 class、Map、成员变量、私有成员变量和私有方法等特性的使用方法。对于真实项目的面向对象，可能需要团队对整个系统的实体、行为进行抽象并画出 UML 图，以便更好地展示类之间的关系。不过对于本书来讲，熟知 JavaScript 的基本语法是重点。

14.2　函数式编程示例：扩展数组 API

ES6 的语法中新增了许多函数式的 API，大部分集中在数组中，例如 map()、reduce()、filter() 等。市面上也有不少框架在此基础上增添了更多的功能，例如 loadash、underscore 和 ramda 等，这些库利用 JavaScript 基础语法和 API，以函数式的形式提供了很多非常方便的功能。

本示例将仿照这些库提供的功能，利用 Array 内置的方法，来扩展 Array 现有的功能，加上诸如集合运算、数学运算、生成数字范围等常用的 API。未来 JavaScript 的 Array API 中可能也会原生支持这些方法，并提供更完善或更高级的用法，可以密切关注 ECMAScript 的提案。

假设扩展后的数组叫作 super-array，这里创建同名的文件夹作为项目的根目录，运行 npm init -y 命令来初始化一个 Node.js 工程，当然也可以跳过这一步，直接在 html 中引用，本例在 Node.js 环境下进行测试。初始化完成后会创建一个 package.json 文件，需要加上 "type":"module" 字段来让 ES6 Module 语法（import & export）生效，代码如下：

```
//chapter14/super-array/package.json
{
  "name": "super-array",
  "version": "1.0.0",
  "description": "",
  "main": "index.js",
  "type": "module",
  "scripts": {
    "test": "echo \"Error: no test specified\" && exit 1"
  },
  "keywords": [],
  "author": "",
  "license": "ISC"
}
```

每个扩展功能将单独放到一个 JS 文件中，并存放在 src 目录下，根目录下的 index.js 用于集中再导出各个文件的导出项，另外还有 test.js 编写使用示例，项目的目录结构如下：

```
super-array
├── index.js            #入口文件，集中导出所有函数
├── package.json
├── src                 #扩展功能源代码目录
│ ├── count_values.js
│ ├── difference.js
```

```
|    ├──── difference_symm.js
|    ├──── intersection.js
|    ├──── mean.js
|    ├──── range.js
|    ├──── split.js
|    ├──── sum.js
|    ├──── union.js
|    └──── unique.js
└──── test.js                    #测试代码
```

接下来介绍一下 src 目录中各个文件的代码。

14.2.1　唯一元素

代码位于 unique.js 中,用于把一个数组中的重复元素去掉,并返回不包含重复元素的新数组,代码如下:

```
/**
 * 获取指定数组所有不重复元素的集合
 * @param {Array} arr
 * @returns {Array}
 */
const unique = (arr) => [...new Set(arr)];
export default unique;
```

unique()函数接收一个数组作为参数,然后利用 Set 这个数据结构不包含重复元素的特性,获取结果数组。把原数组作为参数传递给 Set 构造函数,它就会自动生成不包含重复元素的 Set 集合,最后使用扩展运算符,把 Set 转换成一个数组并返回,其结果就是不包含重复元素的新数组,最后导出 unique 函数。

14.2.2　交集

代码位于 intersection.js 中,用于获取同时存在于两个数组中的元素,返回的结果是这些元素构成的新数组,代码如下:

```
/**
 * 计算两个数组元素的交集
 * @param {Array} arr1
 * @param {Array} arr2
 * @returns {Array} 交集结果数组
 */
const intersection = (arr1, arr2) => arr1.filter((v) => arr2.includes(v));
export default intersection;
```

代码中利用了数组中的 filter() 和 includes() 方法,对 arr1 中的元素进行过滤,过滤的条件是 arr2 中包含当前遍历到的元素,因为 includes() 方法在判断元素是否存在于数组中会返回 true 或 false,而 filter() 返回的结果中只包含回调函数返回 true 的部分,这样的结果就形成了两个数组的并集。

14.2.3 并集

代码位于 union.js 中,用于获取两个数组中所有元素所构成的新数组,且不包含重复的元素,代码如下:

```javascript
import unique from "./unique.js";
/**
 * 计算两个数组的并集,重复元素只包含一次
 * @param {Array} arr1
 * @param {Array} arr2
 * @returns {Array} 返回并集结果数组
 */
const union = (arr1, arr2) => unique([...arr1, ...arr2]);
export default union;
```

代码直接使用扩展运算符把两个数组的元素取出来,并放到了一个新数组中,还调用了之前定义的 unique() 方法对数组的元素进行去重,这样返回的就是两个数组的并集。

14.2.4 差集

代码位于 difference.js 中,差集分为对称差集和非对称差集,这里先看非对称差集,即包含在数组 1 但不包含在数组 2 的元素,同时也不包含数组 1 和数组 2 的交集部分,代码如下:

```javascript
/**
 * 找到存在于 arr1,但是不存在于 arr2 的元素
 * @param {Array} arr1
 * @param {Array} arr2
 * @returns {Array} 差集数组
 */
const difference = (arr1, arr2) => arr1.filter((v) => !arr2.includes(v));
export default difference;
```

这个代码与交集类似,只是对 includes() 执行反向判断,获得不包含在 arr2 中的元素。

14.2.5 对称差集

代码位于 difference_symm.js 中,对称差集也就是获取除掉两个数组交集以外的部分,即包含在 arr1 但不包含在 arr2 的部分和包含在 arr2 但不包含在 arr1 的部分,代码如下:

```
import difference from "./difference.js";
/**
 * 找到存在于 arr1，但是不存在于 arr2 的元素，以及存在于 arr2 但不存在于 arr1 中的元素（对称
 差集）
 * @param {Array} arr1
 * @param {Array} arr2
 * @returns {Array} 对称差集结果数组
 */
const difference_symm = (arr1, arr2) => [
  ...difference(arr1, arr2),
  ...difference(arr2, arr1),
];
export default difference_symm;
```

这里的代码就是分别求 arr1 与 arr2 的非对称差集，以及 arr2 与 arr1 的非对称差集，最后返回由它们组成的新数组。

14.2.6 求和

代码位于 sum.js 中，对数组中的所有元素进行求和操作，一般要求元素为数字类型，如果是其他类型就执行字符串拼接操作，代码如下：

```
/**
 * 对指定数组的所有元素进行求和
 * @param {Array<number>} arr
 * @returns {number}
 */
const sum = (arr) => arr.reduce((a, b) => a + b);
export default sum;
```

代码直接使用 reduce() 函数对数组中的元素进行求和操作。

14.2.7 平均值

代码位于 mean.js 中，计算数组元素的平均值，这里的元素必须是数字类型，代码如下：

```
import sum from "./sum.js";
/**
 * 计算数组元素的平均值
 * @param {Array<number>} arr
 * @returns {number} 平均值
 */
const mean = (arr) => sum(arr) / arr.length;
export default mean;
```

mean()函数的代码中直接使用了 sum()函数进行求和,然后除以数组的总长度来求取平均数。

14.2.8　范围

代码位于 range.js 中,经常需要生成从 x 到 y 的数字,利用数组内置的方法也可以实现,代码如下:

```
/**
 * 返回指定起始数字(包括)到结束数字(不包括)的范围数组
 * @param {number} start 起始数字
 * @param {number} end 结束数字
 * @returns {Array < number >} 范围数组
 */
const range = (start, end) =>
  [...Array(end - start).keys()].map((i) => i + start);

export default range;
```

这段代码会生成从 start(包括)到 end(不包括)所有的数字所形成的范围数组。首先使用 Array(end−start)来创建一个和结果范围长度一样的数组,然后使用 keys()获取它的索引数组,因为 map()不能对空数组进行回调,又因为 keys()返回的是迭代器,所以这里使用扩展运算符把它转换为数组之后再执行 map()操作。在 map()操作中,对每个索引上的元素加上 start 就可以生成对应的数字了,遍历完成之后也就生成了要求的范围数组。

14.2.9　分割

代码位于 split.js 中,根据指定的子数组尺寸,把原数组分割成若干个子数组,最后多余的元素会单独放到一个子数组中,例如把包含 9 个元素的数组分割成包含 2 个元素的子数组,可以分成 5 个子数组,前边 4 个都有 2 个元素,最后一个只有 1 个元素。split.js 的代码如下:

```
import range from "./range.js";
/**
 * 把指定数组按指定大小分割成若干子数组
 * @param {Array} arr 指定数组
 * @param {number} size 每个子数组有多少个元素
 * @returns [[]] 返回包含分割后的子数组的数组
 */
const split = (arr, size) =>
  range(0, Math.ceil(arr.length / size)).map((i) =>
    arr.slice(i * size, i * size + size)
  );
export default split;
```

代码中先使用 range() 函数计算出子数组的数量及占位,Math. ceil()向上取整就是为了防止有多余元素的情况,需要额外一个数组来存放,之后对 range 进行 map()操作,使用slice()方法截取指定位置的元素,根据子数组所在的位置 i 获取要保存的元素,最后会返回由这些子数组所组成的数组。

14.2.10　频次

代码位于 count_values.js 中,用于统计数组中每个元素出现的次数,返回的结果是一个二维数组,其中每个子数组中有两个元素,第一位是元素值,第二位是该元素在数组中出现的次数,代码如下:

```
/**
 * 计算指定每个元素出现的次数
 * @param {Array} arr
 * @returns {[[]]} 返回包含元素出现次数数组的数组,例如[[1, 2], [3, 5]] 表示 1 出现了 2 次,
3 出现了 5 次
 */
const count_values = (arr) => [
  ...arr
    .reduce((acc, cur) => acc.set(cur, (acc.get(cur) || 0) + 1), new Map())
    .entries(),
];
export default count_values;
```

代码利用 Map 这个键值对数据结构存放结果,key 为元素的值,value 为出现的次数,如果该元素没有出现过,则把 value 设置为 1,如果出现过,则把原有的 value 加 1。又因为reduce()方法遍历数组后会返回单一的值,所以使用 reduce 遍历整个数组,将初始值设置为新的 Map 对象,之后对于每个元素调用 Map 的 set()方法把它放入 map 中,放入的时候又利用了逻辑‖操作的特性,(acc. get(cur)‖0)+1 在元素没出现过时,执行 0+1,如果出现过则用 value 值进行加 1 操作。最后使用扩展运算符展开 Map 的 entries()迭代器,这样就得到了结果数组。

14.2.11　导出

由于新定义的这些函数分散在不同的文件中,在使用的时候可能需要编写多条导入语句,这时可以把它们集中在一个文件中进行导出,这样导入的时候直接从一个文件中导入就可以了。之前创建了 index. js 文件,在它里边直接把上边所有导出的函数进行再导出,代码如下:

```
export { default as unique } from "./src/unique.js";
export { default as intersection } from "./src/intersection.js";
export { default as union } from "./src/union.js";
export { default as difference } from "./src/difference.js";
```

```
export { default as difference_symm } from "./src/difference_symm.js";
export { default as mean } from "./src/mean.js";
export { default as sum } from "./src/sum.js";
export { default as range } from "./src/range.js";
export { default as split } from "./src/split.js";
export { default as count_values } from "./src/count_values.js";
```

再导出语法使用了之前介绍过的 export {...} from 形式,因为每个单独的文件中都使用了默认导出,所以需要在{}中取到 default 之后给它起一个别名,这样所有的 export 语句都会合并到一个命名的导出中,作为 index.js 的导出项,接下来编写一些示例代码来看一看这些数组扩展功能的作用。

14.2.12　调用示例

在 test.js 中,首先导入全部的函数,然后定义两个测试用的数组,为了减少重复的 console.log 代码,再把 console.log 保存到 log 变量中,相当于函数式调用 console.log,代码如下:

```
import { difference, difference_symm, intersection, mean, range, union, split, unique,
        count_values, sum, } from "./index.js";
const arr1 = [1, 3, 5, 7, 9];
const arr2 = [3, 6, 3, 5, 9, 8, 2, 0, 1];
const log = console.log;
```

由于 Node.js 下可能会把打印的结果数组进行换行显示,如果想显示在一行,则可以用 JSON.stringify()把所有类型的结果转换成字符串后再进行打印,例如把上边的 log 改为下例所示(可选),代码如下:

```
const log = (v) => console.log(JSON.stringify(v));
```

接下来对这两个数组调用之前定义好的函数进行测试。
唯一元素的代码如下:

```
log(unique(arr2));
//输出结果为
//[3,6,5,9,8,2,0,1],去掉了一个重复的 3
```

交集的代码如下:

```
log(intersection(arr1, arr2));
//输出结果为
//[1,3,5,9]
```

并集的代码如下：

```
log(union(arr1, arr2));
//输出结果为
//[1,3,5,7,9,6,8,2,0]
```

差集的代码如下：

```
log(difference(arr1, arr2));
//输出结果为
//[7]
```

对称差集的代码如下：

```
log(difference_symm(arr1, arr2));
//输出结果为
//[7,6,8,2,0]
```

求和的代码如下：

```
log(sum(arr1));
//输出结果为
//25
```

求平均值的代码如下：

```
log(mean(arr1));
//输出结果为
//5
```

范围的代码如下：

```
log(range(5, 10));
//输出结果为
//[5,6,7,8,9]
```

分割的代码如下：

```
log(split(arr2, 4));
//输出结果为
//[[3,6,3,5],[9,8,2,0],[1]]
```

频次，在调用频次之前，定义一个有较多重复的新数组再进行测试，代码如下：

```
log(count_values(arr3));
//输出结果为
//[[1,3],[3,2],[5,4],[2,2],[0,1]]
//1 出现了 3 次,3 出现了 2 次,5 出现了 4 次,2 出现了 2 次,0 出现了 1 次
```

通过这些示例可以看到,使用函数式的形式能够屏蔽很多实现细节,基本只需一行代码就能完成一个任务。

这个示例借用数组内置的 API 扩展出一些常见的数组操作,其目的是熟悉数组、Map、Set 等数据结构的用法、特点,以及函数式编程的形式,掌握了它们就能够更高效地完成开发任务。

14.3　下一步规划

至此,本书对 JavaScript 基础语法已经介绍完毕,但是这并不是结束,而是新的开始。在掌握 JavaScript 语言本身之后接下来就是利用它去开发实用的工具和应用来发挥它的价值。因为 JavaScript 工程师所从事的行业分为前端、后端和一些特定的领域(如机器学习、大数据等),所以未来的学习方向会根据职业的发展而有所不同,每种职业相对应的知识需要同样甚至更多的篇幅来介绍。本章将结合目前市场的招聘需求和笔者的个人经验来给出后续学习的概要路线。

14.3.1　前端

从事前端工作的开发者一般称为前端工程师,开发用户可见及可交互部分,例如网站、App 和小程序的界面,以及交互逻辑和数据的展示,但不关心后端的业务逻辑和数据的处理及服务器的运维。有的公司还有用户体验工程师(User Experience(UX)Engineer),介于设计师和前端工程师之间,主要负责前端和设计的沟通,制订设计系统规范并编写项目基础组件,虽然侧重点不同,但与前端工程师要求的技术栈有部分重叠。现在分别介绍一下从事前端工作的技术层面和设计层面的学习路线。

1. 技术层面

在掌握 JavaScript 之后,需要学习 HTML 编写页面结构,类似于使用 Word 文档写文章,只是 HTML 文件需使用浏览器打开,可以通过互联网让更多的人看到。写完页面结构之后需要学习 CSS 对页面进行美化,如同 Word 中的格式和颜色设置,只是使用 CSS 代码实现,学好 CSS 是精准还原前端设计的重点,需要多加练习和积累,例如多看一看设计良好的网站,模仿并实现觉得有特色的地方。

使用 HTML 和 CSS 写完的页面是静态的,不能处理用户的操作,例如单击按钮、提交表单等,这时就需要使用 DOM(Document Object Model)API 对 HTML 元素进行操纵。浏览器在加载完 HTML 页面后会生成一个 document 对象,并且可以使用 JavaScript 的语法访问它的 API。常见的操作包括根据选择器选取想要操纵的元素、更新或添加元素属性、

给元素添加事件监听、操作 convas 绘制图形等。另外浏览器还提供了 window 对象代表当前浏览器窗口,利用它可以访问浏览器的历史记录、地理位置、屏幕信息、文件、剪贴板等,一般称为 BOM(Browser Object Model)。掌握了 DOM 操纵之后就能够给页面添加交互,以及处理用户触发的事件了。

学完基础的页面开发之后,下一步应学习如何使用各种工具提高大型项目的开发效率和体验。针对前端组件化的开发方式,主流的框架有 React、Vue、Angular、Svelte,可以只掌握其中的一种,或者掌握全部。React 和 Vue 都是基于组件和状态的管理方式,创建可复用的和独立的组件,再利用它们组合成复杂的页面,然后使用相应的状态管理工具管理页面的数据。与它们相关的库还有 Webpack 对前端程序进行打包,并管理依赖,不过 React 和 Vue 都有脚手架封装了 Webpack,若有特殊需要(例如性能优化)则可以对 Webpack 进行深入研究。

针对页面样式,有 CSS 预编译工具,例如 SASS 和 LESS,它们提供了比 CSS 更高级的语法,例如嵌套选择、继承、Mixin 等,可以减少重复的 CSS 代码量,更有助于编写可复用的 CSS 代码。再高层一点,还有开源的组件库,如 Ant Design、Material UI、Bootstrap、Semantic UI、Tailwind CSS,这些都是用来快速开发页面原型的,之后再根据自己的设计需求进行定制。安装这些库一般会使用 npm,它是随 Node.js 附带的软件库管理程序,用法很简单,但是很重要。

由于不同浏览器对于 JavaScript 的支持不同,所以有的工具会提供不同 ES 版本代码之间的转换,一般由新到旧转换以适应旧版浏览器,这些工具有 Babel 和 TypeScript。TypeScript 相当于一门新的语言,它提供的语法可以提供不同的编程范式,并且因为带有类型,所以非常适合大型项目的开发和协作,代码编辑器(如 VS Code)对 TypeScript 的支持也比较好,能够对参数进行智能提示。

网站上线前,针对大用户量的访问还需要对网站的性能进行优化,以减少网页加载时间。常见的优化方法有分别合并 JS 和 CSS 文件以减少 HTTP 网络请求、只加载最少需要的文件以加快页面的加载时间、减少不必要的浏览器重绘、编写高效的代码等。对于运维层面可以把网站部署到 CDN 上,根据地理位置访问最近的服务器。

对于移动端和小程序,所要掌握的内容基本类似,因为现在都可以利用框架,例如 React Native、Uni-App 开发跨平台的应用,只需了解一下框架特有的 API。不过这些应用对于不同屏幕尺寸的适应性要求比较高,需要熟悉响应式设计原则,例如像素无关单位和媒体查询(如屏幕宽度、高度、朝向等)。

2. 设计层面

有了设计层面的知识以后除了可以更好地跟设计师沟通,还能提高前端组件样式的开发速度,因为理解复杂样式的实现原理之后,再转化为 CSS 代码就变得非常容易了。设计原则比编程要容易得多,更多的还是靠个人的想法和日常的观摩积累。设计的主要元素包括但不限于如下部分:

(1) 形状。包括点、线、规则的几何形状(三角形、圆形等)和不规则的形状(例如图标等),不同的形状有不同的表达含义,且利用不同的形状可以组合成复杂的形状(或物体)。这些对于使用 CSS 实现复杂的形状会很有帮助。

(2)材质。不同的物体都有不同的材质,例如木质的、纸质的、玻璃的、金属的,它们对于光源和投影的反应都不相同,使用 CSS 渐变和投影的时候要考虑到这些因素。像谷歌的 Material Design 会把 UI 组件的质感视为纸质的,而微软的 Fluent Design 则将其视为毛玻璃。

(3)文字和排版。文字是前端界面的核心,因为前端的目的就是传递信息,所以字体的选择也十分重要。中文的字体因为体积大,所以一般只使用系统默认的,而英文字体因为体积优势,所以会包含多种多样的字体,一般通过网络加载。字体的样式大体分为有衬线的(如宋体、Times New Roman)、无衬线的(如黑体、Helvetica)和等距的(如 Roboto Mono)。不同的字体样式对于设计所传递的信息也不同,例如专业新闻网站多使用有衬线的字体。

(4)色彩。不同的颜色给人的感觉截然不同。红色给人热烈、活力的感觉,而蓝色给人平静、专业的感觉。根据色盘可以把颜色划分为冷色和暖色两种,冷色一般用于专业、严肃的设计中,而暖色则用于娱乐、美食等设计中。每种颜色还会有对应的邻近色和相反色,用于提升和谐度和对比度。

虽然设计大部分是感性的,但是也需要遵守一定的原则,包括但不限于:

(1)对比。对比可以让某个物体更容易识别。例如在黑色背景下使用白色字体,这种对比最为强烈。利用好对比可以让文字清晰可读,不好的对比则会让文字难以辨认。

(2)强调。当想要突出某个元素时,可以利用强烈对比的颜色来强调该元素。例如某公司官网的头图的背景为蓝色,想要重点强调"立即购买"按钮,可以把按钮的颜色设置为较暖的色调,例如红色或黄色。另外也可以通过尺寸和位置来突出要强调的元素。

(3)相似。使用相似的颜色、形状、文字等可以让网站变得统一。例如每个页面都有相同的头部导航、侧边和底部内容可以让用户感觉自己是在同一个网站中。

(4)平衡。每个设计元素,例如形状、文字都有视觉上的质量,而且都各不相同,那么需要按一定的顺序的结构排列这些元素,以达到视觉上的平衡感。

(5)留白。不同的元素之间应该留出足够的空白来引起视觉上的放松,如果元素之间的距离过于紧密,则会给人压迫感和视觉疲劳,合理利用留白可以减少信息密度,从而提高浏览体验。

了解了这些设计原则就可以更好地理解设计师的用意了,并可更好地与设计师进行沟通,而且对于某些设计是否可以用代码的方式实现也能够做到心中有数。总之设计层面的知识能让前端工程师的开发和沟通效率更进一步,也能帮助自己在做业余项目时,提高前端界面的设计感。

14.3.2　后端

任何用户看不见的数据处理和业务逻辑实现其实都可以叫作后端开发,但是这里的后端仅指服务器应用的开发,即处理用户请求并返回响应数据的程序。从事后端开发的

JavaScript 工程师称为 Node.js 工程师,因为服务器应用依赖于 Node.js 环境。Node.js 环境本身提供了文件、路径、HTTP/S、OS(操作系统环境信息)、URL 和 Utils(工具)等常用模块。虽然 Node.js 环境自带 HTTP 模块,但是基于原生 Node.js 开发的服务器应用比较少,一般使用库或者框架。

针对服务器规模的不同,所用到的组件也有所不同。一般采用单体应用的开发形式,即服务器应用的所有模块都集中在一起,通过一个程序进行请求处理,而对于大规模的应用则需要不同的组件,例如消息队列、日志服务、配置服务、负载均衡和缓存服务等,应用的开发也会采用分布式或微服务架构,解耦相对独立的模块,而应用的部署则使用集群的方式,并采用自动化运维工具(如 Kubernetes、Docker)对服务进行管理,以便提高服务的一致性、可用性和性能。

服务器端开发有 Express.js,它更像是一个库,只是对原生的 Node.js HTTP 模块进行了封装,不限制代码目录的结构和其他库的依赖,例如数据库访问、认证和授权等,这些都需要自己选择,所以刚开始使用 Express.js 时可能会无从下手,但由于它的简洁性,现在仍然是广泛使用的开发库。类似的还有 Koa.js、egg.js、sails.js。如果开发企业级应用,则可以选择 Nest.js,它的 HTTP 请求处理也使用了 Express,但是提供了数据库访问、路由、认证授权、测试、GraphQL、微服务等一整套的组件,是一个名副其实的框架,类似于 Java 的 Spring 框架。

只有服务器应用还是不够的,请求数据还得有地方进行存储,以便后续再次使用,这就需要接触数据库的使用方法了。数据库有多种存储模型,最常见的是关系型数据库,例如 MySQL、Oracle、PostgreSQL,数据是以表的结构进行存储的,在查询和修改的时候统一使用 SQL 语言,每种数据库也会有独特的语法和特性。另一种是 NoSQL,它是所有以非表格为存储结构的数据库的统称,例如使用 document 的 MongoDB,使用 key-value 的 Redis 和 DynamoDB,基于 Big-Table 的 Cassandra 等,它们都有自己的查询和修改语言,需要针对不同的数据库单独进行学习。在服务器应用中访问关系型数据库可以直接使用驱动编写原生 SQL 语句,也可以使用 ORM(Object Relation Mapping,对象关系映射)框架进行访问,而对于 NoSQL 数据库则使用原生驱动访问的情况比较多,不过类似 ORM 的框架也有,只是会针对特定的数据库,例如 ODM(Object Document Mapping)针对的是像 MongoDB 之类的文档型数据库。

随着应用规模的增大和用户量的提高,应用可能会使用其他中间件(Middleware)方便数据的处理,例如流式数据处理服务 Kafka、消息队列服务 RabbitMQ、搜索服务 Elastic Search 等,另外也会使用 Redis 这种内存式数据库作为缓存来加快服务器的响应速度。至于运维方面则会支持服务进行自动扩容与收缩、故障恢复、备份及分布式的事务管理等,常见的有 Docker(Swarm)和 Kubernetes。

可以看到与前端不同的是,后端主要针对架构和业务方面的处理,如果一个工程师同时掌握了前、后端的开发,则他就被称为全栈工程师。

14.3.3　特定领域

随着 JavaScript 运行环境的扩展，现在 JavaScript 运行已支持 GPU 加速了，所以可以运行一些对性能要求比较高的计算，机器学习就是其中之一。谷歌的开源机器学习框架 TensorFlow 现在已经有 JavaScript 版本了，可以在浏览器或 Node.js 中进行模型训练。如果对机器学习感兴趣，则可以尝试 Tensorflow.js，在 Python 之外又多了一种选择。

机器学习的另一分支领域是数据挖掘，它跟前端的数据可视化紧密结合。如何获得有意义的数据并以人类可阅读的形式展现出来是数据学家/工程师和前端工程师共同的任务，当然这些也可能由一个人完成，那么这样单纯地掌握前端是不够的，因为数据是一门独立的科学，需要先了解一些统计学的原理和数据的表现才能够更好地完成数据的展现，前端中用于展现数据的有 D3.js、Echarts 等工具，如果做数据可视化，则这些图表工具是必须掌握的。

其他特定的领域包括游戏、创意编程、动画制作等，相应的程序或框架有 UnrealEngine 4、Three.js、Adobe After Effects 等，这些就需要根据特定的职业需要进行学习了。

14.4　写在最后

再次感谢选择本书，希望学完本书的 JavaScript 基础语法之后，就不会再有语法上的问题了，而是后期发展方向和特定领域工具的使用问题了，这些相信你可以利用所学知识加上其他书籍或网络等渠道自行学会并掌握。JavaScript 本身并不是很难，熟悉它的语法除了为了方便职业发展外，更多的是能把它作为工具做出有价值的产品来，相信你一定可以。

图 书 推 荐

书　　名	作　　者
鸿蒙应用程序开发	董昱
鸿蒙操作系统开发入门经典	徐礼文
鸿蒙操作系统应用开发实践	陈美汝、郑森文、武延军、吴敬征
华为方舟编译器之美——基于开源代码的架构分析与实现	史宁宁
鲲鹏架构入门与实战	张磊
华为 HCIA 路由与交换技术实战	江礼教
Flutter 组件精讲与实战	赵龙
Flutter 实战指南	李楠
Dart 语言实战——基于 Flutter 框架的程序开发(第 2 版)	亢少军
Dart 语言实战——基于 Angular 框架的 Web 开发	刘仕文
IntelliJ IDEA 软件开发与应用	乔国辉
Vue+Spring Boot 前后端分离开发实战	贾志杰
Vue.js 企业开发实战	千锋教育高教产品研发部
Python 人工智能——原理、实践及应用	杨博雄主编,于营、肖衡、潘玉霞、高华玲、梁志勇副主编
Python 深度学习	王志立
Python 异步编程实战——基于 AIO 的全栈开发技术	陈少佳
物联网——嵌入式开发实战	连志安
智慧建造——物联网在建筑设计与管理中的实践	[美]周晨光(Timothy Chou)著；段晨东、柯吉译
TensorFlow 计算机视觉原理与实战	欧阳鹏程、任浩然
分布式机器学习实战	陈敬雷
计算机视觉——基于 OpenCV 与 TensorFlow 的深度学习方法	余海林、翟中华
深度学习——理论、方法与 PyTorch 实践	翟中华、孟翔宇
深度学习原理与 PyTorch 实战	张伟振
ARKit 原生开发入门精粹——RealityKit+Swift+SwiftUI	汪祥春
Altium Designer 20 PCB 设计实战(视频微课版)	白军杰
Cadence 高速 PCB 设计——基于手机高阶板的案例分析与实现	李卫国、张彬、林超文
SolidWorks 2020 快速入门与深入实战	邵为龙
UG NX 1926 快速入门与深入实战	邵为龙
西门子 S7-200 SMART PLC 编程及应用(视频微课版)	徐宁、赵丽君
三菱 FX3U PLC 编程及应用(视频微课版)	吴文灵
全栈 UI 自动化测试实战	胡胜强、单镜石、李睿
pytest 框架与自动化测试应用	房荔枝、梁丽丽
软件测试与面试通识	于晶、张丹
深入理解微电子电路设计——电子元器件原理及应用(原书第 5 版)	[美]理查德·C.耶格(Richard C. Jaeger)、[美]特拉维斯·N.布莱洛克(Travis N. Blalock)著；宋廷强译
深入理解微电子电路设计——数字电子技术及应用(原书第 5 版)	[美]理查德·C.耶格(Richard C. Jaeger)、[美]特拉维斯·N.布莱洛克(Travis N. Blalock)著；宋廷强译
深入理解微电子电路设计——模拟电子技术及应用(原书第 5 版)	[美]理查德·C.耶格(Richard C. Jaeger)、[美]特拉维斯·N.布莱洛克(Travis N. Blalock)著；宋廷强译

图 书 资 源 支 持

感谢您一直以来对清华大学出版社图书的支持和爱护。为了配合本书的使用，本书提供配套的资源，有需求的读者请扫描下方的"书圈"微信公众号二维码，在图书专区下载，也可以拨打电话或发送电子邮件咨询。

如果您在使用本书的过程中遇到了什么问题，或者有相关图书出版计划，也请您发邮件告诉我们，以便我们更好地为您服务。

我们的联系方式：

地　　址：北京市海淀区双清路学研大厦 A 座 714

邮　　编：100084

电　　话：010-83470236　010-83470237

资源下载：http://www.tup.com.cn

客服邮箱：tupjsj@vip.163.com

QQ：2301891038（请写明您的单位和姓名）

用微信扫一扫右边的二维码,即可关注清华大学出版社公众号。

教学资源·教学样书·新书信息

人工智能科学与技术
人工智能|电子通信|自动控制

资料下载·样书申请

书圈